高等职业教育新商科系列教材

电子商务专业

网页设计与制作

主　编◎李显萍　汪　荣
副主编◎郭伟业　赵英男　李丽娜
参　编◎庞英智　王晓寰　曾　光

WANGYE SHEJI
YU ZHIZUO

北京师范大学出版集团
BEIJING NORMAL UNIVERSITY PUBLISHING GROUP
北京师范大学出版社

图书在版编目(CIP)数据

网页设计与制作/李显萍，汪荣主编. —北京：北京师范大学出版社，2021.3

(高等职业教育新商科系列教材·电子商务专业)

ISBN 978-7-303-26513-8

Ⅰ. ①网… Ⅱ. ①李…②汪… Ⅲ. ①网页制作工具—高等职业教育—教材 Ⅳ. ①TP393.092.2

中国版本图书馆 CIP 数据核字(2020)第 225778 号

营销中心电话　010-58802181　58805532
北师大出版社科技与经管分社　www.jswsbook.com
电子信箱　jswsbook@163.com

出版发行：北京师范大学出版社　www.bnupg.com
北京市西城区新街口外大街 12-3 号
邮政编码：100088

印　刷：北京京师印务有限公司
经　销：全国新华书店
开　本：787 mm×1092 mm　1/16
印　张：15.75
字　数：373 千字
版　次：2021 年 3 月第 1 版
印　次：2021 年 3 月第 1 次印刷
定　价：45.80 元

策划编辑：张自然　责任编辑：张自然
美术编辑：刘　超　装帧设计：刘　超
责任校对：陈　民　责任印制：赵非非

内容提要

本教材采用"1+1"工作任务结构编写，"1"是以"长春悠游网"网站的制作过程为主线，在遵循教育教学规律的基础上，按网站制作的工作过程分解为循序渐进的9个教学项目，设置了学习内容和工作任务，构建了仿真的学习情境，激发了学生的学习兴趣。"+1"是在最后又设置了一个小型网站的制作任务，加深学生对所学知识与技能的掌握，从而实现与企业岗位用人需求无缝对接和高职技能型人才培养的需求。

本书以HTML5、CSS、Dreamweaver CC为基础内容，以网站的测试与发布等技术学习为扩展，使学生熟练掌握HTML、CSS、DIV、Dreamweaver等网页制作工具、方法和技能。

全书按网站流程设计了8个项目和1个综合性工作任务。项目1～8是以制作"长春悠游网"网站为教学内容：了解网页设计——规划"长春悠游网"网站→学习HTML5基础——编写"长春介绍"网页→认识Dreamweaver CC——创建"长春悠游网"站点→制作图文并茂的网页——"长春悠游网"首页→表格与表单——制作"长春悠游网"注册网页→Div+CSS布局——制作"吃在长春"网页→jQuery UI与行为——制作"长影世纪城"网页→测试和发布"长春悠游网"，项目9是制作吉林职教基地教发中心网站。

本教材由浅入深，循序渐进，对应用性较强和较难的内容进行重点描述，对实际使用较少的内容做简单处理。本教材依据基本的教学规律，每个项目在结构上设置了教学设计、任务分解、知识讲解、项目梳理、项目测试、项目实训、项目评估等模块，实现了"教、学、做"的统一。

本书适合于高等职业学校、高等专科学校、成人高校、本科院校举办的二级职业技术学院使用，也可供示范性软件职业技术学院、继续教育学院、民办高校、技能型紧缺人才培养使用，还可供本科院校、计算机专业人员和爱好者参考使用。

前　言

本书是在李显萍主编的普通高等教育“十一五”国家级规划教材《网页设计与制作》和“十二五”职业教育国家规划教材《网页设计与制作》(第2版)基础上，结合编者多年的教学经验，进行了全新的改版与升级后形成的新形态一体化教材。教材是校企合作、工学结合的成果。同时为适应企业用人需要，本书编写得到了长春市关东人科技有限公司的大力支持。

本书以HTML5、CSS、Dreamweaver CC为基础内容，以网站的测试与发布等技术学习为扩展，使学生熟练掌握HTML、CSS、DIV、Dreamweaver等网页制作工具、方法和技能，具有一定的网页设计、网站策划、网页制作、网站测试与发布的能力，能够独立进行网页设计与制作。本书具有以下特点。

一是本教材以一个网站的创建过程为主线，按工作过程序化了教学内容。在遵循教育教学规律的基础上，把“长春悠游网”网站的制作过程按工作过程分解为9个项目，设置了学习内容和工作任务，构建了仿真的学习情境，激发了学生的学习兴趣。

二是教材结构呈现“教、学、做”一体化。第一，以必备知识讲解，突出“教”；第二，教学项目设置工作任务，实现“做中教”“做中学”；第三，以项目测试、项目实训和项目评估巩固“教、学、做”一体化效果；第四，设置综合项目任务，强化知识和技能，实现融会贯通。真正实现以学生为主体、教师为指导的理实交融，教、学、做相辅相成。

三是教材开发了多维度的教学资源，形成了以纸质教材为主综合性教学解决方案。更新和开发了与新教材配套的教学资源，包括配套微课在内的所有教学资源均可在“学习通”中获得。

本书由李显萍、汪荣担任主编，郭伟业、赵英男、李丽娜担任副主编，庞英智、王晓寰、曾光参编。全书共9个项目组成。其中项目1、项目8由李显萍和赵英男执笔，项目9由李显萍执笔，项目2由庞英智执笔，项目3由李丽娜执笔，项目4、项目7由汪荣和郭伟业执笔，项目5由曾光执笔，项目6由王晓寰执笔。

全书由刘文广教授、李铄和董光教授审定，编写过程得到北京师范大学出版社张自然老师和长春市关东人科技有限公司总经理王伟的有益指导，本书的成稿还得益于很多同行学者的成果帮助，在此一并表示衷心的感谢！本教材的疏漏与不当之处，诚恳希望各位读者提出宝贵意见，以使本教材在教学实践中不断得以提高与完善，主编者联系方式：pingxianli@163.com。

编　者

目 录

项目 1　了解网页设计——规划“长春悠游网”网站

在网络信息时代的今天，无论是企业还是个人都希望能拥有一个自己的网站及网页，那么什么是网页？什么是网站？如何规划网站？用什么工具制作网页和网站？本项目我们将学习制作网页前必备的知识和技能，完成规划“长春悠游网”网站的目标。

本章资源

项目教学设计

本章项目教学设计表

知识目标	1. 网页、网站的概念和关系； 2. 构成网页的主要元素； 3. 各种网页制作工具
能力目标	1. 掌握网页和网站的区别与联系； 2. 掌握网站的规划和设计流程； 3. 能够根据主题规划网站结构
重点与难点	1. 网页与网站的区别与联系； 2. 规划网站
教学方法	“讲授＋任务”训练： 1. 教师讲解必需的知识点； 2. 任务训练：学生上网络进行调研，熟练掌握网站规划的流程和操作步骤； 3. 讨论：围绕网页、网站的相关知识和各类网站展开讨论； 4. 学生自拟主题并规划网站结构
建议学时	4 学时

任务描述

李明来到网络公司实习，被分配到公司的设计部，主要任务是学习和了解网页、网站的基础知识与设计制作的流程方法。公司给李明的任务是：第一，浏览各类网站及网页，了解网页元素、布局和网页的类型，明确网页和网站的区别；第二，了解网站的规划流程，能够根据客户要求提出网站设计规划。

任务分解

1. 仔细观察各类网站页面，观察网站中主页及各页面中包含的信息类型、页面布局和各页面之间的链接关系。

2. 掌握网页和网站的区别与联系。

3. 熟知当下网页制作的主要技术，了解网站、网页的设计与制作流程。

4. 完成“长春悠游网”站点结构的规划。

知识讲解

1.1 网页和网站

随着互联网的飞速发展，网页、网站已成为我们日常生活中不可或缺的部分，我们首先了解一下网页、网站的基本知识。

1.1.1 网页

1. 网页

当我们在浏览器中输入网址后，网页就会通过浏览器呈现到我们的眼前，李明已经访问了不同网站，观察了页面，对网页有了一个基本的直观印象，图 1-1 和图 1-2 是不同类型网站页面截图。

图 1-1 搜狐网主页

图 1-2 爱奇艺网主页

我们观察上述网页可以看出，网页中一般有文本、图像等元素，复杂一些的网页上还会有声音、视频、动画等多媒体元素，这些元素构成了网页的页面。

网页(Web)：是用 HTML 语言编写的，通过 WWW 网传输，并被 Web 浏览器翻译成可以显示出来的集合文本、图像、声音和动画等信息元素的页面文件。网页一般由文字、图像、超链接等元素组成，另外，声音、视频、动画等多媒体元素可以为网页增添丰富的色彩和动感。

2. 网页的类型

根据页面内容，网页可以分为首页、主页、专栏网页、内容网页和功能网页等类型；根据制作技术，可以分为静态网页和动态网页。我们在浏览网站时首先访问的是网站的首页或主页，然后才能访问其他的网页。首页和主页是有区别的，首页一般是欢迎页面，只有进入网站的链接，通过链接才能访问网站主页，如开心网、天涯社区、人人网(图 1-3)；而主页是整个网站的导航中心，是网站的链接中心，如人民网、搜狐网主页。

图 1-3　人人网首页

1.1.2　网站

网站就是把包括网页在内的信息文件通过超链接的形式关联起来形成的信息文件的集合。信息可以是网页形式也可以是其他的文件形式(如图像、视频和动画等文件)。

网站是一个文件夹，其中的文件不仅有网页还有网站所需的其他文件或文件夹。网页是一个页面文件，用来发布各种信息。网页是网站的构成要素，是网站信息发布与表现的一种主要形式；网站是网页通过超链接形成的信息文件的集合。

1.1.3　网页的基本功能

网页能把信息以多媒体方式表现出来，同时把世界各地的信息链接在一起。网页的基本功能可以从以下方面来看。

(1)媒介的作用。网页是使用者与信息之间的媒介。这可以从两方面来看：一方面是发布者，功能是发布信息，在网页中可以发布企业或个人的相关信息，如作为企业来说，可以将自己的产品或服务信息在网页上发布，供客户进行浏览。对于个人来说，可以发布个人信息，如求职、兴趣爱好等信息；另一方面是浏览者，网页提供浏览的信息，浏览者通过浏览网页找寻需要的信息。

(2)互动的作用。网页是浏览者与网页制作所有者之间互动的窗口，可以单向或双向传递信息。例如，某一企业的网站，可以在网页中设置留言板或讨论区等来实现企业与消费者的互动。

(3)传输的作用。网页可传输各种电子文件或信息，如下载说明书、更新文件、驱动程序等。

1.2 网页中的主要元素

网页中的主要元素一般包括文本、图像、动画和链接标志等。除此之外，网页的元素还包括声音、多媒体和视频等。

1.2.1 文本

文本是网页中最基本的元素。上网就是要浏览信息，而文字也是信息最佳的表现方式，虽然利用图像、影音也可以达到同样的目的，但文字的优势很难被取代。首先，文字传达信息符合人们的日常接受习惯；其次，文字所占的存储空间极小(一个汉字只占 2 字节的空间)，有利于浏览及下载，可以节省浏览者的时间和费用。

网页中文字的设计一般从以下几个方面来考虑。

(1)字体的选择。字体选择是一种感性、直观的行为。汉字是当今世界上仅存的象形文字，字体的造型变化构成了各种形状和风格。首先，要选择多数操作系统都自带的字体，如中文，可以选择宋体、楷体、隶书、黑体、仿宋体等。其次，无论选择什么字体，都要依据网页的总体设计和浏览者的需要。例如，粗体字强壮有力，有男性特点，适合机械、建筑业等内容。

[提示]在同一页面中，字体种类少，版面雅致，有稳定感；字体种类多，则版面活跃，丰富多彩。

(2)字号、行距的选择。较大的字号可用于标题或其他需要强调的地方，小一些的字号可以用于页脚和辅助信息，正文一般采用 12px 的字号。需要注意的是，小字号容易产生整体感和精致感，但可读性较差。使用大字号可以突出内容，吸引注意力，但如大面积使用大字号会导致显示的信息量减少并给人以凌乱的感觉。

一般情况下，接近字体尺寸的行距设置比较适合正文。行距的变化也会对文本的可读性产生很大影响。适当的行距会形成一条明显的水平空白带，以引导浏览者的目光，而行距过宽会使一行文字失去较好的延续性。

(3)特殊字体的使用。一般情况下特殊字体(如方正剪纸简体等)可能在访问者的浏览器上不能显示，因此，特殊字体最好制作为图像形式在网页中使用。

(4)字体的颜色。使用不同颜色的文字可以使想要强调的部分更加引人注目，但只可少量运用，如果什么都想强调，其实是什么都没有强调。况且在一个页面上运用过多的颜色，会影响浏览者阅读页面内容，除非你有特殊的设计目的。

1.2.2 图像

图像是网页中仅次于文字的元素。图像可以弥补文字的不足但并不能够完全取代文字，许多微妙的、深层次的情感只有文字才能入木三分地表达。计算机中图像的格式有很多种类，如 GIF、JPEG(JPG)、BMP、TIFF(TIF)等，现在网络上使用的绝大多数图像是 GIF、JPEG 和 PNG 文件格式。网页上使用图像要注意的问题如下。

(1)JPEG 格式适合于照片图像，GIF 格式适合于包含纯色的图像，如插图和线条图。

(2)利用图像编辑软件来放大或缩小图像，如果在网页编辑软件中放大或缩小图像，并不能改变图像文件的实际大小。

(3)屏幕显示图像的分辨率一般为 72dpi。制作图像时，不必使用比此再高的分辨率。

(4)如果建立的图像中只有黑色和白色，处理时可将它保存为黑白图像格式，这样可以减少图像文件量的大小。

(5)如果设计的 GIF 格式图像包含了渐变和直线，应尽量使得它们变成水平，因为 GIF 格式以每条水平线为基础来压缩。

(6)尝试各种不同的 JPEG 压缩率，尽量在能保证图像质量的同时使用较高的压缩比。

(7)使用合适的色彩模式。对一些色彩变化不大的图像，可分别查看在 24 位色和 8 位色时的显示效果，如果差别很小，尽量选择 8 位色。

(8)慎用动画。网页中使用动画元素可以活跃页面，吸引人，但纷乱的动画会扰乱浏览者的阅读视线，影响浏览者的心情，而且对浏览速度会有很大的影响。

1.2.3 链接标志

链接也叫超链接(Hyperlink)，是从一个网页指向另一个目的端的链接，是页面间的链接关系。

链接标志(载体)指的是网页中特殊的文本或图像，它们常常用不同的颜色及下划线来标记，在浏览器中，访问者可以用鼠标单击它们，能够从当前的网页转到链接的目的端位置。

超链接的标志一般有文本、图像、热区三种。

文本链接，一般为使链接能够醒目，引起用户的注意，通常文字形式、颜色要与其他文字有明显的区别。

图像链接，一般会制作一些精美的图形作为链接按钮，使它既不同其他的图像，又和整个网页融为一体。

热区链接，在热区链接中图像不是作为一个整体来使用的，而是把图像分为若干个部分来实现不同目标的链接，一张图能对应多个链接目标。

需要注意的是，所有超链接标志均应清晰无误地向浏览者标记出来，让人一看就知道。如链接文本的颜色最好用约定俗成的：未访问的用蓝色；点击过的用紫色或栗色。如果想让网页看起来特别，可以将链接用特殊的方式加以突出，比如，加粗体、加字号、两侧加竖标或者几者兼用。总之，要让浏览者将链接标志与其他的网页内容清楚地区分开来。

1.2.4 其他的基本元素

除上述几种元素之外，在网页上经常使用的元素还有动画、视频、声音等各种信息的形式。

1. 动画

目前网络上常用的动画类型有 GIF 和 Flash 动画两种，可以采用专用的编辑工具进行编辑。其中，GIF 动画文件量非常小，兼容性较好，不需要特殊的播放工具就可播放；Flash 动画是近年在网络中流行并发展最快的动画格式，一般是利用 Flash 软件进行制作的。

2. 视频

视频是多媒体网页的一个重要组成部分，常用的视频格式有 AVI、MP4 和 MOV 等，视频会大大增加网页的文件量，从而使访问速度受到影响，因此要慎用。

3. 音频

在网页中插入音频会增加网页的生动性。常用的音频格式有 RM(RAM)、MIDI、WAV 和 MP3 等。音频文件和视频文件一样都会增加网页的文件量，因此要慎用。

任务 1　分析不同类型的网站、网页

任务目标

了解和掌握网页、主页、首页和网站的含义；了解网页的类型和作用；了解和掌握网页的主要元素。

任务实施

1. 访问不同类型的网站，浏览网页。
2. 仔细观察网页中包括的元素。
3. 观察和总结网页的类型和作用。
4. 以个人或小组为单位写出报告。

任务总结

通过访问网站和浏览网页，总结网页中包括的主要元素、类型和作用，并与同学、教师进行交流和讨论。

1.3　网页制作工具

1.3.1　网页编辑工具

1. 超文本标记语言(HTML)

超文本标记语言(Hyper Text Markup Language，HTML)，是利用超文本标记来描述网页的字体、大小、颜色及页面布局的语言。使用任何的文本编辑器都可以编辑 HTML 文档。它是一种专门用于 Web 页制作的语言，用来描述超文本各个部分的内容，告诉浏览器如何显示文本，怎样生成与别的文本或图像的链接点。

2. FrontPage

在众多的网页制作工具中，FrontPage 是非常受初学者欢迎的一种，它是由微软开发，并已集成为 Office 的组件之一，与 Microsoft Office 应用程序的无缝集成。只要会

使用 Word 的人就可以轻松使用 FrontPage，它不仅具备“所见即所得”的网页编辑功能，而且还具备了站点服务器以及站点管理的功能。

3. Dreamweaver

Dreamweaver 软件是一种专业的网页编辑器，用于对站点、网页和 Web 应用程序进行设计、编码和开发。Dreamweaver 具有出色的可视化开发环境，支持 ASP VB-Script、ASP. NET VB、ASP. NET C#、JSP、PHP、MySQL 等多种服务器技术，与数据库建立链接可创建 ASP、JSP、PHP、XML、CFML 等动态页面。无论是直接编写 HTML 代码还是在可视化编辑环境中工作，Dreamweaver 都会为您提供帮助良多的工具，丰富用户的 Web 创作体验。

除了上述几种之外，现在提供给我们制作用的工具有很多，尤其是那些“所见即所得”的网页设计工具，更让初学者容易上手，还有不用去记的 HTML 语言，如 HomePage 和 HotDog 等。

在众多的工具中，Dreamweaver 是非常出色的一种，它简单易学，功能强大，用它做出的代码简洁，它还可以在“所见即所得”的环境制作网页的同时，在代检视窗中看到对应的 HTML 代码，这对我们学习 HTML 有很大好处。

[**提示**]Dreamweaver 和 FrontPage 都是“所见即所得”的网页编辑工具，但 Dreamweaver 目前是许多专业人士所青睐的网页编辑软件，被誉为网页制作的“标准软件”。

1.3.2　网页图像编辑工具

为了使制作的网页更为美观，用户在利用网页制作工具制作网页时，还需利用网页美化工具对网页进行美化，下面是几种常用的网页美化工具。

1. Photoshop

Adobe 公司的 Photoshop 是当今最流行的图形图像处理软件之一，它能够实现各种专业化的图像制作、处理及合成。作为专业的图形图像处理软件，Photoshop 无论在用户界面还是图像处理技术上都具有独到之处。它是目前公认的 PC 上最好的通用平面美术设计软件，它功能完善、性能稳定、使用方便，所以，在几乎所有的广告、出版、软件公司，Photoshop 都是首选的平面制作工具。

2. Flash

Flash 是目前非常流行的一种交互式 Web 矢量动画软件。它可以将 HTML5 动画、Action Script、音频、视频、图形、动画以及富有新意的界面融合在一起，从而制作高品质的网页动态效果。目前，Flash 广泛应用于网页动画制作、教学动画演示、网上购物、在线游戏等的制作中。

1.3.3　动态网页技术

网页主要包括静态网页和动态网页两种，本书主要介绍静态网页的制作。动态网页与静态网页不同之处在于动态网页的脚本可以在服务器上运行，而静态网页的脚本不能在服务器上运行。动态网页可以实现网页浏览者和网页设计者的交互，实现交互的技术有两种：一种是客户端技术，如 JavaScript 和 VBScript 等；另一种是服务器端技术，如 ASP 和 PHP 等。

1. ASP

ASP(Active Server Pages)是一个 Web 服务器端的开发环境，利用它可以产生和运行动态的、交互的、高性能的 Web 服务应用程序。ASP 采用脚本语言 VB Script、Java Script 作为自己的开发语言。它可以包含 HTML 标签，可以直接存取数据库及使用无限扩充的 ActiveX 控件，因此，在程序编制上更富有灵活性。但该技术基本上是局限于微软的操作系统平台之上，主要工作环境是微软的 IIS 应用程序结构，所以，ASP 技术不能很容易地实现跨平台的 Web 服务器程序开发。

2. PHP

PHP(Hypertext Preprocessor)是一种跨平台的服务器端的嵌入式脚本语言。它大量地借用 C、Java 和 Perl 语言的语法，并形成了自己的特性，使 Web 开发者能够快速地写出动态页面。PHP 可在大多数平台上运行，如 Unix 平台、GUN/Linux 和微软 Windows 平台。PHP 安装方便，学习过程简单；数据库连接方便，兼容性强；扩展性强；可以进行面向对象编程等。PHP 也存在一些弱点，主要是 PHP 是一种解释型语言，不支持多线程结构，支持平台和连接的数据库都有限。

3. JSP

JSP(Java Server Pages)是一种与平台无关的脚本语言。JSP 是由 Sun Microsystem 公司推出的基于 Java Servlet 以及整个 Java 体系的 Web 开发技术。它在动态网页的建设中有着强大而特别的功能，由于它具有跨平台性、易维护性、易管理性等优点，因此，很多人认为它是未来最有发展前途的动态网页技术。

1.4 网页设计的基本流程

1.4.1 网站的设计流程

网站是由许多网页(包括图像、链接、音乐、视频等内容以及程序)组成的，如何将所有这些内容组织成一个形式活泼、内容健康丰富、设计独特、受人欢迎的网站，这就需要设计人员除了具备网页设计制作能力外，还应该对网站的内容、结构、美工等各方面有一个很好的规划设计。建立一个网站的一般流程如下。

1. 确定网站的主题

设计网站的第一步，就是要确定网站的主题，考虑为什么要建立网站，所建立的网站是针对什么类型的访问者，能提供什么样的信息内容给访问者，能有多少时间、人力、财力、技术来建立、支持和维护这个网站。我们只有将这些问题充分考虑清楚后，才能动手建立网站，制作网页。

2. 规划网站的整体结构

这一步要确定网站中的栏目和层次。一个网站是由若干个网页组成的，设计时要通过合理的整体规划将网页组织起来以形成网站。网站栏目实质上是一个网站内容的大纲索引，规划栏目的过程实际上是细化网站内容的过程。网站栏目设计原则有三：一是网站内容重点突出；二是访问者浏览方便；三是便于管理者进行维护。此外，网站栏目划分要服从并体现网站主题。栏目名称要有规律，概括性要强，最好字数相同。

3. 收集及整合网页素材

信息是网站的根本。确定主题和整体结构后，我们要根据网站主题组织网站内容，收集各种信息资料。我们将收集到的资料转换成网页所能识别的文件格式，将书面文字转化为文本文件，将图像转换成适用于网页的格式，录制并编辑需要的音效文件、视频文件和动画文件。如建立学院网站，我们要收集学院简介、师资队伍、专业简介等内容资料。整理资料则是将上述收集到的资料进行进一步的挑选和细化，将收集到的网页素材落实为站标、广告栏、导航栏等页面元素。

4. 确定网页版面布局

网页版面是指通过浏览器显示的完整的页面。版面布局要体现统一变化性。首先，各个网页版面风格要统一；其次，网站的各栏目网页版面在风格统一的前提下要有所变化。

5. 制作网页

我们将收集到的资料，按确定的版面布局，利用网页制作工具制作成为网页。它包括静态网页制作和动态网页制作。

6. 添加网页特效

网页特效是指对网页进一步美化，强化网页的视觉冲击力，使之更具有艺术效果。我们美化网页可以通过 HTML 语句、CSS 样式、Flash 动画、网页特效和滤镜等技术手段实现。除此之外，利用鼠标可以制作成动态效果。

7. 测试和发布网站

网站制作完成后要对网站进行测试，包括网站的浏览器兼容性和站点超链接完好性测试；测试后将网站发布到网络上，供浏览者使用。

[**提示**]网页添加特效要适度，要符合网站主题和内容，过多的特效会喧宾夺主，影响访问者浏览网页的信息内容。

1.4.2 网页的设计与制作

1. 确定网页的版面布局

设计版面布局的最好办法是先用笔和纸将构思的草图画下来，不需要很详细，只需要画出页面的大体结构即可，可多画几张，选定一个最满意的作为继续创作的样本。下面提供一些网页布局的原则以供参考。

(1)平衡性。一个好的网页布局应该给人一种安定、平稳的感觉，它不仅表现在文字空间占用上的分布均匀，还要给人一种协调的感觉。失去平衡的画面会使人产生不安全的感觉，视觉上也不愿多做停留。

(2)对称性。对称是一种美，我们生活中有许多事物都是对称的。但过度的对称就会给人一种呆板、死气沉沉的感觉，因此，要适当地打破对称，制造一点变化。

(3)对比性。让不同的形态、色彩等元素相互对比，来形成鲜明的视觉效果。例如，黑白对比，圆形与方形对比等，它们往往能够创造出富有变化的效果。

(4)疏密度。网页要做到疏密有度，要适当进行留白，运用空格，改变行间距、字间距等制造一些变化的效果。

(5)比例。比例适当在布局当中非常重要，虽然不一定都要做到黄金分割，但比例一定要适当。

(6)韵律感。具有相同特性的对象，如点、圆形、线条，沿一定的曲线重复排列时，就会产生韵律感，使画面显得轻盈而富有灵气。

总之，网页的排版布局是决定网站美观与否的一个重要方面，通过有创意、合理的布局，才可以把文字、图像等内容完美地展现在浏览者前面。

2. 合理运用和搭配网页的色彩

当我们打开一张张网页，最先看到的就是网页的色彩，因为在平面图像上，色彩的冲击力是最强的，最容易给人留下深刻的印象，所以，在网页设计中必须高度重视色彩的选择与搭配。

(1)色彩的情感性和象征性。色彩是功能强大的艺术语言，人的视觉对色彩具有联想性，这就使色彩产生了情感性和象征性。作为网页设计者，一定要了解每一种色彩所代表的情感和寓意，恰当合理地加以运用。

红色：是热情、活力和希望的颜色，坚定人们的信心，带来幸福、吉祥的感觉。如在我国，红色适用于政府网站或具有节日气息的网站。

橙色：是欢快、活泼的颜色，带给人一种快乐、积极、振奋的感觉。橙色很容易让人联想到秋季金黄色的丰收景象，让人有一种想拥有的欲望和冲动。“淘宝网”就使用了橙色作为网站的主色，它是不是更容易促成你的购买行为呢？

蓝色：是较为沉稳的颜色。它代表着深远、纯净、智慧和广博，很多大型企业，都选择了蓝色作为企业的主题色，因为它会营造出一种沉稳运行的企业氛围。蓝色适用于科技类网站，如 IBM、联想等选用了蓝色作为网站的主题色。

绿色：是植物的颜色，也是春季的象征。它给人以新鲜、安逸、和平的感觉。绿色适用于服务类的网站，如 hao123、赶集网等使用了绿色。

紫色：是高贵、神秘的颜色，常用于表达浪漫、优雅与高贵的情怀。在我国传统文化中，紫色代表尊贵、权威和声望，它适用于文化产业，如清华大学的网站就选用了紫色作为主色。

灰色：是最为安静的颜色，具有柔和、高雅、稳重的意象。它象征诚恳、沉稳、考究和睿智。灰色多用于金属材料和高档商品的宣传中，以树立高贵、时尚的形象。

(2)色彩搭配的原则。既要符合企业文化要求，又要具有艺术观赏性。即色彩选择要遵循美观性和实用性的原则。

要明确设计的网页是给别人看的，一定要符合绝大部分访问者的审美要求，给人以美的享受。另外，网页的色彩运用要符合网站的风格和主题，考虑浏览者的喜好，达到内容和形式上的统一，这样才符合人们的认知习惯。例如，新闻类的网站多以白底黑字为主，无须太多的颜色，而购物类的网站就要使用清新、明亮的色彩，因为网上购物者大多数是年轻人，积极活跃的色彩正是年轻人所喜欢和需要的。同时，明艳的色彩能使人兴奋、激动，有助于促成购买行为。那么，颜色在网页设计中应该如何搭配呢？一般来说有以下几种方法。

①主色、辅色配色法是指一个网站大量使用某一种颜色，只使用少量补色烘托主题的配色方法。企业大量使用一种与企业形象相符的颜色，会给人以稳重和谐的感觉。这种颜色能与企业形象融为一体，成为企业的象征。网站主色确定后，应围绕主色进行颜色搭配，辅色应与主色具有一定的色彩关系和变化规律。通常我们会选择对比色或互补色作为网站的辅色，这样既可以使局部小范围内出现比较鲜明的色彩对比，又

可将临近的内容分开，为浏览者营造清晰、舒适的浏览环境。

②渐变色配色法是指由一种颜色渐渐地过渡到另一种颜色，使不同颜色的自然过渡融合的方法。它能表现微妙的色彩关系，用于表现空间感、层次感。使用渐变色配色法设计网页，视觉舒适，给人以高贵、和谐的感觉。如某品牌网站的主页，使用橘与黄的渐变色，既突出了主题色，又给人以高端大气的感觉。

③无色配色法是指网页不选择彩色，只使用黑色、白色和灰色的方法。这种设计方案简洁、质朴，而又不失凝重，还透露出怀旧的感觉。如某香水公司的主页，页面层次分明，给人以很强的视觉冲击效果，散发出高贵的气息。

另外，白色、黑色，是网页设计中的万能色，它们可以突出其他颜色，起到衬托和辅助的作用。当我们使用很艳丽的色彩，而又找不到与其相配的辅助色时，就要考虑使用白色或黑色与其搭配了。

(3)色彩搭配的注意事项。

在进行网页色彩搭配时，应注意如下方面。

①网页中的用色区域。网页的用色区域主要在页头部分，即网站的站标、广告条、导航栏、小栏目标题和边框等，网站的主色应该在这些区域去体现，再加上辅助色彩的衬托，就会形成内容丰富、风格统一、具有层次感和观赏性的网页。

②网页的易读性。网页易读是用色搭配的首要条件，无论使用什么样的色彩，让浏览者清楚明了地看到网页内容是最重要的。所以，我们在色彩运用中，一定要做到明暗对比，架构清晰，层次分明。

③不用过多和过纯的色彩。一张网页如果色彩众多，会给人零乱的感觉。如果使用过纯或过浓烈的颜色会很刺眼，很容易令人产生视觉疲劳。所以，一张网页最好只使用2～3种颜色，如果想使页面色彩更加丰富，可以通过调整每种色彩的明暗度、饱和度来进行色彩变幻，这样的网页，既让人感觉色彩丰富，而又不零乱刺眼。

3. 网页设计与制作

网页设计与制作一般分为静态网页设计与制作和动态网页设计与制作两类。

(1)静态网页设计与制作。

用HTML语言编写的通常称之为静态页面。一般是以.htm、.html、.shtml等为后缀的。在HTML格式的网页上，也可以出现各种动态的效果，如GIF格式的动画、Flash、滚动字幕等，这些“动态效果”只是视觉上的。静态网页特点是网站速度较快，制作费用较动态网页便宜，但网页的更新麻烦，需专业的网页制作技术人员才可以修改更新；静态网页是仅仅用来被动地发布信息，而不具有任何交互功能，但它是网站不可或缺的组成部分。

(2)动态网页设计与制作。

动态网页是用PHP、ASP、JSP等网络编程语言编写出的交互式网页，通俗来说，在动态网页中的此处输入信息，在网页另一处则随之新增或更改信息。动态网页适用范围广泛，如综合性网站、电子商务网站、政府网站、公司企业网站等；表现形式有论坛、留言板或网站后台管理页(在网页中的后台进行信息添加修改，前台则自动更新)等。动态网页是与静态网页相对应的，一般是以.asp、.jsp、.php、.perl、.cgi等形式为后缀，并且在动态网页网址中有一个标志性的符号“?”。

1.4.3 网页的测试

当网页设计人员制作完所有网站页面之后，需要对所设计的网页进行审查和测试。测试的对象不仅是网页而是整个网站及所涉及的所有链接，测试内容包括功能性测试和完整性测试两个方面。功能性测试就是要保证网页的可用性，达到最初的内容组织设计目标，实现所规定的功能，浏览者可方便快速地寻找到所需的内容。完整性测试就是保证页面内容显示正确，链接准确。

1. 浏览器兼容性测试

目前，浏览器有 Internet Explorer 与 Netscape 两大主流浏览器，二者对 HTML 和 CSS 等语法的支持度是不同的。这两大浏览器分别拥有各自的卷标语法，其版本越高，所支持的语法就越多。如果在网页中应用了某浏览器的专有语法或较新的 HTML，在其他浏览器中浏览网页时，可能会导致显示错误。

2. 平台兼容性测试

设计要为用户着想，最少要在一台 PC 和一台 Mac 上测试你的网站网页，看看兼容性如何。

3. 超链接完好性测试

超链接是连接网页之间、网站之间的桥梁，浏览者不愿意访问一个经常出现“找不到网页”字样的网站，设计者必须检测超链接的完好性，保证链接的有效性，不要留下太多的坏链接。

设计者如果在测试过程中发现了错误，就要及时修改，在准确无误后，方可正式在互联网上发布。在进行功能性测试和完整性测试后，有的网页还需要梳理好整个站点的结构以备日后的维护与管理所用。

1.4.4 网页上传和发布

网页设计好，必须把它发布到互联网上，否则网站将不能展现在互联网上。发布的服务器可以是远程，也可以是本地。如果是发布到互联网上，要先申请域名和主页空间，然后再利用专用软件(如 CuteFTP)上传，FTP 有很多种软件，最著名的是 CuteFTP 和 LeapFTP，也可以用 Dreamweaver 内置的 FTP 上传。

任务 2 规划“长春悠游网”网站

任务目标

结合网页、网站的知识，根据网站的规划流程及注意事项，完成“长春悠游网”网站结构的规划。

任务实施

1. 确定网站的主题：宣传长春市的旅游资源。

2. 规划网站的整体结构：根据“宣传长春的旅游资源”的主题，经过对长春市各类旅游资源的调研，最后确定网站的栏目分为六个栏目板块，分别是：认识长春、吃在长春、住在长春、游在长春、购物长春和联系反馈，根据主题绘制网站的导航层次结构，如图 1-4 所示。

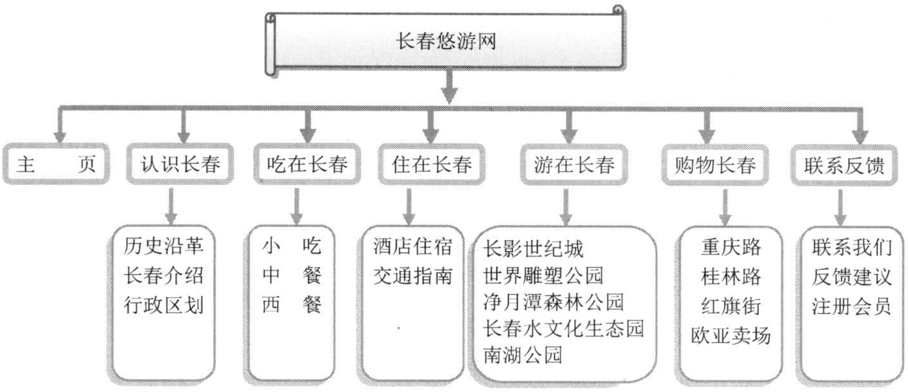

图 1-4　“长春悠游网”网站结构

3. 收集素材：根据各栏目内容收集文字和图像，文字收集后整理形成文字资料备用。对图像进行筛选，选出用于网站的图像并处理为网页能够直接使用的格式备用。

任务总结与拓展

通过规划“长春悠游网”网站，总结或讨论规划网站的步骤和经验。每人自拟主题，规划一个网站并收集素材，留待设计与制作网站之用。

项目梳理

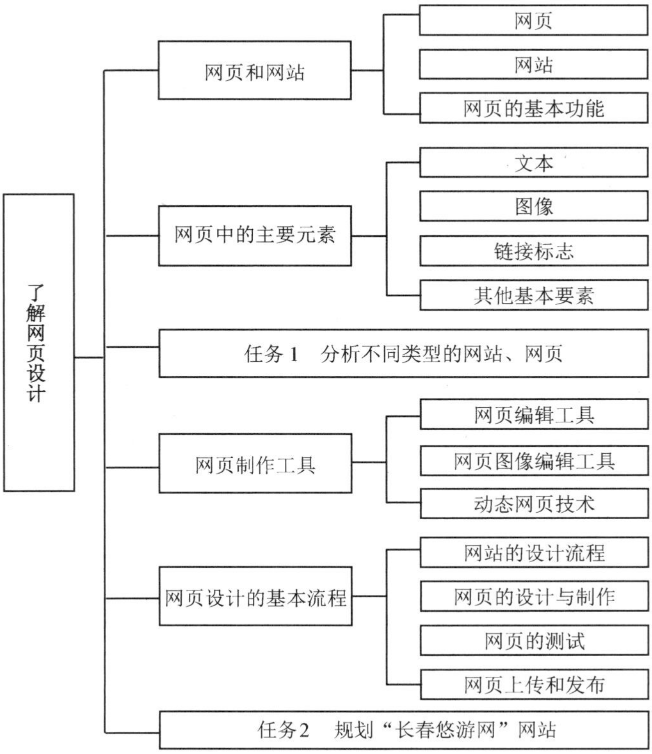

图 1-5　本章项目梳理图

项目测试

一、填空题

1. HTML 是________________的英文缩写，全称是__________________________。

2. 现在网络上使用的绝大多数图像和图像工具是________、________和________文件格式。

3. 通过链接可以从一个网页转到另一个网页，也可以从一个网站转到另一个网站。超链接的载体有________、________和 ________三种。

4. 网页能把信息以多媒体方式表现出来，同时把世界各地的信息链接在一起。网页的基本功能有 ________、________和________三方面。

5. PNG 格式结合了________和________的优点，也支持________，是无损压缩的。

二、选择题

1. 网页中最基本的元素是(　　)。

A. 声音　　B. 动画　　C. 链接　　D. 文字

2. 浏览网页，当鼠标指针指向超链接时，通常鼠标指针形状会变成(　　)。

A. 手形　　B. 箭头　　C. 圆形　　D. 沙漏

3. 下列(　　)不是用于制作网页的软件。

A. HTML Editor　　B. FrontPage　　C. Dreamweaver　　D. ORC

4. 以下(　　)图像格式具有动画效果。

A. JPG　　B. GIF　　C. BMP　　D. TIF

5. 网页编制完成后，一般是以(　　)为扩展名存盘的。

A. EML　　B. PPT　　C. HTML　　D. JPEG

三、简答题

1. 什么是网页？什么是网站？二者有何联系？

2. 网页上使用图像应注意什么？

3. 简述网站的设计流程。

4. 确定网页的版面布局有哪些要注意的问题？

项目实训

一、基本操作

1. 上网查找各种网页编辑工具的信息，了解其相同点和不同点。

2. 上网查找不同布局类型的网页并下载下来，分析其优缺点。

二、能力拓展：完成下面的任务

1. 任选一个网站进行浏览，写出该网站的层次结构，分析网站不同类型页面包括的网页元素。

2. 规划网站，找一个真实的企业或公司或个人，为其规划一个网站，写出网站策划书(包括确定站点主题、规划网站的整体结构)并根据主题收集、整合素材。

项目评估

项目评估测评表

（在□中打“√”，A. 优秀；B. 合格；C. 不合格）

序号	评估项目	评估标准	评估结果
1	专业能力	网页、网站的概念	□A □B □C
2		网页和网站的区别与联系	
3		网页主要元素	□A □B □C
4		网页类型	
5		主要网页制作工具	□A □B □C
6		网页制作流程	□A □B □C
7	社会能力	学习和完成任务过程中与同学、组员沟通和交流的能力	□A □B □C
8		明确自己在合作中能起到的作用	□A □B □C
9		能够与成员积极协商，相互配合完成任务	□A □B □C
10		善于发现和分析问题，提出解决的方法并实施	□A □B □C
11		能对解决问题的方法适时作出总结和修改	□A □B □C
12	方法能力	自我学习和时间管理的能力	□A □B □C
13		工作方式及意外的处理能力	□A □B □C
14		能通过多途径获得信息，具有归纳和整理信息的能力	□A □B □C
15		将已经学到的知识应用到新的工作任务中	□A □B □C
16		对所需信息的收集、整理、归纳和展示	□A □B □C
17		数据分析、简单计算和用适当的方法展示数据	□A □B □C
18	创新能力	能发现事物的不足，提出新的需求	□A □B □C
19		能创新性地提出改进的意见和具体方法	□A □B □C
20		能从多种方案中选择最佳方案，并在现有条件下实施	□A □B □C

项目 2　学习 HTML5 基础——编写“长春介绍”网页

前面已经学习了网站和网页的相关知识，规划了“长春悠游网”网站，接下来的任务是网页设计的最初语言——HTML。本项目将学习最基本的 HTML 5 语法和常用标记，完成编写“长春介绍”和“长春市行政区划”网页的目标。

本章资源

项目教学设计

本章项目教学设计表

知识目标	1. HTML5 语法基本结构； 2. HTML5 常用标记的语法结构
能力目标	1. 掌握 HTML5 的语法结构； 2. 能够编写图文并茂的网页； 3. 能够在网页中建立超链接； 4. 掌握创建表格的操作和技巧
重点与难点	1. HTML5 的语法结构； 2. 编写图文并茂的网页； 3. 创建网页超链接
教学方法	“讲授＋任务”训练： 1. 教师讲解必需的知识点并演示操作； 2. 任务训练：学生完成教师指定的训练任务； 3. 拓展训练：学生自拟主题编写图文并茂的网页； 4. 讨论总结：教师组织学生共同总结 HTML 编写网页的注意事项
建议学时	6 学时

任务描述

李明已经了解了网页、网站的区别与联系，也了解了当下主流的网页设计与制作工具，实习的下一步任务是能够熟知基本的 HTML5 语法和技巧，并能够运用 HTML5 编写简单的网页。

任务分解

1. 掌握 HTML5 语法结构。
2. 掌握常用的 HTML 标记的语法。
3. 编写“长春介绍”和“长春市行政区划”网页。

知识讲解

2.1 认识 HTML

2.1.1 HTML 简介

HTML(Hyper Text Markup Language)又称超文本标记语言，是一种标记性的语言，用于描述超文本中的内容和结构，是网页设计的最初语言。HTML 文档可由任何文本编辑器或网页专用编辑器编辑，例如，Windows 自带的记事本、写字板等，保存时文件的扩展名要用“. html”或“. htm”。下面就编写一个简单的 HTML 文档。

实例 2-1　编写简单的 HTML 文档

前面我们已经学习过建立网页前要创建一个网站，我们在本地电脑的 D 盘(非操作系统所在的分区均可)建立一个“D02site”的文件夹作为站点文件夹，本模块所有网页及网页所需要的文件均存放在这个文件夹中。

(1)打开记事本程序，编写图 2-1 所示代码。

(2)单击“文件→保存”命令(快捷键：Ctrl+S)，打开“另存为”对话框(图 2-2)，找到 D 盘的“D02site”。

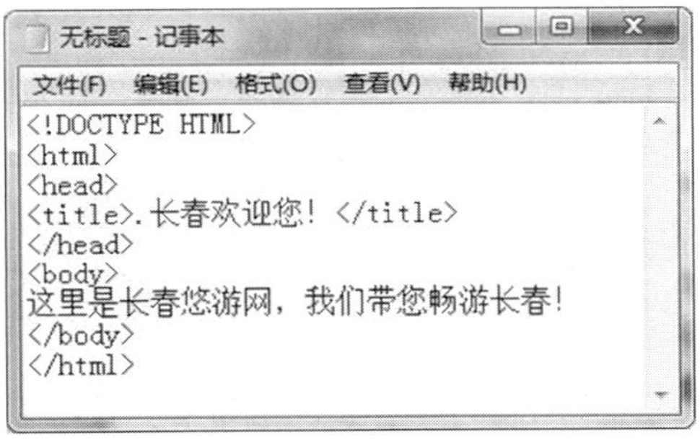

图 2-1　记事本编网页

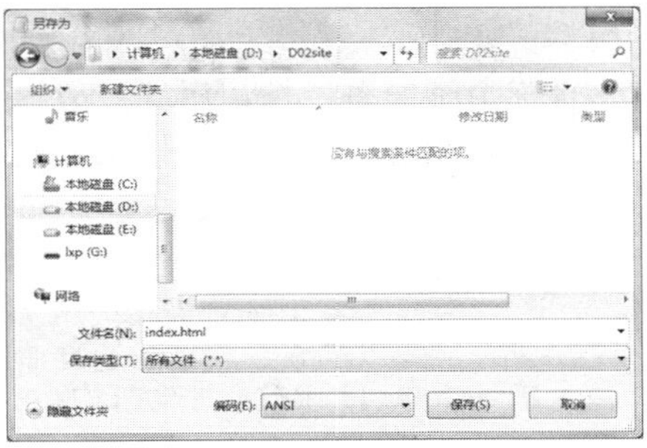

图 2-2　“另存为”对话框

(3)保存类型选“所有文件(*.*)”，在文件名框中输入文件名和扩展名：D02—01. html(本模块所有 HTML 均使用记事本程序编写，后面任务中将省略打开记事本和保存的操作)。

(4)保存并在浏览器中浏览网页如图 2-3 所示。

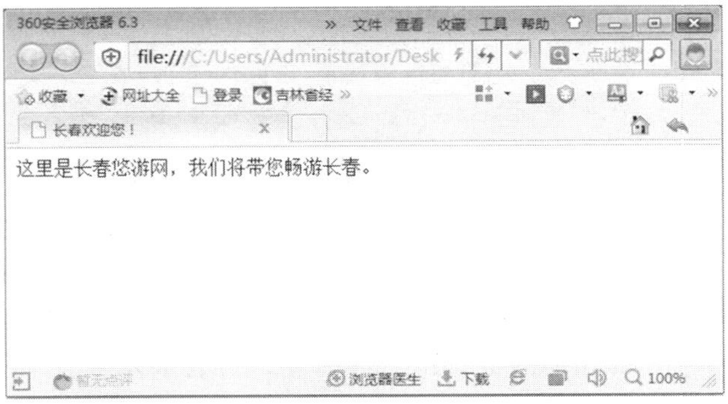

图 2-3　简单的 HTML 文档实例

在上面的例子中，由“＜”和“＞”组成的就是 HTML 标记。在 HTML 语言中标记分“单标记”和“围堵标记”。

＜！DOCTYPE html＞：html5 标准网页声明，表示网页采用 HTML5 标准。支持 HTML5 标准的主流浏览器都认识这个声明。

1. 围堵标记

语法结构：

＜标记＞……＜/标记＞

包括起始标记和结束标记，二者之间是标记作用的对象。多数的 HTML 标记都是围堵标记，如上面文档中的“＜title＞长春欢迎您！＜/title＞”。

2. 单标记

语法结构：

＜标记＞

只有起始标记，没有结束标记。最常用的单标记是＜br＞，用于段内换行。

3. 标记属性

语法结构：

＜标记　属性 1　属性 2　属性 3……＞……＜/标记＞

在 HTML 中，通过为标记添加属性来实现更多的网页排版效果，如段落居中对齐、设置背景图像等，标记属性一般写在起始标记内。

各属性间无前后顺序，属性也可省略，当省略属性时取标记的默认值。

[**提示**]HTML 标记必须是英文标记，不能使用中文全角的符号，标记名与“＜”“＞”之间不能有空格。标记的属性只能加在起始标记中。

2.1.2　HTML 基本语法结构

下面是基本的 HTML 文件结构。

＜！DOCTYPE html＞	html5 标准网页声明
＜html＞	文件开始
＜head＞	标头区开始
＜title＞...＜/title＞	标题区
＜/head＞	标头区结束
＜body＞	文件主体内容开始
文件主体内容……	
＜/body＞	文件主体内容结束
＜/html＞	文件结束

其中，＜html＞……＜/html＞是一个网页的开始和结束，是必有的标记。

＜head＞……＜/head＞是网页文件头的相关信息，包括标题、编码方式等。

＜title＞……＜/title＞位于＜head＞＜/head＞标记内，用来标记网页标题，打开网页时会显示在浏览器的标题栏上。

＜body＞……＜/body＞是网页文件主体内容，所有显示在网页上的信息都要放在里面。＜body＞可以添加一些属性，如背景颜色、背景图像等。

2.2 常用的 HTML 标记

2.2.1 段落标记

1. 段落（<p>）

<p>用于标记一个段落的开始和结束，常用的属性是“align(对齐)”，基本语法结构为：

<p align=left/center/right >……</p>

其中，“align”用于设定段落的对齐方式有左对齐(left)、右对齐(right)或是居中对齐(center)。默认值是左对齐；“align”属性是<p>最常用的属性，此外，还有 class 等属性。

实例 2-2　编写段落标记

```
<! DOCTYPE html>
<html>
<head>
<title>使用段落标记</title>
</head>
<body>
<p align="center">居中对齐</p>
<p align="left">左对齐</p>
<p >默认的对齐方式</p>
</body>
</html>
```

网页浏览器显示如图 2-4 所示。

图 2-4　段落标记示例

2. 换行

单标记，放在一行的末尾，实现一个段落内文本的强制换行，设置标记后面的文字、图像和表格等内容显示于下一行。

3. 标题

标题是在 HTML 语言中已经定义了字体字号的样式。语法格式为：

```
<Hn>…</Hn>
```

其中，n 表示不同级别的标题，n 值可以是 1～6 中的任意数字，1 表示的标题字体最大，也可以用 align 属性设置对齐方式。例如：<h1 align = left >，表示的就是一级标题左对齐。

实例 2-3　编写标题等级网页

```
<! DOCTYPE html>
<html>
<head>
<title>使用标题</title>
</head>
<body>
<h1> 一级标题 </h1>
<h2> 二级标题 </h2>
<h3> 三级标题 </h3>
<h4> 四级标题 </h4>
<h5> 五级标题 </h5>
<h6> 六级标题 </h6>
</body>
</html>
```

网页浏览显示如图 2-5 所示。

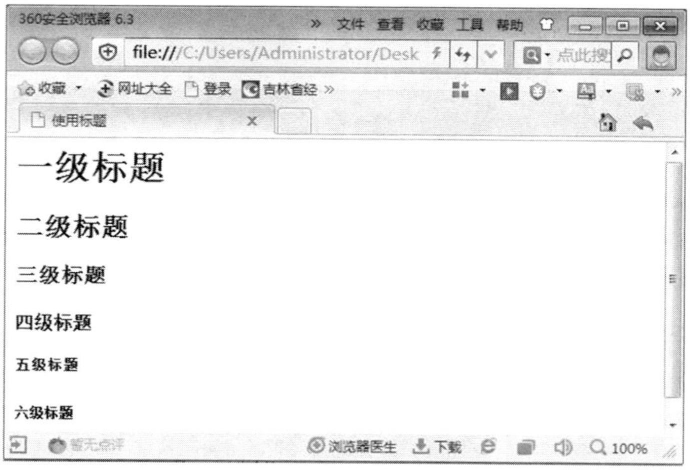

图 2-5　标题等级示例

4. 特殊字符

HTML 语言中除了上面学的一些标记外，还有一些常用的特殊字符(如“<”)，这些特殊字符在 HTML 语言中都有对应的转义符，常用的转义符与特殊字符参见表 2-1。

表 2-1　常用的 HTML 转义符与特殊字符

HTML 代码	显示结果	说明
<	<	小于号或显示标记
>	>	大于号或显示标记
&	&	可用于显示其他特殊字符
"	"	引号
®	®	注册
©	©	版权
™	TM	商标
		不断行的空格

2.2.2　列表标记

通过列表可以很清楚地表现内容之间的逻辑关系，而且阅读起来更加方便。在 HTML 中，列表有“有序列表”和“无序列表”两种常用的形式。

1. 有序列表<ol>…</ol>

有序列表由<ol>开始、</ol>结束，列表项用<li>…</li>引导，基本语法结构为：

```
<ol type=n start=? >
<li>项目 1</li>
<li>项目 2</li>
……
<li>项目 n</li>
</ol>
```

其中，type：设置列表的序号类型，常用序号如下。

n=1:用数字作为序号,是有序列表的默认选项;
n=A:用大写字母作为序号;
n=a:用小写字母作为序号;
n=I:用大写罗马数字作为序号;
n=i:用小写罗马数字作为序号。

start：为可选属性，用于设置序号的起始数值。如<ol type=1 start=4>，表示序号使用数字，但是从“4”开始而不是从“1”开始。如不添加“start”则从每类序号的第一个序号开始。如<ol type=1>，表示序号使用数字，从“1”开始。

2. 无序列表<ul>…</ul>

无序列表由<ul>开始、</ul>结束，列表项用<li>…</li>引导，基本语法结构为：

```
<ul type=n>
<li>项目 1</li>
```

```
<li>项目 2</li>
……
<li>项目 n</li>
</ul>
```

其中，type：设置符号形状，有实心圆、正方形、空心圆三种，具体如下：

n=disk:符号为实心圆,是无序列表的默认选项；
n=square:符号为正方形；
n=circle:符号为空心圆。

实例 2-4　编写列表网页

```
<! DOCTYPE html>
<html>
<head>
<title>列表网页</title>
</head>
<body>
<p>使用有序列表</p>
<ol type=1 start=1>
    <li>静态网页设计与制作</li>
    <li>动态网页设计与制作</li>
</ol>
<p>使用无序列表</p>
<ul type=disk>
    <li>静态网页设计与制作</li>
    <li>动态网页设计与制作</li>
</ul>
</body>
</html>
```

网页浏览显示如图 2-6 所示。

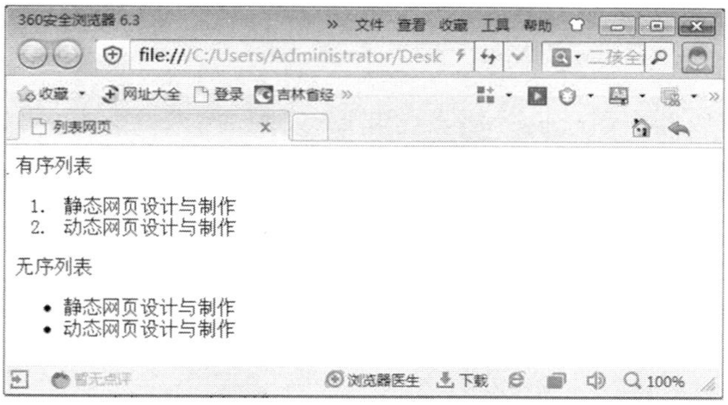

图 2-6　列表网页

2.2.3 图像

1. 图像标记(<img>)

<img>标记用于在网页中插入图像，是单标记。其语法格式为：

<img src=“图像路径和文件名”>

其中，src 是指明要插入的图像所在的具体路径和文件名。路径可以是相对路径，也可以是绝对路径。

相对路径：所谓相对路径，顾名思义就是当前文档与目标的相对位置。例如，“src=1.bmp”，就表示 1.bmp 这个文件和当前这个 HTML 文件在同一个目录下，直接写文件名称就可以了。另外，“../”用来表示上一级目录，“../../”表示上上级的目录。

绝对路径：完整的描述文件位置的路径就是绝对路径。例如，“c:/tmp/1.bmp”就表示一个文件名为 1.bmp 的文件保存在 C 盘 tmp 目录下。对于绝对路径，可以不需要知道其他任何信息，就可以判断出文件的位置。

相对路径和绝对路径各有各的优点，采用绝对路径不容易出错，但是改变服务器的时候比较麻烦。如果文件都放在同一个目录的情况下，采用相对路径比较好，而且改变服务器的时候只要不改变文件之间的位置，简单调试后就可以直接使用。

[**提示**]在插入图像之前应建立文件夹，用于保存网页和网页中插入的图像文件。

实例 2-5　在网页中插入图像

- 在“D02site”的文件夹中新建“image”的文件夹。
- 将图像文件 diaoshuo.jpg 复制到“image”文件夹中。
- 打开记事本程序，将文件保存到“D02site”文件夹中，文件名为：D02－05.html。
- 输入下面代码，并保存网页文件。

```
<! DOCTYPE html>
<html>
<head>
  <title>在网页中插入图像</title>
</head>
<body>
  <p align="center">
  长春世界雕塑公园
  </p>
  <p align="center">
  <img src="image/diaosu.jpg">
  </p>
</body>
</html>
```

网页浏览器显示如图 2-7 所示。

图 2-7 在网页中插入图像示例

图像的属性：除了“src”以外，＜img＞还有其他属性，用于设置图像的对齐方式、与周围元素的距离等，常用属性及作用见表 2-2。

表 2-2 常用图像属性列表

名称	作用
border	设定图像的边框
vspace	设定图像、文字与图像上下之间的间隔
hspace	设定图像、文字与图像左右之间的间隔
width	调整图像的宽度
height	调整图像的高度
alt	当浏览器无法显示图像时，会显示出 alt 属性所设定的文字

在上面的图像网页中的＜img＞中加入 border 属性，具体为：＜img src="image/diaosu.jpg border"="3"＞，页面在浏览器中显示如图 2-8 所示。

图 2-8 给图像加边框

2. 背景图像

利用图像作为网页的背景可以大大增加网页的可视性，使浏览网页的人赏心悦目。设置网页背景要在 body 标记中添加 background 属性。其语法格式为：

```
<body background ="图像路径和文件名">
```

实例 2-6　设置网页背景图像

```
<! doctype html><html>
<head>
<title>背景图像</title>
</head>
<body background="image/swon. gif">
  <p align="center">
  长春世界雕塑公园
  </p>
  <p align="center">
  <img src="image/diaosu. jpg">
  </p>
</body>
</html>
```

网页浏览器显示如图 2-9 所示。

图 2-9　设置网页背景图像

[提示]如在<body>中加入"bgcolor"可以设置网页的背景颜色，如<"body bgcolor=red">，网页的背景为红色。

3. 水平线标记<hr>

水平线是在网页上画出一条水平的分割线，用<hr>来标记水平线。其语法格式为：

```
<hr align=left/center/right noshade size=? width=? color=? >
```

其中，noshade：去掉水平线阴影。

size：用于设置水平线的高度，以像素为单位。

color：用于设置水平线的颜色。

width：用于设置水平线的宽度，单位是像素或百分比，像素是绝对大小，不会随着程序窗口的大小而改，百分比是相对于程序窗口水平方向所占的比例，会随着程序窗口的大小而改变。

2.2.4 建立超链接

超链接是网页中的“灵魂”，有了超链接，浏览者才可以进行跳跃式查询。超链接是从一个网页指向另一个目的端的链接。这个目的端通常是网页，也可以是一幅图像、电子邮件地址、一个文件或程序等，当访问者在浏览器中单击超链接时，就会打开目的端的内容。

1. 超链接的路径

在创建超链接之前，我们首先要清楚文档链接路径，概括起来，文档的链接路径主要有绝对路径、文档相对路径和根目录相对路径三种形式。

(1)绝对路径。这是提供所链接文档的完整路径，且包含其应用协议(如 http://)。主要用于创建站外具有固定地址的链接。

(2)文档相对路径。这是以当前文档所在位置为起点到被链接文档经由的路径，省略对于当前文档和所链接的文档都相同的绝对路径部分，而只提供不同的路径部分，如：gerenwenjian/jiangli. html。具有可移植性，是网页制作的首选。

(3)根目录相对路径(又称服务器路径)。使用多个服务器的大型站点会用到这种文档路径。如：“/image/button. gif”即是连接网络服务器根目录下的 image 文件夹中的 button. gif 文件，必须在网络环境之下才能使用这种路径。

2. 超链接标记(<a>……</a>)

超链接的标记语法格式为：

```
<a href ="url">超链接标志</a>
```

其中，url：指明链接目标的具体路径和文件名。

超链接标记：是网页中链接的载体，可以是文字或图像等页面元素，用户单击它就会跳到超链接的目标位置。

实例 2-7 建立超链接示例

输入下面代码，并将网页保存在“D02site”文件夹中，与链接目标“diaosu. html”文件在同一文件夹。

```
<! doctype html>
<html>
<head>
<title>超链接</title>
</head>
<p align="center">
<a href=" diaosu. html">长春世界雕塑公园</a>
</p>
```

</body>
</html>

网页浏览器中显示如图 2-10 所示，超链接文字默认是蓝色的。将鼠标指向链接载体“长春世界雕塑公园”时，出现手形链接标志，单击可以跳转到目标网页。

图 2-10　超链接网页

3. 书签链接

如想让超链接的目标指向网页中的特定位置，可以通过书签来实现。最常用的是网页底部的“返回页首”，单击可以返回页面顶端。使用书签链接要先定义书签，然后再设置书签链接。

(1)定义书签。

在 HTML 中，首先要定义书签，然后才能在链接中使用。定义书签的语法格式为：

<a name="书签名">

注：书签名不能用中文，只能用英文和数字。

(2)使用书签链接。

其链接的格式为：

<a href="#书签名">超链接标志</a>。

注：#与书签名之间不能有空格。

4. target 属性：标记新窗口

单击一个链接时，有的会打开一个新窗口，有的则是在当前窗口打开。打开新窗口的标记是：target="_blank"，是链接标记的一个属性。其语法格式为：

<a href ="url"　target = "_blank" >超链接标志</a>

任务 3　编写图文并茂的“长春介绍”网页

任务目标

熟练运用 HTML 语言，完成“长春介绍”网页的编写，完成后的效果如图 2-11 所示。

图 2-11 长春介绍网页

任务实施

1. 在电脑 E 盘中新建“ccyysite”的文件夹，作为“长春悠游网”的站点本地根文件夹。

2. 在 ccyysite 文件中新建“image”文件夹，将网页中需要的图像文件复制到“image”中。

3. 打开记事本程序新建一个空白文档，将文件保存到“ccyysite”文件夹中，文件名为 ccjs. html。

4. 输入下面代码，并保存网页文件。

```
<! doctype html>
<html>
<head>
    <title>长春介绍</title>
</head>
<body>
    <h1 align="center" >长 春 介 绍 </h1>
    <p align="center">
首   页     认识长春     ……吃在长春  ……住在长春  ……游在长春  ……购物长春  ……联系反馈
</p>
```

```
<hr width="95%" size="2" noshade  color="#8DDE29">
<p>    长春，别名“北国春城”“新京”……
<br>    长春是闻名中外的汽车城、电影城、……
<br>    长春是个具有欧洲田园城市……长春的旅游景点有：
</p>
<ol>
<li>长影世纪城 </li>
<li>净月潭国家森林公园 </li>
<li>南湖公园</li>
<li>长春世界雕塑公园</li>
<li>长春水文化生态园</li>
</ol>
<p align="center"><img src="image/jy—01.jpg"></p>
</body>
</html>
```

5. 保存后打开浏览器浏览网页如图 2-11 所示。

任务总结与拓展

学生通过利用 HTML 编写网页，总结完成任务过程中出现的问题及解决办法，与同学或指导教师交流 HTML 编写网页的技巧和注意事项。学生自拟主题并收集素材，利用 HTML 语言编写一个图文并茂的网页。

2.2.5 表格

1. 表格

表格在网页设计中是非常重要的，表格可以展示各类数据也可以固定网页中的各种元素的位置，使网页版面变得整齐和美观。表格标记有<table><th><tr>和<td>四个，它们的具体含义是：

<table></table>：表格标签，一组<table> …</table>定义一个表格。一个网页中可以有多个表格，每个表格都有自己的<table>…</table>。

<th></th>：定义标题单元格，在这个单元格中的文字将用粗体表示。

<tr></tr>：定义表格中的行。

<td></td>：定义单元格，使用<td>标记一定要放在<tr>标记内部。

上述标记中，<th></th>可以省略，其他三个是必需的，不能省略。

实例 2-8　在网页中插入表格

```
<! doctype html>
<html>
<head>
<title>在网页中插入表格</title>
```

```
</head>
<body>
<table border=1>
<tr><th>姓名</th><th>性别</th><th>学历</th></tr>
<tr><td>王明</td><td>男</td><td>大专</td></tr>
<tr><td>李艳</td><td>女</td><td>本科</td></tr>
</table>
</body>
</html>
```

网页浏览器显示如图 2-12 所示。

2. 表格标记及属性

<table>标记中可以添加属性，其中 border 用于设置表格的边框宽度，值为大于或等于“0”的正整数，当值为“0”，在浏览器中显示无边框表格，无边框表格是网页布局最主要的手段。如将实例 2-8 中 border 值改为“0”，则在浏览器中效果如图 2-13 所示。

图 2-12 在网页插入表格

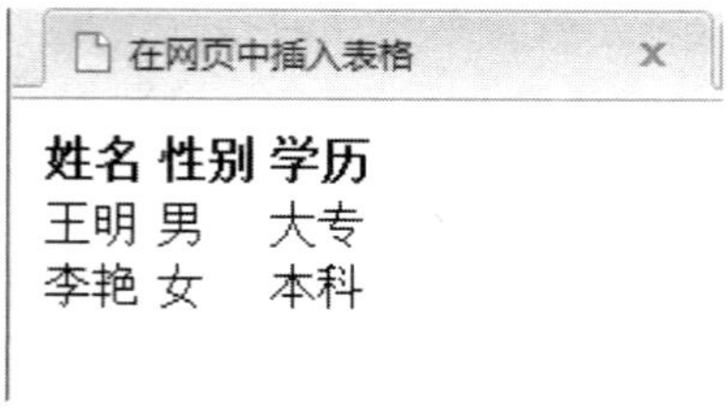

图 2-13 边框为 0 的表格

除了 border 属性以外，还有其他的表格属性，我们利用这些属性标记来做出想要的表格。常用的表格属性如下。

cellspacing：定义单元格之间的距离，值为大于或等于“0”的整数，单位是像素，“0”表示没有间距。

cellpadding：定义单元格内的文字或其他元素到边框的距离，值为大于或等于“0”的整数，单位是像素，“0”表示没有距离。

height：定义表格的高度，值有像素和百分比两种单位。像素，表示表格高度为固定大小；百分比，表示表格占据整个网页的高度百分比。

width：定义表格的宽度，与高度一样有像素和百分比两种单位。

bordercolor：定义表格边框的颜色。

bgcolor：定义表格的背景色。

实例 2-9 设置表格背景颜色示例

```
<! doctype html>
<html>
<head>
<title>为表格设置背景颜色</title>
```

```
</head>
<body>
<table border=0 bgcolor= "#7AA8C0" >
<tr><th>姓名</th><th>性别</th><th>学历</th></tr>
<tr><td>王明</td><td>男</td><td>大专</td></tr>
<tr><td>李艳</td><td>女</td><td>本科</td></tr>
</table>
</body>
</html>
```

网页浏览器显示如图 2-14 所示。

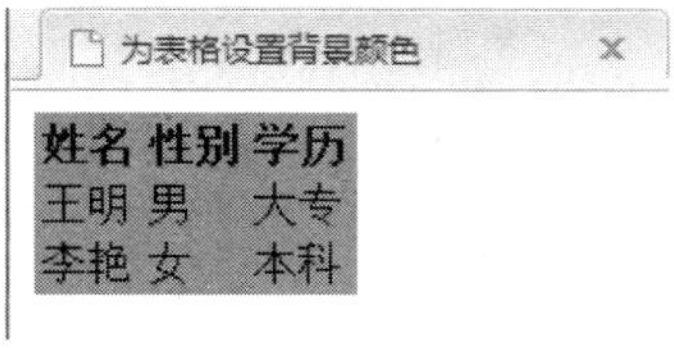

姓名	性别	学历
王明	男	大专
李艳	女	本科

图 2-14　设置表格背景颜色

任务 4　编写“长春市行政区划”网页

任务目标

利用 HTML 语言中表格的基本语法和相关知识，编写完成“长春市行政区划”网页。完成后网页如图 2-15 所示。

区划代码	区划名称	邮政编码	面积（平方公里）	行政级别
220102	南关区	130000	497	市辖区
220103	宽城区	130000	900.48	市辖区
220104	朝阳区	130000	237	市辖区
220105	二道区	130000	465.11	市辖区
220106	绿园区	130000	216	市辖区
220112	双阳区	130600	1677.42	市辖区
220181	九台区	130500	3375.27	市辖区
220122	农安县	130200	5400	县
220182	榆树市	130400	4712.49	县级市
220183	德惠市	130300	3435	县级市

图 2-15　表格网页——长春市行政区划

任务实施

在记事本中输入下面代码并保存网页文件：

```
<! doctype html>
<html>
<head>
<title>长春市行政区划</title>
</head>
<body background="image/lvyebj-3. png">
<h1 align="center">长春市行政区划</h1>
<p align="center">首页     认识长春      吃在长春      住在长春      游在长春      购物长春      联系反馈</p>
<hr width="95%" size="3" noshade color="#00CC00">
<p>      长春居于中国东北地理中心,分别与吉林省松原市………。</p>
<p>  </p>
<table border="1" bordercolor="#00CC33" align="center" width="600">
<tr align="center"><th height="35">区划代码</th><th align="center">区划名称</th><th align="center">邮政编码</th><th align="center">面积(平方公里)</th><th align="center">行政级别</th></tr>
<tr align="center"><td height="30">220102</td><td>南关区</td><td>130000</td><td>497</td><td>市辖区</td></tr>
<tr align="center"><td height="30">220103</td><td>宽城区</td><td>130000</td><td>900.48</td><td>市辖区</td></tr>
<tr align="center"><td height="30">220104</td><td>朝阳区</td><td>130000</td><td>237</td><td>市辖区</td></tr>
<tr align="center"><td height="30">220105</td><td>二道区</td><td>130000</td><td>465.11</td><td>市辖区</td></tr>
<tr align="center"><td height="30">220106</td><td>绿园区</td><td>130000</td><td>216</td><td>市辖区</td></tr>
<tr align="center"><td height="30">220112</td><td>双阳区</td><td>130600</td><td>1677.42</td><td>市辖区</td></tr>
<tr align="center"><td height="30">220122</td><td>农安县</td><td>130200</td><td>5400</td><td>县</td></tr>
<tr align="center"><td height="30">220181</td><td>九台区</td><
```

```
td>130500</td><td>3375.27</td><td>市辖区</td></tr>
<tr align="center"><td height="30">220182</td><td>榆树市</td><td>130400</td><td>4712.49</td><td>县级市</td></tr>
<tr align="center"><td height="30">220183</td><td>德惠市</td><td>130300</td><td>3435</td><td>县级市</td></tr>
</table>
</body>
</html>
```

网页浏览器显示如图 2-11 所示。

任务总结与拓展

学生通过利用 HTML 语言在网页中插入表格，总结完成任务过程中出现的问题及解决办法，与同学或指导教师交流 HTML 中表格代码使用的技巧和注意事项。独立编写一个通讯录网页。

项目梳理

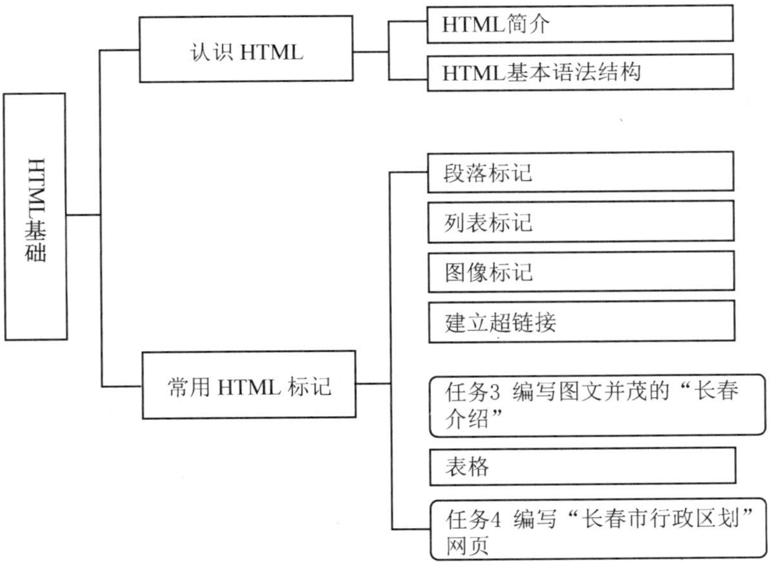

图 2-16 本章项目梳理图

项目测试

一、填空题

1. HTML 英文全称是________________，又称________语言，是一种标记性的语言，用于描述超文本中的内容和结构，是网页设计的最初语言。

2. 在 HTML 语言中<p>标记的作用是____。

3. 在插入图像时，路径有________和________两种。

4. HTML 中，列表中常用的有有序列表和无序列表，有序列表的标记是________，无序列表的标记是________。

5. 在应用 HTML 编写网页时，建立超链接的标记是________，语法格式为________。

6. 水平线是在网页上画出一条水平的分割线，用________来标记水平线。语法格式为____。

二、选择题

1. 为同一段落中的文本换行时，HTML 标记为(　　)。

A. <p>　　B.
　　C. <bg>　　D. <pre>

2. HTML 代码<img src=url>表示(　　)。

A. 添加一个图像　　B. 排列对齐一个图像

C. 设置围绕一个图像的边框的大小　　D. 加入一条水平线

3. 在 HTML 文档中网页的主体内容将写在(　　)标记内。

A. <body>　　B. <head>　　C. <html>　　D. <p>

三、简答题

1. 什么是 HTML 语言?

2. 简述网页中插入图像时相对路径和绝对路径的区别。

3. 如何插入图像?

4. 怎样建立一个表格?

项目实训

一、基本操作

1. 编写 HTML 语法的基本结构。

2. 编写 HTML 语言中建立表格的基本语法结构。

二、能力拓展：完成下面的任务

利用 HTML 语言编写下面的网页。

要求：

1. 第一页是个人的信息，要求有个人的照片，个人的各种爱好等。用表格形式表示出来。

2. 第二页是个人的成绩单。按照学期次序做成有序列表，每个学期成绩设置书签。单击相应的学期能够跳转到相应的学期成绩上。

3. 第三页是自我推荐，要求有背景图像。文字要设置字体、颜色和大小。

4. 各个网页之间设置超链接，可以互相跳转。

项目评估

项目评估测评表

（在□中打“√”，A. 优秀；B. 合格；C. 不合格）

序号	评估项目	评估标准	评估结果
1	专业能力	HTML基本语法结构	□A □B □C
2		段落、标题和列表等常用的HTML标记	□A □B □C
3		HTML中图像标记及相关操作	□A □B □C
4		建立超链接	□A □B □C
5		建立表格的标记及语法结构	□A □B □C
6		综合运用简单的HTML编写图文并茂的网页	□A □B □C
7	社会能力	学习和完成任务过程中与同学、组员沟通和交流能力	□A □B □C
8		明确自己在合作中能起到的作用	□A □B □C
9		能够与成员积极协商，相互配合完成任务	□A □B □C
10		善于发现和分析问题，提出解决的方法并实施	□A □B □C
11		能对解决问题的方法适时作出总结和修改	□A □B □C
12	方法能力	自我学习和时间管理的能力	□A □B □C
13		工作方式及意外的处理能力	□A □B □C
14		能通过多途径获得信息，具有归纳和整理信息的能力	□A □B □C
15		将已经学到的知识应用到新的工作任务中	□A □B □C
16		对所需信息的收集、整理、归纳和展示	□A □B □C
17		数据分析、简单计算和用适当的方法展示数据	□A □B □C
18	创新能力	能发现事物的不足，提出新的需求	□A □B □C
19		能创新性地提出改进的意见和具体方法	□A □B □C
20		能从多种方案中选择最佳方案，并在现有条件下实施	□A □B □C

项目 3　认识 Dreamweaver CC
——创建“长春悠游网”站点

通过前面的学习我们了解到网站是网页和相关信息文件集合，存放这些文件集合就是站点文件夹。接下来的任务就是创建本地站点。本项目我们就要学习 Dreamweaver CC 中站点的基本操作和 CSS 样式的基本知识，完成创建“长春悠游网”本地站点的目标。

本章资源

项目教学设计

本章项目教学设计表

知识目标	1. Dreamweaver CC 工作界面； 2. 规划站点结构和网页文件的基本命令； 3. CSS 样式基础
能力目标	1. 熟悉 Dreamweaver CC 工作界面； 2. 掌握创建和管理本地站点的操作和技巧； 3. 熟练网页文件的基本操作和技巧； 4. 掌握 CSS 样式的基本操作
重点与难点	1. 创建和管理本地站点； 2. CSS 样式的基本操作
教学方法	“讲授＋任务”训练： 1. 教师讲解并演示操作； 2. 任务训练：学生完成教师指定的训练任务； 3. 拓展训练：学生自拟主题创建本地站点； 4. 讨论总结：教师组织学生共同总结创建本地站点的主要知识技能和注意事项
建议学时	6 学时

任务描述

在李明基本掌握了 HTML 语言后，公司让李明负责创建一个宣传长春吃、穿、住、旅游和购物等相关信息的网站——长春悠游网。李明通过与旅游公司开会讨论确定了网站的主题，也提出具体的策划方案，现在要利用 Dreamweaver CC 完成网页制作的第一步：创建本地站点。

任务分解

1. 熟悉 Dreamweaver CC 的界面。
2. 掌握创建和管理本地站点的操作技巧。
3. 创建“长春悠游网”本地站点并规划站点结构。

4. 掌握 CSS 样式的基本知识和操作。

知识讲解

3.1 Dreamweaver CC 基础

Dreamweaver CC 是 Adobe 公司推出的、可视化编辑界面的、用于制作和编辑网页的软件。使用 Dreamweaver CC 可以无须编写任何代码就能快速创建、编辑网页和网站。

3.1.1 启动和退出 Dreamweaver CC

1. 启动

安装了 Dreamweaver CC 程序后，单击 Windows 的“开始”按钮，在开始菜单中找到 Dw Adobe Dreamweaver CC ，单击打开 Dreamweaver CC 程序，开始界面如图 3-1 所示。

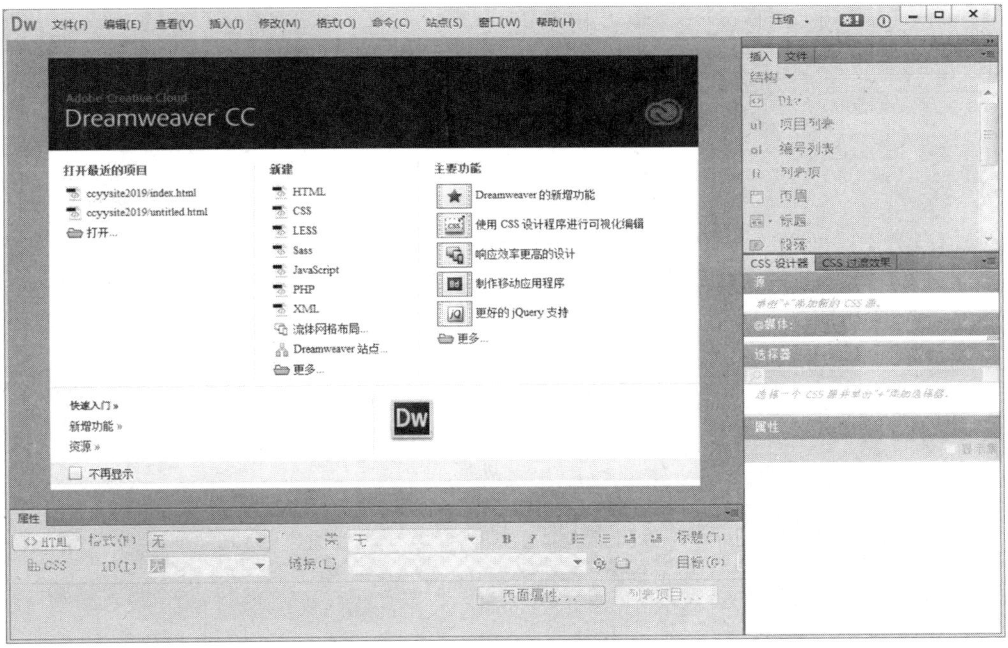

图 3-1 Dreamweaver CC 开始界面

Dreamweaver CC 的开始界面包括：

- 打开最近浏览的项目：列出最近使用的文件及浏览按钮。
- 新建：用于创建新的项目，其中选择 HTML 选项可以创建一个新的静态网页。
- 主要功能：列出了软件主要功能介绍的链接。

2. 退出

单击窗口右上角的“关闭”按钮，可以退出程序。

3.1.2 Dreamweaver CC 工作界面

在开始界面中，单击“新建”下的“HTML”新建一个静态网页，Dreamweaver CC 工作界面如图 3-2 所示。Dreamweaver CC 界面由菜单栏、文档工具栏、应用程序栏、文档窗口、工作区切换器、属性面板和面板组等组成。

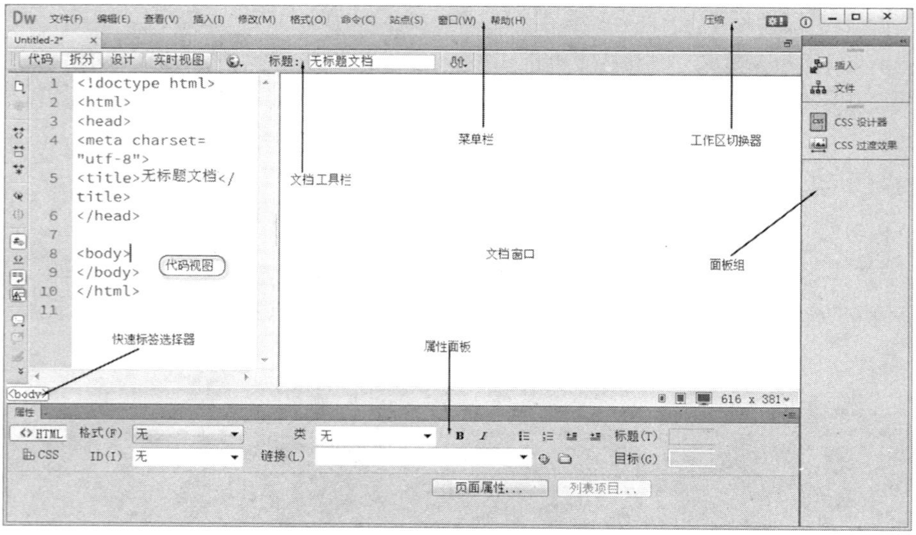

图 3-2 Dreamweaver CC 工作界面

1. 菜单栏

有文件、编辑和查看等 10 组菜单，包括了 Dreamweaver CC 中的各种操作命令，单击可以选择相应的命令执行操作。

2. 文档工具栏

默认位于文档窗口上方，包括视图方式和查看文档选项等常用命令和选项，具体如图 3-3 所示，从左到右依次为“代码”视图、“拆分”视图、“设计”视图、“实时视图”“在浏览器中可预览/调试”“文档标题栏”“文件管理”。

图 3-3 文档工具栏

- “代码”视图：仅在“文档”窗口中显示代码，是用于 HTML 等语言代码的手工编码环境。
- “拆分”视图：同时显示“代码”视图和“设计”视图，是一种组合视图方式。
- “设计”视图：仅在“文档”窗口中显示“设计”视图，是可视化页面布局、可视化编辑和快速应用程序开发的设计环境，是“所见即所得”的编辑环境。如果处理的是 XML、JavaScript、CSS 或其他基于代码的文件类型，则无法在“设计”视图中查看文件，而且“设计”和“拆分”按钮将会变暗。
- “实时视图”：显示不可编辑的、交互式的、基于浏览器的文档视图。
- “文档标题”栏：用于为文档输入标题，浏览网页时它显示在浏览器的标题栏中。

若文档已有了标题则会显示在该区域中。

• "文件管理"：单击该按钮可显示"文件管理"的菜单。

3. 工作区切换器

位于窗口顶部右侧，可以用于设置工作区。

4. 快速标签选择器

位于"文档"窗口的底部左侧，显示环绕当前选定内容的标签层次结构。单击该层次结构中的任何标签以选择该标签及其全部内容。单击＜body＞可以选择文档的整个文档。

5. 属性面板

属性面板默认位于编辑窗口的下方，用于显示选择元素的信息，也可以通过修改属性面板中的数据或内容来调整选择的元素。不同的元素有不同的属性，图 3-4 是文本属性面板。

图 3-4　文本属性面板

6. 面板组

面板组集成了多种工具面板，默认位于窗口的右侧，单击最上部右侧的"折叠/展开"按钮可以折叠或展开面板组。面板组包括常用的"插入""文件"和"CSS 设计器"等工具面板，每个工具面板右侧有一个弹出式菜单按钮，包括关闭面板、关闭标签组和一些与面板相关的操作命令，具体如图 3-5 所示。

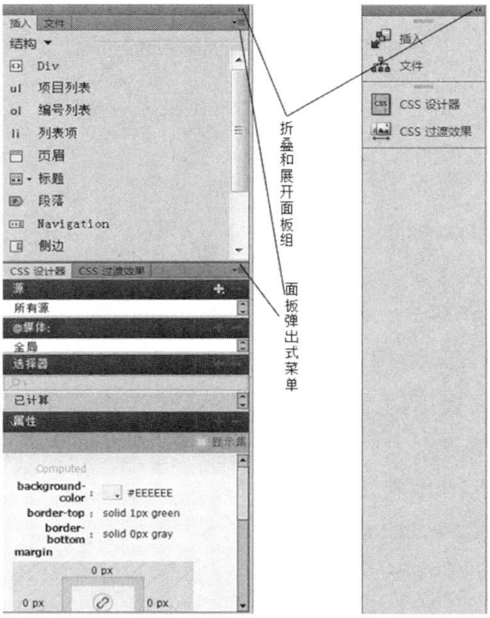

图 3-5　面板组

除了程序默认显示在面板组的面板以外，系统还提供了多种工具面板供设计者使用，设计者可以根据自己的需要显示或隐藏面板。在菜单栏中单击“窗口”菜单，然后选择相应的面板即可实现面板的显示和隐藏的操作。在窗口菜单中面板名称前有“√”的已经显示在窗口中了。

7.“插入”面板

“插入”面板包含用于创建和插入网页元素的常用按钮。这些按钮按类别分成不同的选项集成在“插入”面板中，在 Dreamweaver CC 的“插入”面板中，集成了“常用”“结构”“媒体”“表单”“jQuery Mobile”“jQuery UI”“模板”和“收藏夹”各类别选项。在插入面板类别名称右侧有一个向下的黑色三角形按钮，单击弹出“插入”面板 8 个类别选项，如图 3-6 所示。图 3-7 和图 3-8 是“插入”面板中的常用选项和结构选项。

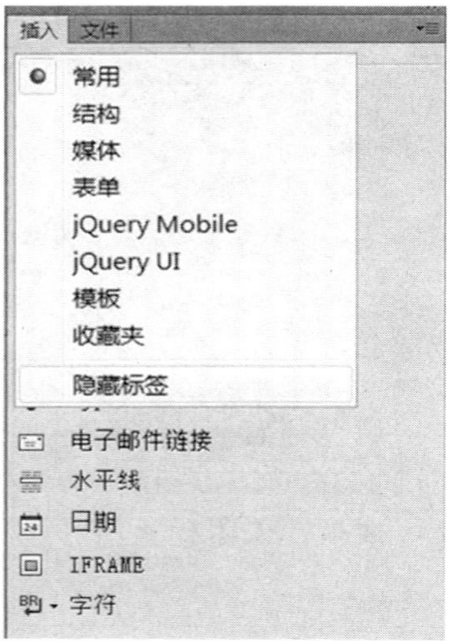

图 3-6　插入面板

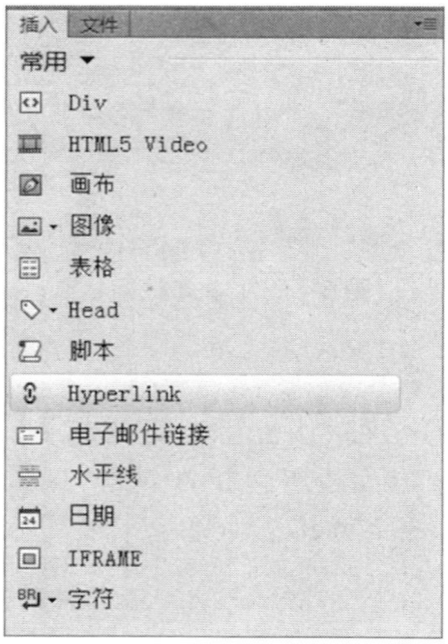

图 3-7　插入面板常用选项

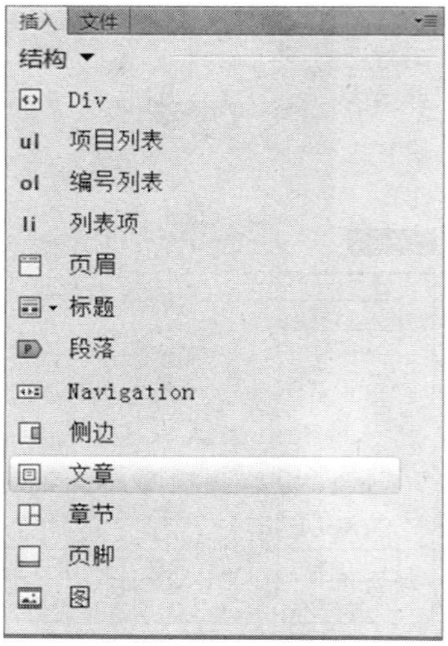

图 3-8　插入面板结构选项

3.2　规划与创建本地站点

本地站点就是在本地计算机上一个用于存放网页及与相关文件(如图像、声音等)的文件夹。在 Dreamweaver 中有本地站点、远程站点和测试服务器站点，制作网页之前要首先建立一个本地站点。

3.2.1　规划网站的整体结构

网站设计时，要通过合理的整体规划将网页组织起来形成网站。网站结构是否合理，对于浏览者可能不会有太大的影响，但对于网站的维护和管理却有着重要的影响。规划网站的结构要注意以下几个方面。

1. 文件及文件夹的命名要规范

文件名应容易理解，使用英文和数字，尽量简短，全部采用小写。不要以数字开头，避免包括中文、空格及特殊符号。主页名使用默认的 index. htm(html)或 default. htm(html)，放在站点的根目录下。

2. 不要将所有文件存放在站点根目录下

网站所使用的所有文件及文件夹都要存放在站点文件夹中，但不要将所有的文件都放在根目录下，一般根目录下只放主页文件，其他的文件要分类建立文件夹来存放。根目录下的文件越少，浏览者浏览网站的速度越快，而且根目录下的文件过多会造成文件管理与维护的混乱。

3. 建立子文件夹对文件进行分类存放

文件分类时可以采用按栏目或文件类型来分类。按文件类型是按文件类型建立文件夹，不同类型的放在不同的文件夹中。如建立 Image(或 Images)文件夹用于存放网页中用到的图像文件夹，建立 CSS 文件用于存放网页中用的 CSS 样式表文件；按栏目进行分类，是按网站的栏目建立文件夹，将同一栏目的文件放在一起。如制作企业网站其中有产品介绍、公司简介、在线订购等相应的栏目，则可以建立相应的文件夹用来存放相关文件。此外，网站建立的文件夹层次不要太深，最好为三层，否则不好管理。

4. 每个主栏目下都建立独立的 Image 目录

Image 一般是用于存放图像的目录。通常一个站点的根目录下都有一个 Image 目录，如果把站点中所有的图像都放在根目录下的 Image 文件夹中，会给以后的管理和维护带来麻烦。应为每个主栏目建立独立的 Image 来存放该栏目中所用到的图像。根目录下的 Image 只用于存放主页和次要栏目所用的图像文件。

5. 模板(Library)和库(Templates)文件夹一定要位于站点根目录之下并不能被更名

模板(Library)和库(Templates)文件夹一定要位于站点根目录之下并不能被更名，否则再使用模板和库就会出错。

[**提示**]若主页文件名不使用 index. htm(html)或 default. htm(html)或不放在站点根目录下，浏览者访问网站时就可能找不到主页，从而导致不能访问。

3.2.2 建立本地站点

建立本地站点就是将本地计算机硬盘上一个文件夹指定为站点文件夹，然后将网页及其他相关的文件存放在该文件夹中。当准备发布站点时，将文件夹中的文件上传到 Web 服务器上即可。建立本地站点的操作如下。

1. 在计算机硬盘上新建一个文件夹做本地站点的文件夹的操作

在计算机硬盘上新建一个文件夹做本地站点的文件夹。如在 E 盘新建“mysite”的文件夹。注意不要将站点的文件夹建立在操作系统所在的磁盘分区上，以免当系统出现问题时造成不必要的损失。

2. 在 Dreamweaver 中建立站点的操作

(1)在菜单栏中单击“站点→新建站点”命令，打开“站点设置对象 未命名站点”的对话框，如图 3-9 所示 。对话框左侧有以下四个选项卡。

• “站点”：用于定义站点的基本信息，有“站点名称”和“本地站点文件夹”两个文本框选项。

“站点名称”文本框用于输入站点的名称。此名称会显示在“文件”面板和“管理站点”对话框中，但不会显示在浏览器和“我的电脑”中。

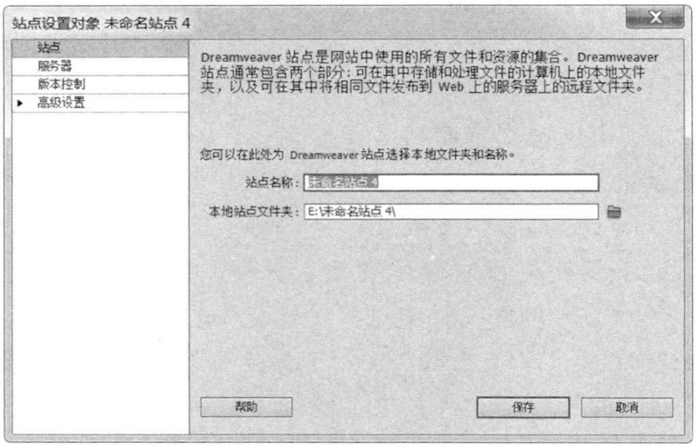

图 3-9 “站点设置对象 未命名站点”对话框

“本地站点文件夹”文本框用于指定站点的本地文件夹。单击其右侧的“浏览”按钮 可以查找所要指定的文件夹。

• “服务器”：用于设置远程和测试服务器相关的信息，主要用于动态网站的构建(静态网站不需要)。

• “版本控制”：此选项可以使用 Subversion 获取和存回文件。

• “高级设置”：用于设置遮盖、设计备注、文件视图等内容。

(2)选择“站点”选项(默认选项)：在“站点名称”文本框中输入“我的站点”，单击“本地站点文件夹”文本框右侧的“浏览”按钮 ，查找并选择本地电脑 E 盘中的“mysite”文件夹作为本地站点根文件夹。完成后对话框如图 3-10 所示。

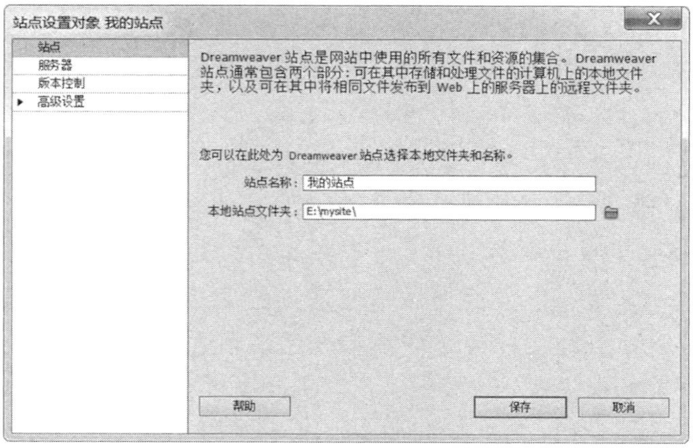

图 3-10 设置本地站点信息

(3)单击“保存”按钮完成创建本地站点，完成后文件面板会显示新创建的站点，如图 3-11 所示。面板中显示了站点的名称、本地文件夹名称和位置等站点的相关信息。

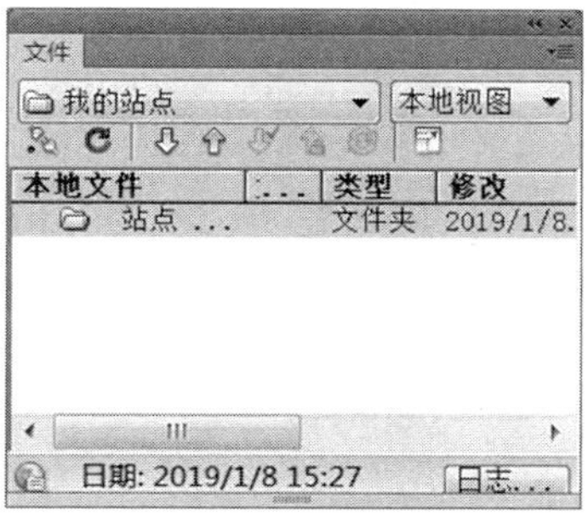

图 3-11 新建站点后的文件面板

3. 向站点中添加内容

新创建的站点仅仅是一个空的站点，可以通过 Dreamweaver 的“文件”面板方便地向站点添加文件或文件夹等内容。

(1)创建文件夹。

在站点中创建文件夹的操作如下。

- 在“文件”面板中的站点名称上单击鼠标右键，在快捷菜单中选择“新建文件夹”命令，如图 3-12 所示。

图 3-12 新建文件夹

- 在本地站点的根文件夹下出现名为“untitled”的新文件夹，将其重命名为“image”，并按 Enter 键确认，完成新建文件夹的操作，完成后文件面板如图 3-13 所示。

图 3-13 站点新建 image 文件夹

(2)创建网站主页文件。

主页是网站中必不可少的文件，在站点中添加主页的操作如下。

• 在“文件”面板中的站点名称(注意不是新建的 image 文件夹)上单击鼠标右键，在快捷菜单中选择“新建文件”命令，则新建一个名为“untitled. htm”的网页文件。

• 将其重命名为“index. htm”或“default. htm”，完成后文件面板如图 3-14 所示。

图 3-14　新建主页文件

[提示]index. htm(html)或 default. htm(html)的文件，系统会自动识别为主页文件。

(3)创建其他网页。

网站中除了主页还有其他很多网页，但最好不要直接放在根文件夹下，应在站点中建立相应的子文件夹来存放普通网页。新建网页的操作与新建主页是一样的，只是命名时文件名不同。

(4)复制、删除和重命名网页。

站点中的文件的复制、删除和重命名操作最好通过“文件”面板来完成，这样可以及时更新网页的链接和文件路径。具体操作为：在“文件”面板中相应的网页名称上右击鼠标，在弹出的快捷菜单中选择“编辑→删除或重命名”等命令即可。

[提示]打开新建对话框新建网页的快捷键为 Ctrl+N。直接新建空白网页的快捷键为 Ctrl+Shift+N。

3.2.3　管理本地站点

创建站点后可以通过“管理站点”对话框对站点进行管理，主要包括站点的复制、删除、编辑和增加等操作。

1.“站点管理”对话框

在菜单栏中单击“站点→管理站点”命令，打开“管理站点”对话框如图 3-15 所示，将会显示已有站点列表。

• 新建站点：用于创建新的 Dreamweaver 站点。

• 导入站点：用于导入以前从 Dreamweaver 导出站点的信息。

• 新建 Business Catalyst 站点：用于创建新的 Business Catalyst 站点。

• 导入 Business Catalyst 站点：用于导入现有的 Business Catalyst 站点。

• 功能按钮：在站点列表下面是站点管理的功能按钮，从左到右依次是删除()、编辑()、复制()和导出()。

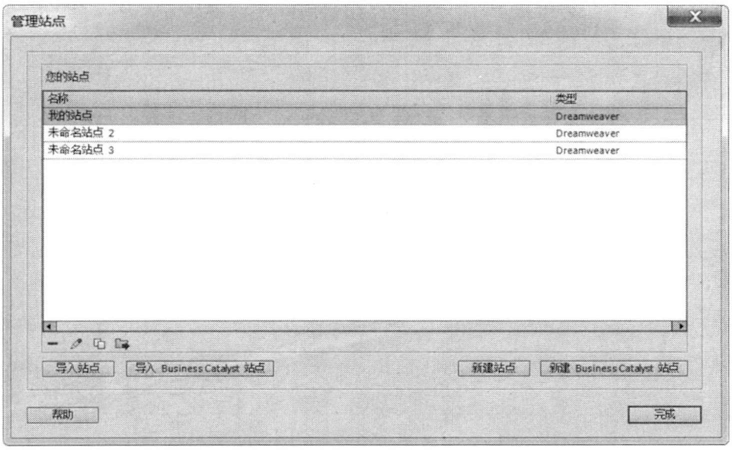

图 3-15 “站点管理”对话框

2. 删除站点

利用“站点管理”对话框中的“删除”按钮可以删除站点列表的站点及其所有设置信息。具体操作如下。

- 在站点列表中选择要删除的站点。
- 单击“删除”按钮，则删除了选中的站点，注意此操作不可撤销。

[**提示**]删除只是把站点从站点列表中删除，站点文件夹及文件并没有从计算机中删除。

3. 编辑站点

利用编辑站点可以编辑已有的站点。具体的操作如下。

- 在站点列表中选择现有站点。
- 然后单击“编辑”按钮，打开 “站点设置”对话框(图 3-9)来编辑选中的站点。

4. 复制站点

复制站点用于创建现有站点的副本，具体操作如下。

- 在站点列表中选择站点。
- 单击“复制”按钮，则复制的站点会显示在站点列表中，站点名称后面会附加“复制”字样。

5. 导出站点

可以将“站点设置”导出为 XML 文件，但不会导出站点的文件。

3.2.4 站点中网页的基本操作

1. 新建网页

在 Dreamweaver 的开始界面单击“新建”HTML 系统会新建一个名为 Untitled-1 的空白文档。另外，在前面我们知道如何通过“文件”面板在本地站点新建网页文件，此外还可以通过以下的操作新建网页。

(1)执行以下操作之一，打开“新建文档”对话框(图 3-16)：

- 在菜单栏中单击“文件→新建”命令(快捷键：Ctrl+N)。

• 单击“标准”工具栏上的“新建”按钮。

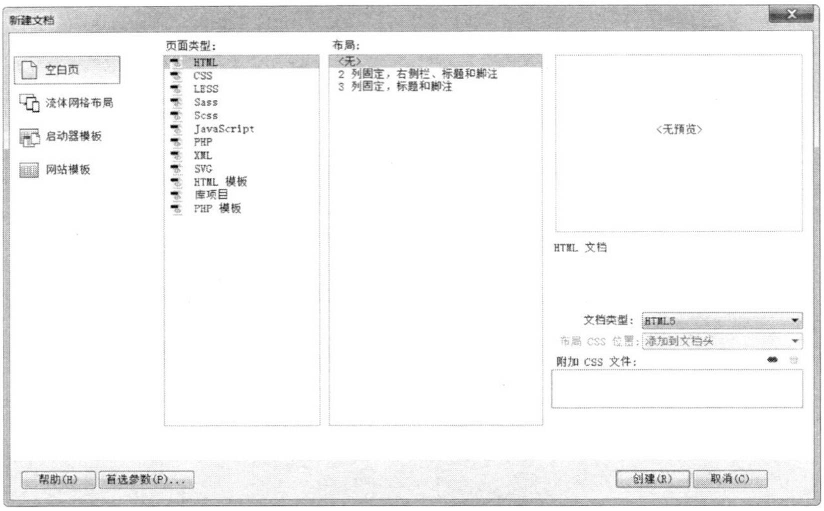

图 3-16 “新建文档”对话框

(2)单击“空白页”选项中的“HTML”，然后单击“创建”按钮，则新建一个空白文档。

2. 保存网页

无论新建还是正在编辑的网页都要随时保存，保存网页的操作如下。

(1)执行以下操作之一，打开“另存为”对话框(图 3-17)。

• 在菜单栏中单击“文件→保存(S)”命令(快捷键：Ctrl+S)。

• 单击“标准”工具栏上的“保存”按钮。

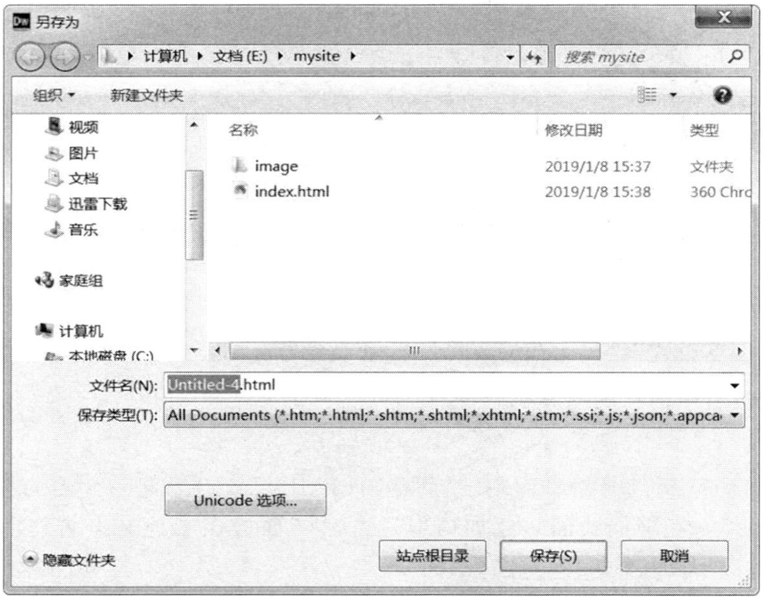

图 3-17 “另存为”对话框

(2)在“保存在”选项栏中选择网页的保存位置。在“文件名”文本框中输入文件名。

(3)单击“保存”按钮，文件就保存到了指定位置。

[**提示**]当需要同时保存打开的多个网页时，可在菜单栏中单击“文件→全部保存”命令或单击工具栏上的“全部保存”按钮。

3. 关闭网页

在菜单栏中单击“文件→关闭”命令或单击文档的窗口右上角的“关闭”即可，按钮如图 3-18 所示。

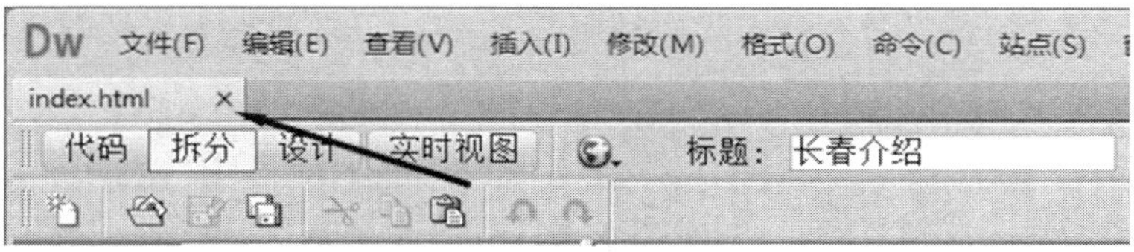

图 3-18　关闭网页

4. 打开网页

打开已有的网页的操作有以下三种方式。

(1)通过文件菜单打开已有的网页，具体操作如下。

①执行以下操作之一，打开“打开”对话框。

- 在菜单栏中单击“文件→打开”的命令。
- 或单击“标准”工具栏上的“打开”按钮。

②在“打开”对话框，查找并选择要打开的文件，单击“打开”按钮，打开文件。

(2)在“文件”面板中打开网页文件。

在“文件”面板中，双击要打开的文件，即可打开网页。

(3)在资源管理器中打开网页文件。

在资源管理器中，在网页文件上单击鼠标右键，在弹出的快捷菜单中选择“在 Dreamweaver 中编辑”即可将文件在 Dreamweaver 中打开。

5. 浏览网页

编辑好的网页可以随时在浏览器中预览，以查看网页的版式及链接的完好性，从而对网页进行修改。以在 IEXPLORE 中预览为例，执行以下操作之一即可。

- 在菜单栏中单击“文件→在浏览器中预览→IEXPLORE”命令。
- 使用快捷键为 F12。
- 在文档工具栏中单击“在浏览器中预览/调试”按钮，然后在列表中选择“在浏览器预览”，如图 3-19 所示。
- 单击“编辑浏览器列表”，可以打开“首选项在浏览器中预览”的选项对话框，可

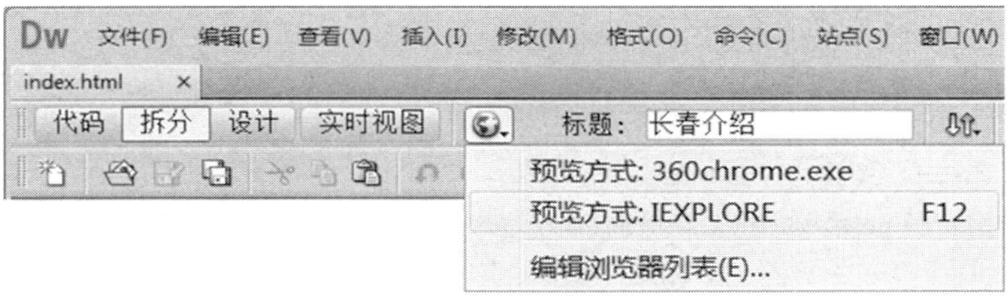

图 3-19　浏览网页

增加、删除浏览器和设置主、次浏览器。

3.3 CSS样式基础

3.3.1 认识CSS样式

CSS(Cascading Style Sheets，CSS)样式表，又称为层叠式样式表，是由W3C(World Wide Web Consortium)组织开发的。CSS样式是预先定义的一个格式的集合，包括字体、大小、颜色、对齐方式等。利用CSS样式可以使整个站点的风格保持一致，是网页设计中用途最广泛、功能最强大的元素之一。

3.3.2 CSS规则语法

CSS样式规则由选择器和声明(属性：值)两部分组成。选择器是标记已设置格式元素的标记(如p、h1、类名称或id)，而声明则用于定义样式属性。

CSS样式基本语法是：

```
选择器{属性:值;属性:值;属性:值;……}
```

{}之内所有内容都是声明，声明由两部分组成：属性与值，属性和值之间用“:”分隔，多个属性之间用“;”分隔。如：h2 { font-size：16px；color：red；font-weight：bold;}，其中，h1是选择器，介于大括号之间的是声明，在上面的CSS规则中定义了h2标记样式为16像素红色的粗体字。

3.3.3 CSS样式类型

根据CSS应用于网页的方法不同分为：内联、嵌入、外部和导入四种类型。

1. 内联样式

内联样式又称行内样式，是指将代码直接写入网页的主体部分，作为HTML标记的属性。这种样式只适合提供了样式属性的特定元素。内联样式是通过在HTML标记中设置style属性来实现的。其语法结构为：

```
< Html标记  style="属性:值;属性:值;属性:值;"……>
```

如设置<h1>背景为红色、文本为黄色，网页代码如下：

```
<! doctype html>
<html>
<head>
<meta charset="utf-8">
<title>CSS内联样式</title>
</head>
<body>
<p>背景为红色,文本为黄色。</p>
<h1 style="background:#900;color:#C90" >黄色的一级标题</h1>
</body>
```

```
</html>
```

保存网页并预览效果如图 3-20 所示。

图 3-20　内联样式网页

2. 嵌入样式

嵌入样式就是将 CSS 样式写入到网页的<head></head>之间，用<style>....</style>来标记，语法结构为：

```
<style type="text/css">.
选择器{属性:值;属性:值;属性:值;……}
选择器{属性:值;属性:值;属性:值;……}
……
</style>
```

其中，type="text/css"定义文件的类型为样式表文本文件。如：利用嵌入样式设置网页背景颜色为浅蓝色(#C8D6FF)，文字为深蓝色，代码如下：

```
<! doctype html>
<html>
<head>
<meta charset="utf-8">
<title>嵌入 CSS 样式</title>
<style type="text/css">
body{ background-color:#C8D6FF;color:#009;}
</style>
</head>
<body>
<p>内嵌 CSS 样式设置:浅蓝色背景,深蓝色文本</p>
</body>
</html>
```

保存网页并预览效果如图 3-21 所示。

图 3-21　内嵌样式网页

3. 外部样式

外部样式是包含 CSS 规则的样式表文件，文件的扩展名为“. css”。在网页的<head>与</head>通过<link>标记关联外部的 CSS 样式。一个外部 CSS 样式文件可以关联多个网页，修改 CSS 样式文件时，与之关联的多个网页将同步更新，因此大大提高网站维护人员的工作效率，同时一个样式关联多个网页也可以实现网站中各网页风格统一。其语法如下：

```
<link rel="stylesheet" type="text/css" href="CSS/waibu. css">
```

其中，rel="stylesheet"：是定义链接的文件和 HTML 之间的关系。

href：用于指定外部 CSS 样式文件的路径和文件名。“CSS/waibu. css”指在与网页同一位置的 CSS 文件夹的 waibu. css 文件。

4. 导入样式

导入样式与外部样式相似，同样是将包含了样式定义的文件与网页文档链接。用@import 标记从外部向网页中导入 CSS 样式，在网页的<head>与</head>之间通过“stly”标记利用@import 导入，如将外部的 CSS 样式(daoru. css)导入到网页中，其代码为：

```
<style type="text/css"> @import url("CSS/daoru. css ");</style>
```

3.3.4 CSS 常用选择器

CSS 选择器(又称选择符)，除了 HTML 标记以外还可以是类或 id 等，按用途分为标签选择器、类选择器、id 选择器、全局选择器和伪类选择器。

1. 标签选择器

它可重新定义 HTML 标签的样式。下列代码中重新定义了<body>，设置了网页的背景色和文字颜色。

```
<! doctype html>
<html>
<head>
<meta charset="utf-8">
<title>标签选择器</title>
<style type="text/css">
body { background:#C5EFCE;color:#900;}
</style>
</head>
<body>
标签选择器设置网页背景色与文字颜色
</body>
</html>
```

保存并预览网页效果如图 3-22 所示。

图 3-22　定义 body 标签网页

2. 类选择器(Class)

它可应用于任何网页元素样式的定义。定义了标签选择器则网页所有该标记均采用相同样式，如需要为某一标记重新定义，则需要选择类选择器。设置类选择器时，在类名前要加“.”且必须以字母开头。在下列代码中利用类选择器为<h2>标记设置了两个不同的样式。

```
<! doctype html >
<head>
<meta charset="utf-8">
<title>类选择器应用</title>
<style type="text/css">
.a1{font-family:"楷体";color:#F00;}
.a2{font-family:"幼圆";color:#00C;}
</style>
</head>
<body>
<h2 class="a1">应用类.a1 选择器</h1>
<h2 class="a2">应用类.a2 选择器</h2>
</body>
</html>
```

保存预览网页效果如图 3-23 所示。

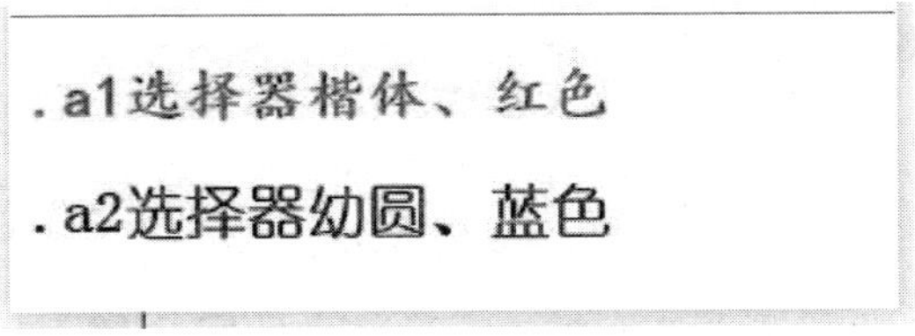

图 3-23　类选择器示例

3. id 选择器

id 选择器用于对特定元素定义 CSS 样式，id 具有唯一性，一个网页中一个 id 只能定义一个元素。设置 id 选择器时，在 id 名前要加“#”，名称中可以包括字母、数字、连字符和下划线，但不能包括空格。在下列代码中不同的 id 选择器定义网页中 h3 和 h4 样式，代码如下：

```
<! doctype html >
<head>
<meta charset="utf-8">
<title>id 选择器</title>
<style type="text/css">
#id1{ font-family:"楷体";}
#id2{ font-family:"幼圆";}
</style>
</head>
<body>
<h3 id="id1">id1 选择器:楷体</h3>
<h4 id="id2">id2 选择器:幼圆</h4>
</body>
</html>
```

保存预览网页效果如图 3-24 所示。

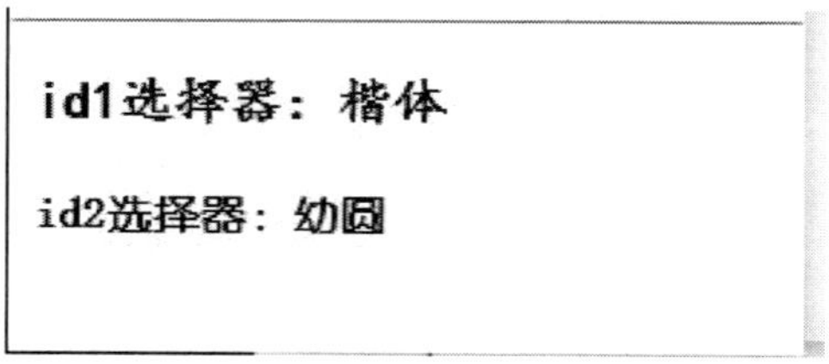

图 3-24　id 选择器

4. 全局选择器

全局选择器用于定义网页中所有 HTML 标记统一的样式，即全局选择器作用的是所有 HTML 标记，全局选择器设置时用“ * ”来表示，如设置网页中所有文字为红色、楷体，代码为 *{color:#F00;font-family:"楷体" ;}。

实例 3-1　应用嵌入 CSS 样式修饰网页

要求：

1. 在<head>与</head>之间，利用<style>标记创建嵌入 CSS 样式。

2. 设置网页段落文本为楷体、14px，添加背景图像。

3. 设置标题“h1”为蓝色背景白色文本，字体为幼圆，字号为 36px。

代码如下：

```
<! doctype html>
<html>
<head>
<meta charset="utf-8">
<title>长春莲花山滑雪场</title>
<style type="text/css">
```

```
body{font-family:"楷体"; font-size: 14px; color: #006; background: url(image/swon.gif);}
h1{font-family:"幼圆";font-size:36px;background-color:#06F;color:#FFF;}
</style>
</head>
<body>
<h1>长春莲花山滑雪场</h1>
<p>长春莲花山滑雪场是具有国际标准的、国内一流的……………</p>
</body>
</html>
```

网页浏览效果如图 3-25 所示。

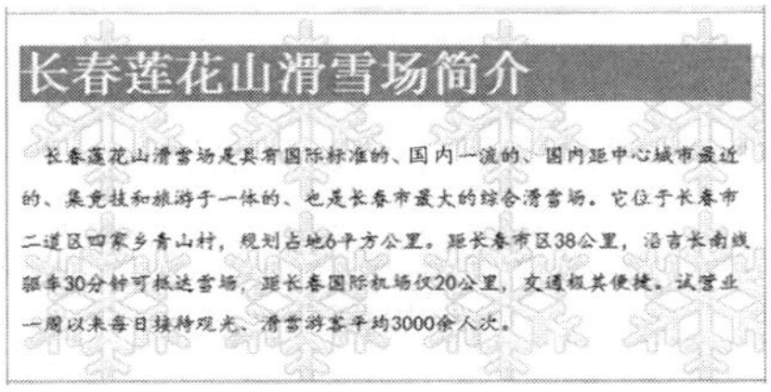

图 3-25 浏览网页效果

3.3.5 CSS 设计器

Dreamweaver CC 为了更好地实现 CSS 样式的可视化操作，推出了全新的 CSS 设计器，在 Dreamweaver CC 中，通过单击菜单栏中“窗口→CSS”命令(快捷键：Shift+F11)，打开 CSS 设计器如图 3-26 所示。

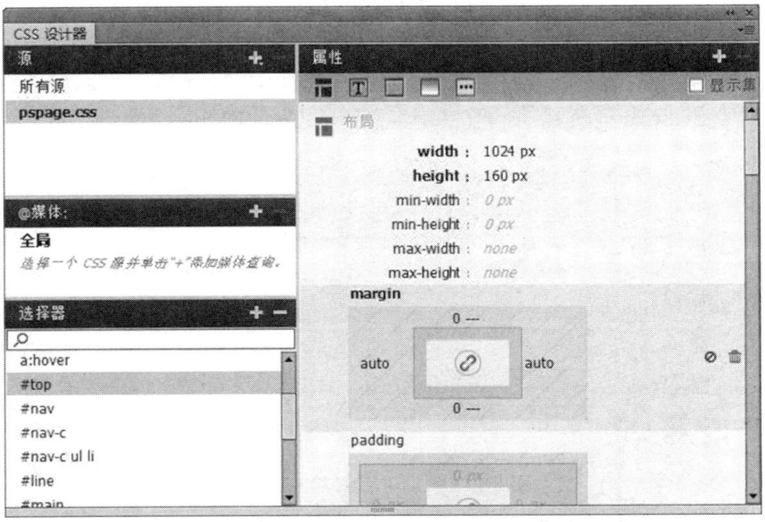

图 3-26 CSS 设计器

• 源：显示当前文档相关的所有 CSS 样式，单击右上角的“**+**”可以创建新的 CSS

文件或附加现有的 CSS 样式文件。

• @媒体：显示在“源”窗格中所选 CSS 文件中的全部媒体，如不选特定 CSS 文件则显示与文档相关的所有媒体。

• 选择器：显示在“源”窗格中所选 CSS 文件的全部选择器。

• 属性：用于为选中的选择器设置属性值，可以增加、修改或删除。属性分为布局、文本、边框、背景、更多。

3.3.6 创建 CSS 文件

1. 利用“文件”菜单中“新建”命令创建 CSS 文件

利用“文件”菜单中“新建”命令创建 CSS 文件，具体操作如下。

• 在菜单栏中单击“文件→新建”命令，打开“新建文档”对话框，如图 3-27 所示。

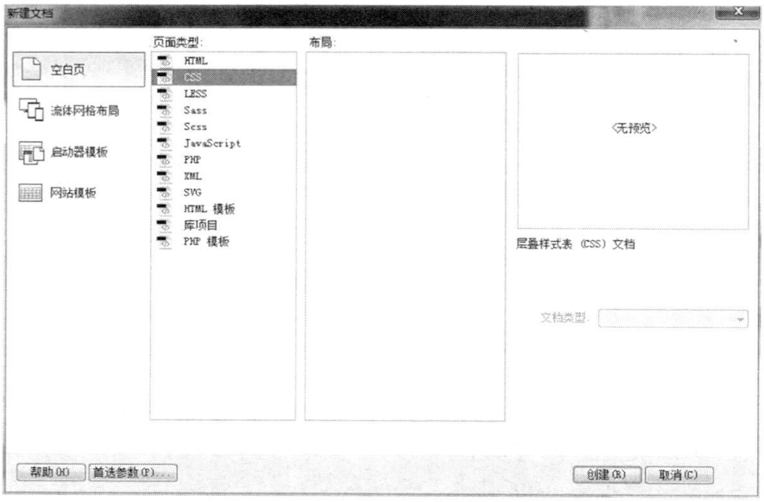

图 3-27 “新建文档”对话框

• 在对话框依次选择“空白页”→“CSS”。

• 单击“创建”按钮，新建了一个 CSS 文件，如图 3-28 所示。

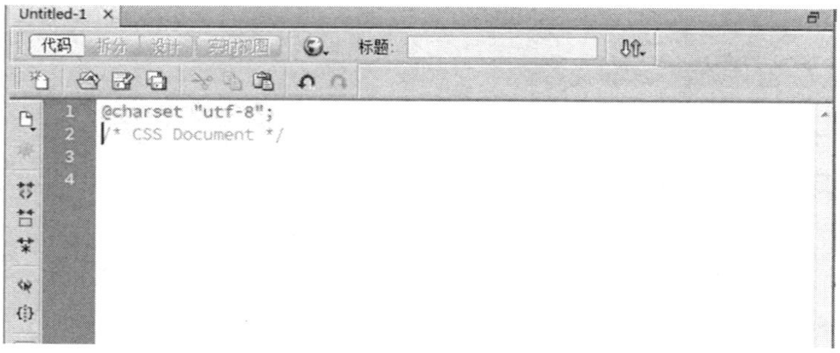

图 3-28 新建 CSS 样式文件

• 新建的 CSS 样式表文件与 HTML 文档不同的地方是：只有“代码”视图，其他视图按钮已被禁用。CSS 文件是纯文本文件，其内容将不能直接在浏览器中查看。

• 编辑 CSS 文件后，在菜单栏中单击“文件→保存”命令，保存 CSS 文件。

2. 在 CSS 设计器中创建 CSS 文件

在利用 CSS 设计器可以在打开网页的前提下，可创建与网页关联的 CSS 文件，具体操作如下。

• 在 CSS 设计器的“源”窗格中单击“**+**”选择“创建新的 CSS 文件”(图 3-29)，打开“创建新的 CSS 文件”对话框，如图 3-30 所示。

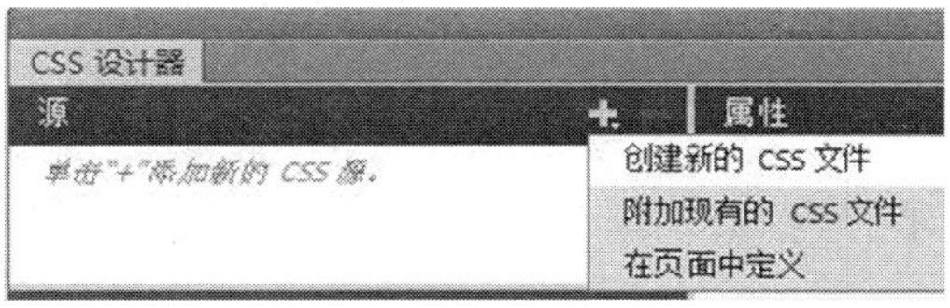

图 3-29　CSS 设计器一源窗格

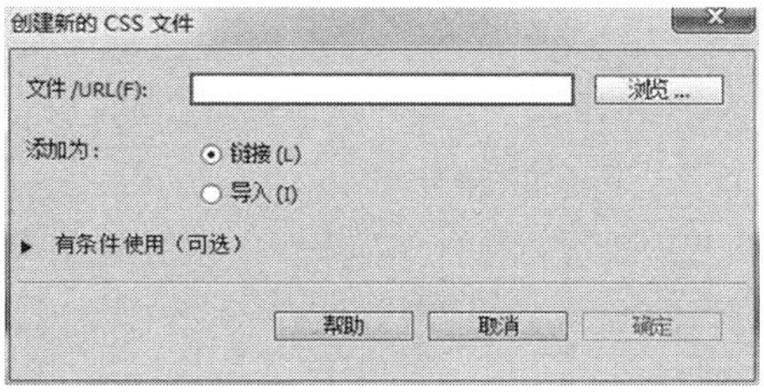

图 3-30　“创建新的 CSS 文件”对话框

• 单击“浏览”按钮打开“将样式表另存为”对话框，设置 CSS 文件的名称和保存位置，名称为“style. css”、保存位置为站点中的 CSS 文件(图 3-31)，然后单击“保存”，返回到“创建新的 CSS 文件”对话框，如图 3-32 所示。

图 3-31　“将样式表文件另存为”对话框

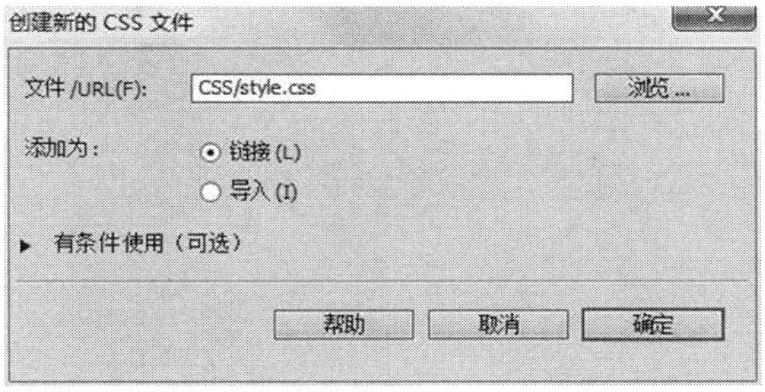

图 3-32　“创建新的 CSS 文件”对话框

• 在返回的“创建新的 CSS 文件”对话框中“添加为”选择“链接”，单击“确定”，创建了链接到网页的 CSS 文件(style. css)，完成后的网页文件、CSS 文件与 CSS 设计器如图 3-33 所示。如选择“导入”则将 CSS 文件导入到了网页中。

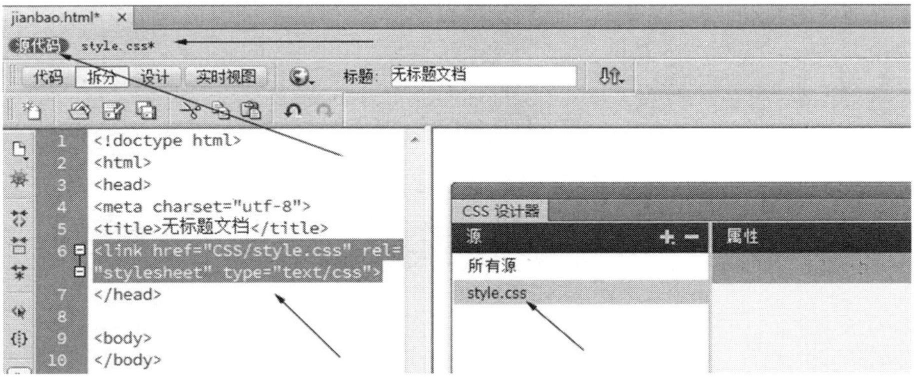

图 3-33　网页文件、CSS 文件和 CSS 设计器

• 如在 CSS 设计器的“源”窗格中单击“**+**”选择“现有的 CSS 文件”，可以选择已有的 CSS 文件链接或导入到网页中。

3.3.7 ＜div＞标签与 CSS 盒模型

1.＜div＞标签

这是 Html 标签之一，是页面元素的容器，＜div＞标签默认是一个块级元素，在浏览器中独占一行。它包括起始标签(＜div＞)和结束标签(＜/div＞)，＜div＞具有分割内容的作用，div 与 CSS 样式结合可让网页实现各种样式效果。在 Dreamweaver CC 中插入“Div”的操作如下。

(1)新建 D03－05.html 文件并打开。

(2)重复前面的操作在 CSS 设计器中创建名为“div.css”、保存位置为 CSS 文件夹的 CSS 文件。

(3)在菜单栏中单击“插入→Div(D)”命令或在“插入”面板的“常用”选项卡中，单击 

按钮，打开“插入 Div”对话框，如图 3-34 所示。

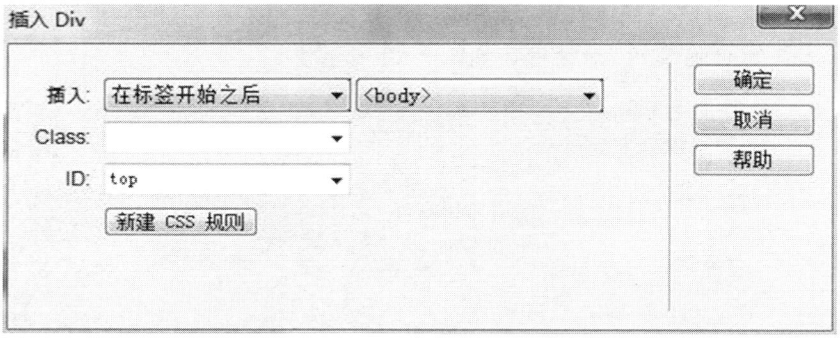

图 3-34 “插入 Div”对话框

• 插入：选择插入的位置，有“在插入点”(光标所在位置)、“在标签开始之后”(＜body＞之后)、“在标签结束之前”(＜/body＞之前)、“在标签前”(页面中某一标签之前)和“在标签后”(页面中某一标签之后)。其中后 2 个选项只在网页中已有其他标签后才出现，新的空文档只有前 3 个选项。

• Class(类)：定义 Div 的 CSS 类，可以选择已有的也可定义新的类。

• ID：定义 div 的 ID 名称。

• 新建 CSS 规则：根据 Class 或 ID 名称为该 Div 创建 CSS 规则。

(4)设置“ID”为“top”、位置为“在标签开始之后(＜body＞之后)”，单击“确定”，在网页中插入了“top”块元素，网页如图 3-35 所示。

(5)切换到“div.css”文件编辑区，定义“#top”样式，如设置：宽度 300px、高度 100px，具体 CSS 代码和完成后网页显示效果如图 3-36 所示。

图 3-35　网页插入了“top”

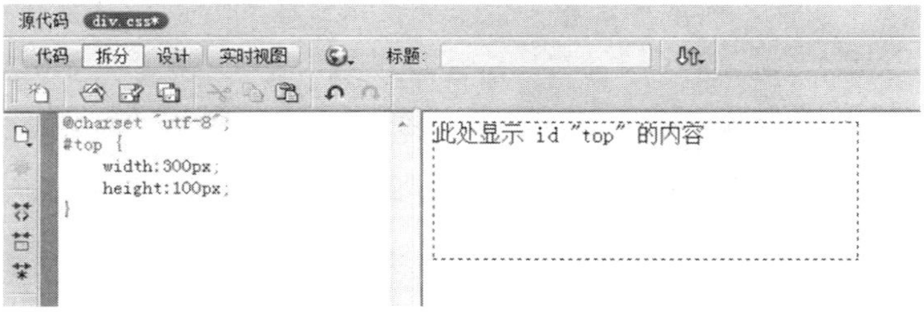

图 3-36　网页效果及 CSS 代码

2. 认识盒模型

盒模型就是把页面元素看作一个矩形的盒子，在 HTML 中一组<div>…</div>称为一个盒子。CSS 盒模型是由内容(content)、填充(padding)、边框(border)、边界(margin)等元素组成(图 3-37)，设计人员可利用 CSS 样式来定义盒子的这些属性，从而实现设计与布局网页的目的。

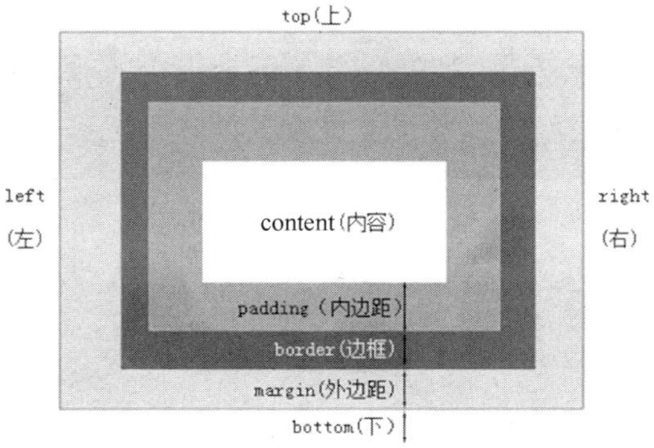

图 3-37　盒模型构成

• content(内容)：盒子的内容，为在网页中显示的文本和图像等内容。

• margin(外边距)：Div 和相邻网页元素之间的空白，包括 margin-top(上外边距)、margin-right(右外边距)、margin-bottom(下外边距)、margin-left(左外边距)。

• border(边框)：围绕在内边距和内容之外的边框，同样分为上(borer-top)、右(border-right)、下(border-bottom)、左(border-left)。

• padding(内边距，又称填充)：内容与边框的间距，也分为上(padding-top)、右(padding-right)、下(padding-bottom)、左(padding-left)。

CSS 的 width 属性为盒子内容的宽度，而整个盒子宽度为内容(content)+填充(padding) +边框(border)+ 外边距(margin)。高度也是一样。

[提示]不是只有 div 标签定义的才是盒子，其他的标签定义的块元素也是盒子，如 body、p、ul、li、h1～h6 等元素都是盒子。

3. 盒模型基本属性

(1)margin(外边距)：用于定义盒子与相邻元素的空白，还可以用 margin-top(上外边距)、margin-right(右外边距)、margin-bottom(下外边距)、margin-left(左外边距)分别定义上、下、左、右的外边距。以上属性可以直接在与网页链接的 CSS 文件中编写，如将 ID 为“a01”的盒子的上、右、下、左外边距依次设置为 5px、10px、15px、20px，完成后 CSS 代码如图 3-38 所示。

图 3-38　CSS 代码

除了直接在 CSS 文件中编写代码，我们还可利用 Dreamweaver CC 的 CSS 设计器进行设置，上述代码在 CSS 设计器中“属性”窗格的“布局”选项显示如图 3-39 所示。

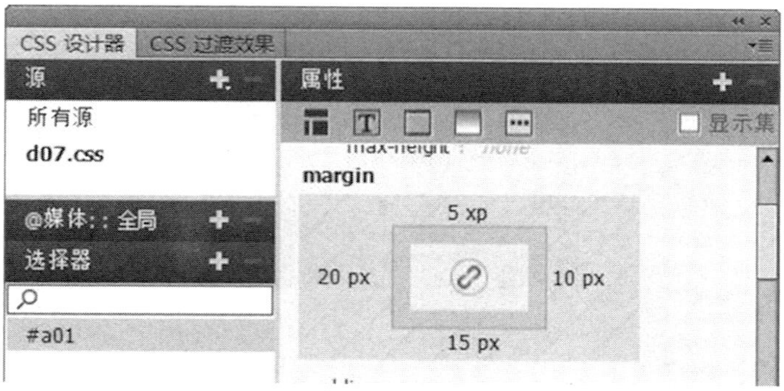

图 3-39　CSS 设计器中“margin”属性

[**提示**]在 CSS 设计器设置与 CSS 文件中编写代码是同步的，本书采用直接在 CSS 文件中编写代码。

(2)border(边框)：用于定义边框的颜色、样式和宽度，与 margin 一样有四个方向的，具体有以下四个属性：border-top(上边框)、border -right(右边框)、border -bottom(下边框)、border -left(左边框)。设置方法与 margin 基本相同。

(3)padding(内边距)：用于定义盒子边框与盒内元素的间距，也有四个方向的，分别是：具体有以下四个属性：padding-top(上内边距)、padding-right(右内边距)、padding-bottom(下内边距)、padding-left(左内边距)。设置方法与 margin 基本相同。

(4)背景属性：CSS 设置背景可以使用 background、background-image 或 background-color 来实现。

◆ background：设置背景图像或背景颜色以及图像的平铺方式、定位，具体代码为：

```
#top{background:url(../image/bj9.jpg) repeat-y} /*背景图像沿 y 轴方向平铺。*/
```

◆ background-image：设置背景图像，语法格式为：

```
background-image:url(图像的位置和名称)
```

如设置#top 背景图像可以写为：

```
#top{background-image:url(image/bj9.jpg;)}
```

◆ background-color：设置背景颜色，语法格式为：

background-color：颜色十六进制代码或 RGB 颜色值或颜色英文名称

如设置“#top”背景为蓝色可以写为：

```
#top{background-color:#0000FF;} /*十六进制颜色代码设置背景色蓝色*/
#top{background-color:rgb(0,0,255);} /*RGB 颜色值设置背景色为蓝色*/
#top{background-color:blue;} /*颜色名称设置背景色为蓝色*/
```

任务 5　策划和创建“长春悠游网”本地站点

任务目标

在项目 1 中，我们已经对“长春悠游网”的结构进行了规划，确定网站的栏目分为认识长春、吃在长春、住在长春、游在长春、购物长春和联系反馈，每个栏目均包括若干网页。本任务要求熟练运用 Dreamweaver 创建“长春悠游网”的本地站点文件结构。

任务实施

1. 在我的电脑 E 盘上新建“ccyysite”文件夹作为站点的本地根文件夹。

2. 打开 Dreamweaver CC 在菜单栏中单击“站点→新建站点”命令，打开“新建站点”对话框，输入站点名称“长春悠游网”，站点文件夹指定为 E 盘上的“ccyysite”文件夹。完成后的“站点设置”对话框如图 3-40 所示。

3. 单击“保存”按钮，“长春悠游网”站点添加到了“文件”面板中，完成后“文件”面板如图 3-41 所示。

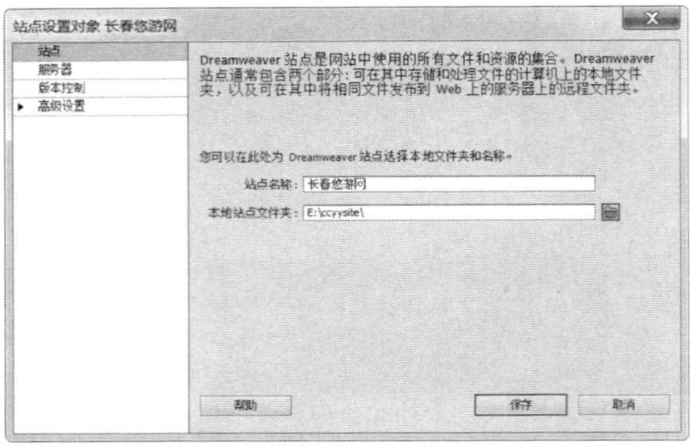

图 3-40　新建“长春悠游网”本地站点

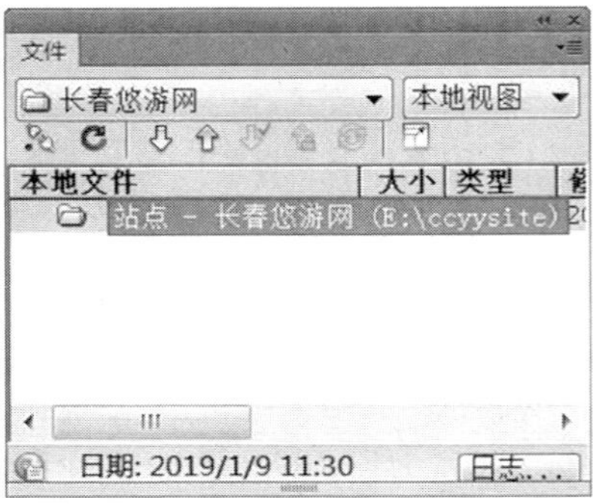

图 3-41　“文件”面板

4. 创建网站主页文件：在“文件”面板中的站点名称上单击鼠标右键，在弹出的快捷菜单中选择“新建文件”，然后将文件命名为“index. html”，完成后如图 3-42 所示。

5. 在站点文件夹中创建子文件夹：在“文件”面板中的站点名称上单击鼠标右键，在弹出的快捷菜单中选择“新建文件夹”命令，然后将文件夹命名为“image”，此文件夹主要用来存放主页使用的图像、声音等信息文件。完成后“文件”面板如图 3-43 所示。

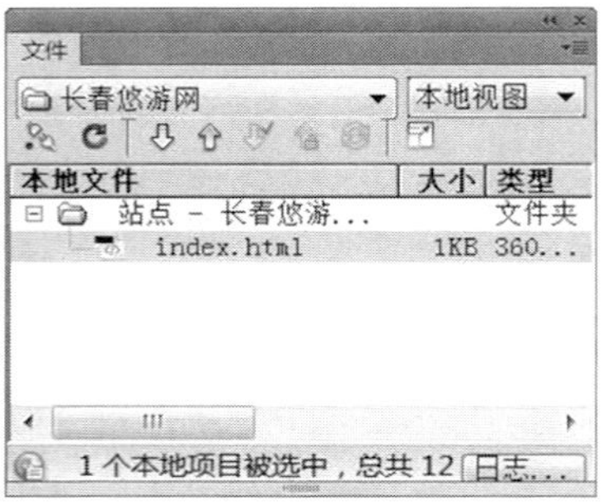

图 3-42　创建网站主页

图 3-43　创建“image”文件夹

6. 根据站点内容模块，用上述方法在站点根文件夹下创建“rscc”“ccchi”“cczhu”“ccyou”“ccgouwu”和“goutong”六个文件夹，完成后“文件”面板如图 3-44 所示。

7. 用同样的方法分别在六个子文件夹内创建“image”的子文件夹，每个文件夹的“image”子文件夹用来存放该模块网页所用的图像和声音等信息文件。图 3-45 所示是只打开了“ccchi”文件夹的效果。

图 3-44　分类创建子文件夹

图 3-45　分类建立“image”文件夹

8. 在“文件”面板中选择“ccchi”并单击鼠标右键，在弹出的菜单中选择“新建文件”命令，在“ccchi”文件夹中创建 4 个网页，1 个专栏网页文件名为 ccchi. html、3 个内容网页文件名为 xiaochi. html、zhongcan. html 和 xican. html，完成后“文件”面板如图 3-46 所示。

图 3-46　子文件夹中创建文件

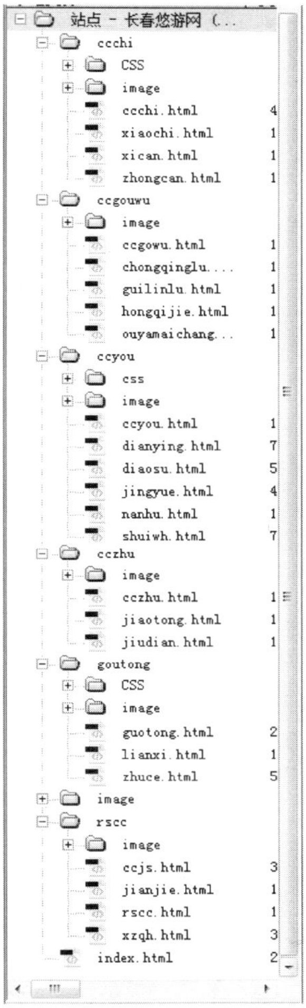

图 3-47　完成后的站点结构

9. 用同样的方法在“ccgouwu”文件夹创建 5 个网页，分别命名为 ccgouwu. html、chongqinglu. html、guilinlu. html、hongqijie. html 和 ouyamaichang. html。

10. 在“ccyou”文件夹中创建 6 个网页，分别命名为 ccyou. html、dianying. html、jingyue. html、diaosu. html、shuiwh. html 和 nanhu. html。

11. 在“cczhu”文件夹创建 3 个网页，分别命名为 cczhu. html、jiudian. html 和 jiaotong. html。

12. 在“goutong”文件夹创建 3 个网页，分别命名为 goutong. html、lianxi. html 和 zhuce. html。

13. 在“rscc”文件夹创建 4 个网页，分别命名为 rscc. html、jianjie. html、ccjs. html 和 xzhq. html.

14. 完成任务后“文件”面板站点文件结构如图 3-47 所示。

任务总结与拓展

学生通过完成“长春悠游网”本地站点的创建，熟练了利用 Dreamweaver 创建本地站点的操作和技巧。学生总结完成任务过程中出现的问题及解决方法，并与同学、教师交流网站结构规划和创建本地站点的技巧与注意事项。

项目梳理

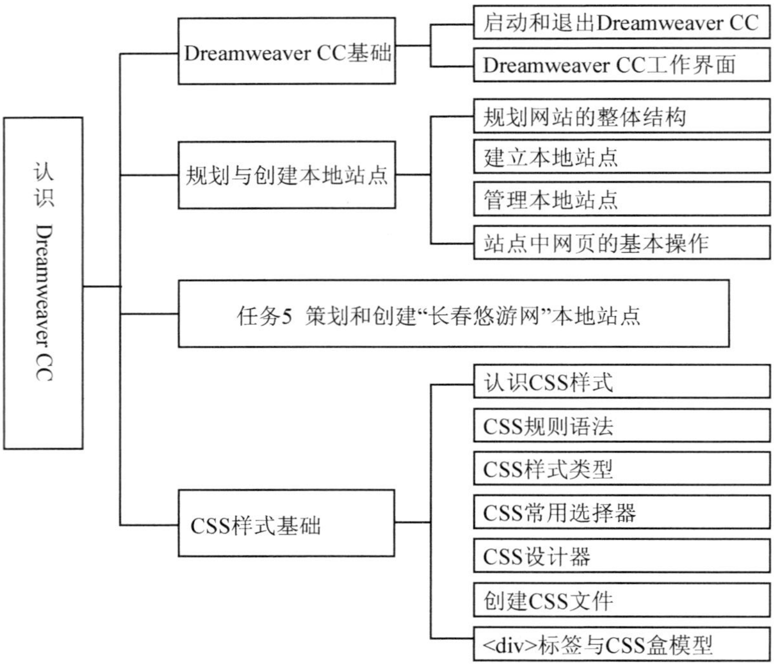

图 3-48 本章项目梳理图

项目测试

一、填空题

1. 在“文档”窗口中有________、________、________和________四种视图方式显示和查看文档。

2. 站点中文件及文件夹的命名要规范，使用________和________，避免包括________、________及________。

3. 网站主页的文件名称默认为________或________。

4. 站点目录中的 image 目录通常是用于存放网站所用的________文件的。

5. 保存文件的快捷键为________+________。

6. 在 Dreamweaver CC 的开始界面中，单击“新建”下的________将新建一个静态网页。

7. CSS 样式表全称为________，又称为________。

8. 根据 CSS 应用于网页的方法不同，分为________、________、________和________四种类型。

二、选择题

1. 在建立站点的过程中，在本地机器上编辑的站点被称为(　　)。

A. 本地站点　　B. 远程站点　　C. Web 站点　　D. 测试站点

2. 在对网站文件管理的过程中，可以对文件进行(　　)操作。

A. 增加　　B. 删除　　C. 重命名　　D. 以上都可以

3. 在 Dreamweaver CC 中新建空白网页的快捷键是(　　)，打开“新建”对话框新建网页的快捷键是(　　)

A. Ctrl+S　　B. Ctrl+N　　C. Ctrl+Shift+N　　D. Shift+F11

4. 在 Dreamweaver CC 中保存网页的快捷键是(　　)。

A. Ctrl+S　　B. Ctrl+N　　C. Ctrl+Shift+N　　D. Shift+F11

5. 在 Dreamweaver CC 中编辑好的网页，浏览网页快捷键是(　　)。

A. Ctrl+O　　B. F11　　C. F12　　D. Shift+F12

三、简答题

1. Dreamweaver 文档窗口中有哪几种显示和查看文档的方式？对各种方式进行简要说明。

2. 规划网站的结构通常要注意哪些方面？

3. 写出常用的 CSS 选择器。

项目实训

一、基本操作

1. Dreamweaver CC 的启动和退出。

2. 规划和创建本地站点。

3. 内联和嵌入 CSS 样式的语法规则。

4. 不同 CSS 选择器的语法规则。

二、能力拓展：完成下面的任务

创建一个本地站点。

要求：

1. 以“项目 1”项目实训中自拟主题的网站为基础。

2. 利用 Dreamweaver CC 创建本地站点。

项目评估

项目评估测评表

(在□中打“√”，A. 优秀；B. 合格；C. 不合格)

序号	评估项目	评估标准	评估结果
1	专业能力	启动 Dreamweaver，熟悉软件工作界面	□A　□B　□C
2		在 Dreamweaver 中创建和管理本地站点	□A　□B　□C
3		对站点中网页文件的操作	□A　□B　□C
4		CSS 规则语法	□A　□B　□C
5		CSS 样式的类型	□A　□B　□C
6		常用 CSS 选择器类型	□A　□B　□C

续表

序号	评估项目	评估标准	评估结果
7	社会能力	学习和完成任务过程中与同学、组员沟通和交流能力	□A □B □C
8		明确自己在合作中能起到的作用	□A □B □C
9		能够与成员积极协商，相互配合完成任务	□A □B □C
10		善于发现和分析问题，提出解决的方法并实施	□A □B □C
11		能对解决问题的方法适时作出总结和修改	□A □B □C
12	方法能力	自我学习和时间管理的能力	□A □B □C
13		工作方式及意外的处理能力	□A □B □C
14		能通过多途径获得信息，具有归纳和整理信息的能力	□A □B □C
15		将已经学到的知识应用到新的工作任务中	□A □B □C
16		对所需信息的收集、整理、归纳和展示	□A □B □C
17		数据分析、简单计算和用适当的方法展示数据	□A □B □C
18	创新能力	能发现事物的不足，提出新的需求	□A □B □C
19		能创新性地提出改进的意见和具体方法	□A □B □C
20		能从多种方案中选择最佳方案，并在现有条件下实施	□A □B □C

项目 4　制作图文并茂的网页
——“长春悠游网”首页

通过前面的学习，我们认识和熟悉了 Dreamweaver CC 的操作界面，也创建了本地站点，并且在站点中创建了网页文件，接下来的任务就是制作网页。本项目我们就要学习在网页中插入文本、图像、动画等信息元素的操作方法和技巧，学习如何创建超链接，完成制作“长春悠游网”首页的目标。

本章资源

项目教学设计

本章项目教学设计表

知识目标	1. 网页中文本、图像的基本知识； 2. 各种超链接的基本知识； 3. 网页中音频、视频等多媒体的基本知识
能力目标	1. 掌握网页中文本、图像的操作及方法； 2. 能够创建各种超链接； 3. 能够在网页中插入音频、视频等多媒体元素
重点与难点	1. 文本和图像的操作方法与技巧； 2. 超链接的操作方法与技巧
教学方法	“讲授＋任务”训练： 1. 教师讲解并演示操作； 2. 任务训练：学生完成教师指定的训练任务； 3. 拓展训练：学生独立设计制作图文并茂的网页； 4. 讨论总结：教师组织学生共同总结如何利用 Dreamweaver 制作图文并茂的网页
建议学时	8 学时

任务描述

李明在调研及与旅游公司研讨的基础上，确定了旅游网站的主题及站点结构并利用 Dreamweaver 创建了本地站点，现在公司让李明利用收集整理后的文字和图像等素材制作图文并茂的网页，并在网站各页面之间创建超链接以方便浏览者浏览网页。

任务分解

1. 掌握和熟悉在网页中插入文本、图像等基本元素的方法和技巧。
2. 能够创建合理的超链接，链接网站中的各个页面。
3. 完成“长白山概况”页面和“长春悠游网”首页的设计与制作。

知识讲解

4.1 文本的基本操作

文本是网页中最基本的元素，文本的处理也是网页设计的基础。

4.1.1 文本和段落

1. 插入普通文本

在 Dreamweaver 中，向网页中添加文本有以下三种方法。

(1)直接输入文本：在文档窗口定位光标，可以直接输入文本内容。

(2)复制文本：在其他程序中复制的文本，可直接粘贴到 Dreamweaver 文档中。

[提示]在菜单栏中单击“编辑→选择性粘贴”命令可以进行多种形式的粘贴，其中“仅文本”可以不代入其他的程序格式。也可以通过选择“编辑→首选参数→复制/粘贴”命令设置粘贴的首选项。

(3)从其他文档导入文本：在 Dreamweaver 中能够将 Office 文档(Word 和 Excel)直接导入到网页中，以导入 Word 文档为例，导入文本的操作如下。

①光标定位在要插入文本的位置。

②在菜单栏单击“文件→导入→Word 文档(W)”命令，打开“导入 Word 文档”对话框，如图 4-1 所示。

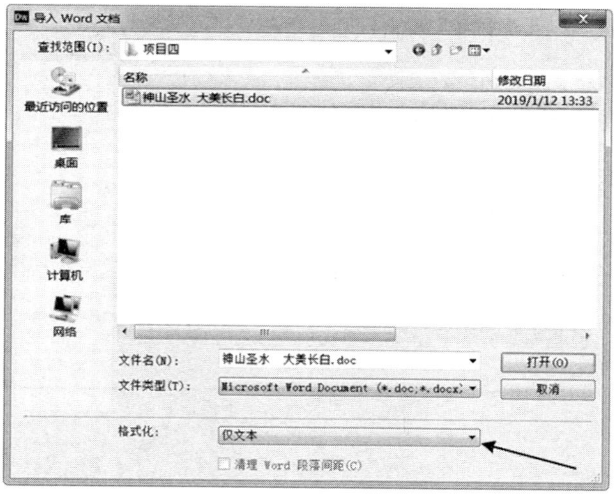

图 4-1 “导入 Word 文档”对话框

③选择要导入的 word 文档，在“格式化”选项中选择“仅文本”，单击“打开”则只将文字导入到了网页中。

④在菜单中选择“Excel 文档(E)”则可以导入 Excel 文档。

2. 插入特殊字符

在 Dreamweaver 中“插入”面板的“常用”选项卡中单击“字符”按钮，弹出特殊字符选项(图 4-2)，单击相应的按钮可以插入特殊字符。其中“字符：其他字符”可以打开

“插入其他字符”对话框(图 4-3)，可以选择更多的特殊字符。

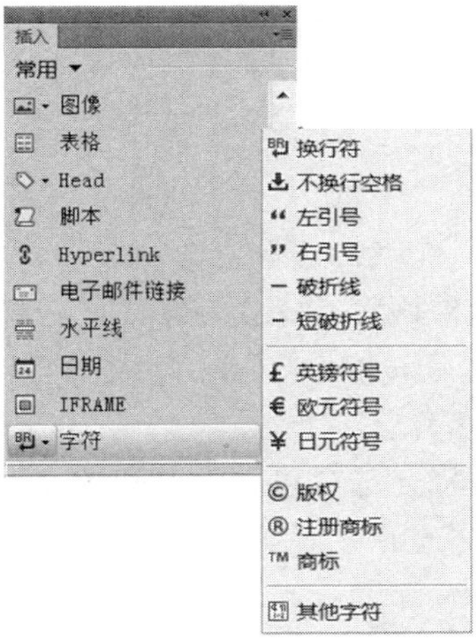

图 4-2 “插入”面板“常用”选项卡的特殊字符

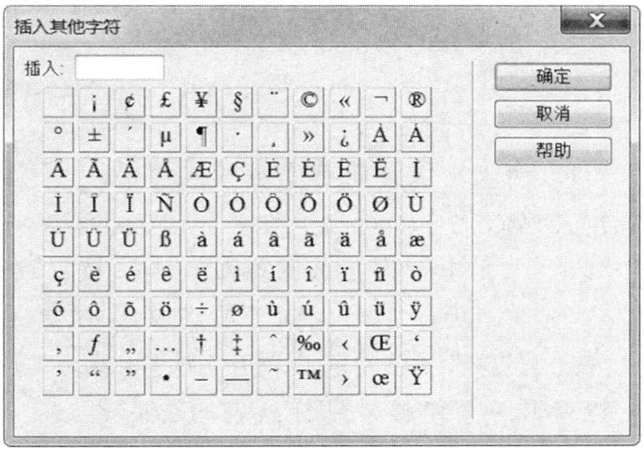

图 4-3 “插入其他字符”对话框

3. 段落

在输入文本时，按 Enter 键可以产生一个新段落，两个段落之间会自动插入一个空白行。但使用 Shift + Enter 键时，是换行不分段，中间不会产生空白行，系统认为是一个段落。如图 4-4 中左边的是两个段落，右边的是换行不分段的一个段落。

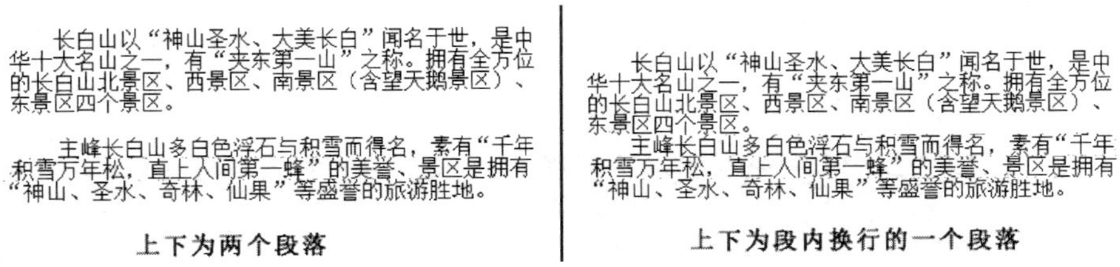

图 4-4 段落与换行的区别

[提示]我们还可以使用输入法的软键盘输入更多的特殊字符，如罗马数字、带圈的数字等，在输入法状态条上右击，选择要使用的软键盘，输入相应的特殊字符。

4. 文本及段落样式设置

在 Dreamweaver 文本属性面板中集成了“CSS”属性和“HTML”属性。通过定义“CSS”属性中的 CSS 规则可以设置字体、字号、颜色等文本相关的属性。在使用 CSS 属性时，Dreamweaver 会将属性写入文档头或单独的样式表中。使用 HTML 属性，Dreamweaver 会将属性添加到页面正文的 HTML 代码中。

(1)文本 HTML 属性面板。

文本 HTML 属性面板如图 4-5 所示。

图 4-5　文本 HTML 属性面板

• 格式：设置所选文本的段落样式。有无(删除段落格式)、段落、标题 1～标题 6 和预先格式化 9 个选项。

• ID：用于为所选内容设置本网页中唯一的标记名称。

• 类：显示当前应用于所选文本的类样式。单击打开选项可以选择已有的样式，此外还有“无”可以删除当前应用的样式，“重命名”可以重命名该样式，“附加样式表”可以打开一个链接外部样式表的对话框。

• 缩进：为文本增加或减少缩进量。增加缩进量，减少缩进量。

• 项目列表：设置所选文本为项目列表。若未选择文本，则启动一个新的项目列表。

• 编号列表：设置所选文本为编号列表。如未选择文本，则启动一个新的编号列表。

• 链接：为所选文本创建超链接。

• 目标：用于指定超链接目标文档打开的位置。

(2)文本 CSS 属性。

文本 CSS 属性面板如图 4-6 所示。

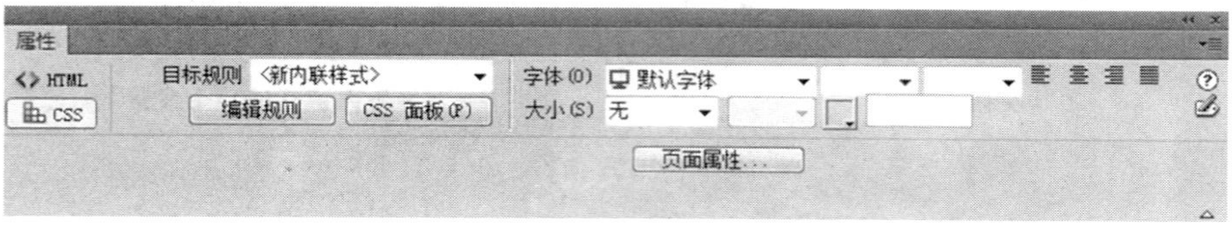

图 4-6　文本 CSS 属性面板

• 目标规则：从“目标规则”弹出菜单中选择一个规则样式应用于文本，默认为＜新内联样式＞，当设置字体格式时会自动生成一个新的内联样式。

• 编辑规则：单击打开目标规则的“CSS 规则定义”对话框编辑 CSS 规划。

• CSS 面板(P)：单击打开“CSS 设计器”，并在当前视图中显示目标规则的属性。

• 字体：设置目标规则的字体。

• 大小：设置目标规则的字体大小。

• 颜色：为目标规则中的字体设置颜色。单击可以打开拾色器(图 4-7)选择颜色。可以去掉文字上的颜色，使其显示为默认颜色值；可以打开扩展颜色面板选取更多的颜色(图 4-8)。

• 粗体：为目标规则添加粗体属性。

• 斜体：为目标规则添加斜体属性。

• 对齐方式：段落居中对齐、段落左对齐、段落右对齐、段落两端对齐。

(3)添加字体。

在 Dreamweaver 中需要手动将操作系统(Windows)中的字体添加到字体列表中才可以使用，添加字体操作如下。

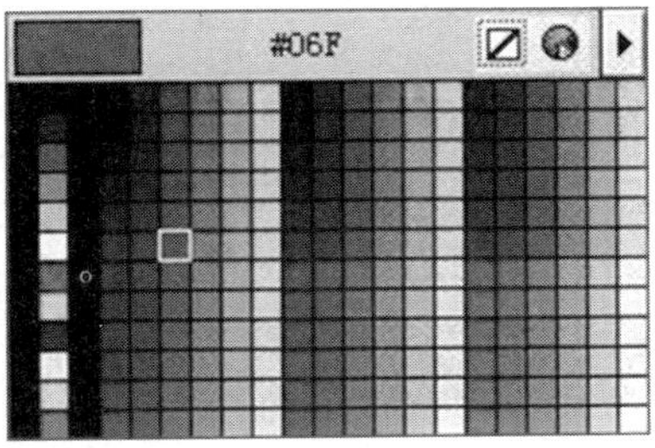

图 4-7　选择文本颜色

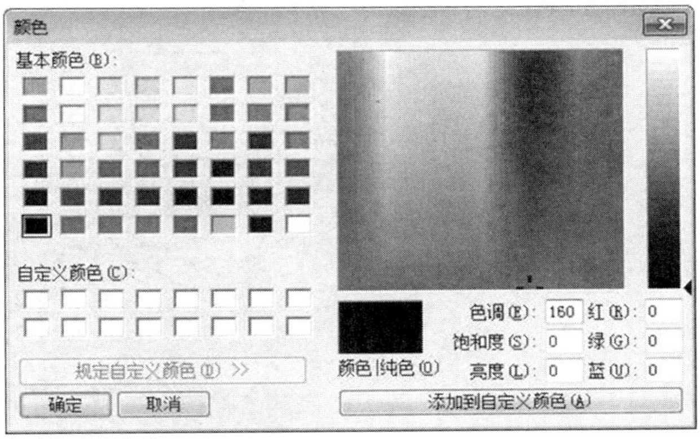

图 4-8　颜色面板

① 在文本属性面板的 CSS 属性选项中单击“字体”下拉列表中的“管理字体”，打开“管理字体”选择“自定义字体堆栈”(图 4-9)。

• “字体列表”：列出了在 Dreamweaver 中可以使用的字体。

• “可用字体”：Windows 系统中的所有字体。

• “选择字体”：从 Windows 向 Dreamweaver 添加的字体。

• “＋”与“－”：“＋”添加字体，“－”在字体列表中删除选中的字体。

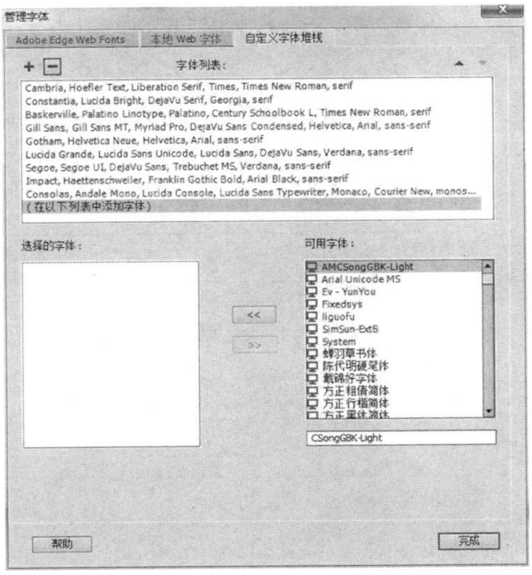

图 4-9　“管理字体”对话框

②首先单击"+"，然后在"可用字体"列表中选择"宋体"，最后单击 « 按钮，字体则添加到字体列表框中。

③重复②的操作将常用字体楷体、黑体、仿宋体、隶书、新宋体、幼圆添加到"可用字体"列表中，完成后对话框如图 4-10 所示。

④单击"确定"则添加的字体出现在文本 CSS 属性面板的字体列表中。

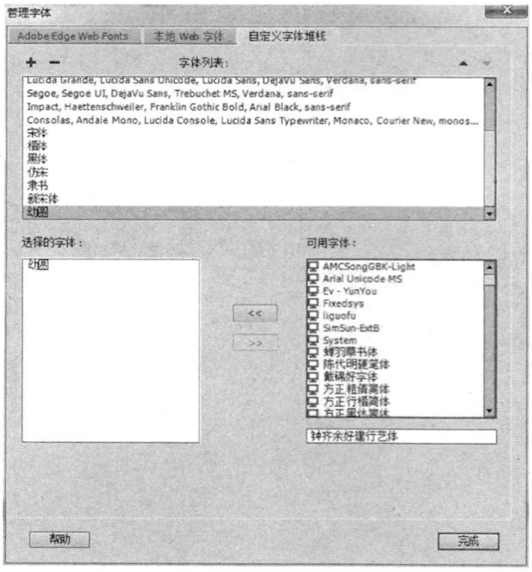

图 4-10　添加字体后的对话框

[**提示**]因网页被浏览时要从浏览者电脑中获得字体，若字体在浏览者电脑中没有，则自动转换成其他字体，所以，网页中一般不使用特殊的字体。如果真有需要用到特殊字体，最好做成图像后再使用。

4.1.2　CSS 设置文本样式

我们在制作网站时为了风格统一，通常同类网页中同级别的文字格式是统一的，每个网页都要进行相同操作就太烦琐。CSS 样式表文件可以解决这个问题，CSS 格式以文件的形式保存在站点文件夹中，站点所有的网页都可以使用，这样既节省了工作时间，也可以实现网页视觉效果的统一。在 CSS 样式中关于文本的常用属性见表 4-1。

表 4-1　CSS 常用文本属性

属　性	值和描述
color	定义文本颜色
font-family	定义字体
font-style	定义字体样式有：normal(正常)、italic(斜体)和 oblique(偏斜体)，默认是"normal"
font-variant	定义小写字母转换为小型大写字母
font-weight	定义字体加粗样式，常用的有 normal(正常)和 bold(粗体)，默认是"normal"

续表

属　性	值和描述
font-size	定义文本大小。可以通过选择数字和度量单位选择特定的大小，也可以选择相对大小。使用像素作为单位可以有效地防止浏览器扭曲文本
line-height	定义文本的行高有“正常(normal)”和“值”两个选项。“正常”自动计算字体大小的行高，“值”输入数值并选择一种度量单位作为行高
text-decoration	定义文本画线方式：下画线(underline)、上画线(overline)、删除线(line-through)、文本闪烁(blink)、正常显示无画线(none)。常规文本的默认设置是“无”。超链接的默认设置是“下画线”
text-indent	定义文本块首行缩进。常用的单位有：px(像素)、em(当前对象内文本的字体尺寸)和百分比数字

任务 6　制作“长白山概况”网页

任务目标

熟练掌握 Dreamweaver 中文本的相关操作和技巧，能够运用 CSS 定义文本样式，完成长白山概况网页的制作，完成后效果如图 4-11 所示。网页采用了 Div 布局，具体布局结构如图 4-12 所示。

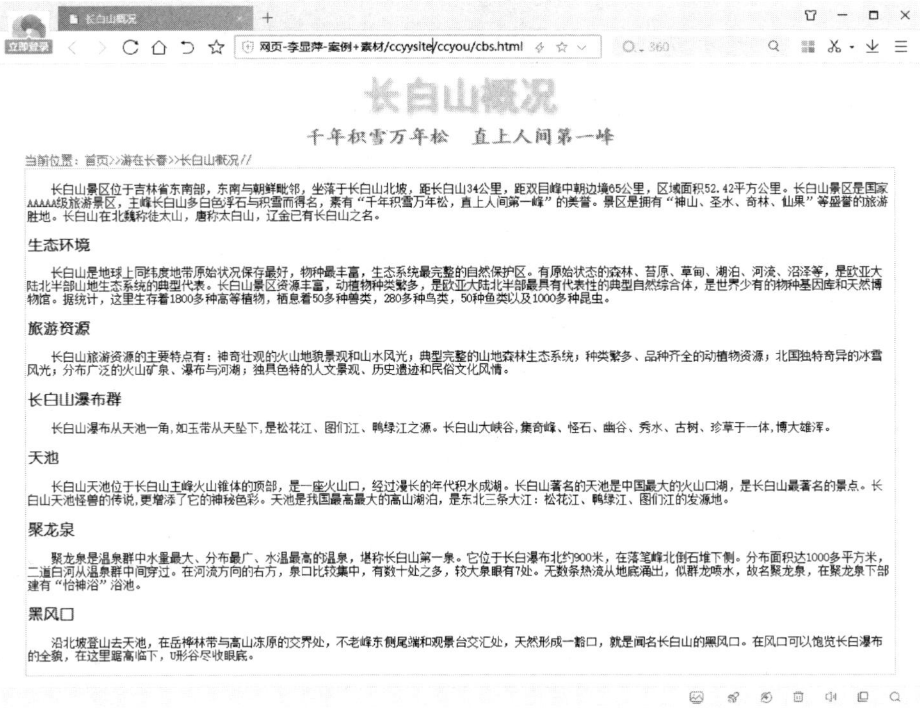

图 4-11　长白山页面效果

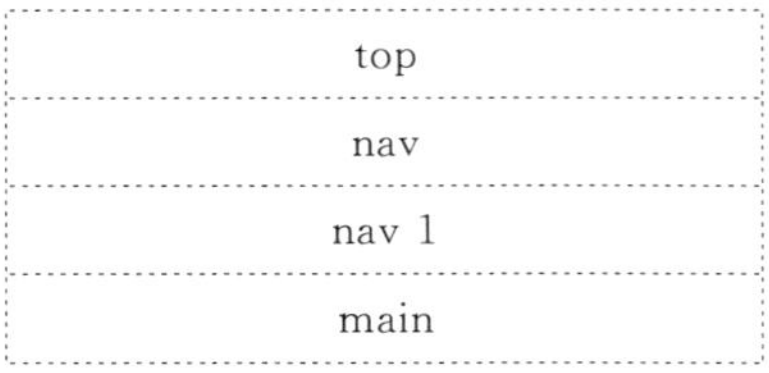

图 4-12　长白山网页布局结构

任务实施

1. 在 ccyou 中新建一个名称为“cbs. html”的文档并打开。

2. 打开 CSS 设计器，在“源”窗口单击“＋”选择“创建新 CSS 文件”，打开“创建新的 CSS 文件”对话框，单击“浏览”选择 CSS 文件的保存位置为站点根目录下的 CSS 文件夹，输入文件名“cbs”，单击“保存”，如图 4-13 所示。

3. “添加为”选择“链接”，如图 4-14 所示，单击“确定”退出对话框，完成后如图 4-15 所示。

图 4-13　“将样式表文件另存为”对话框

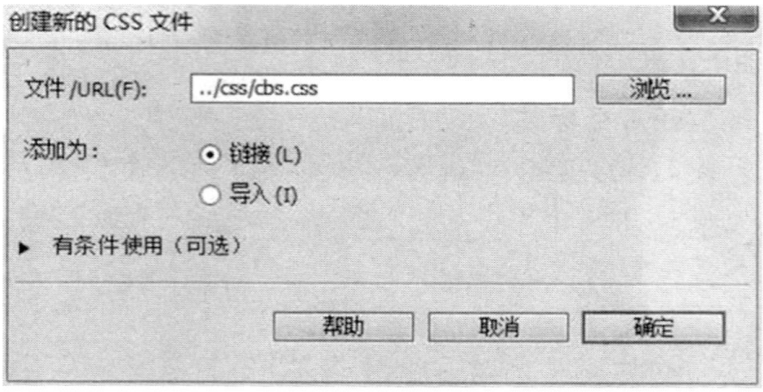

图 4-14　“创建新的 CSS 文件”对话框

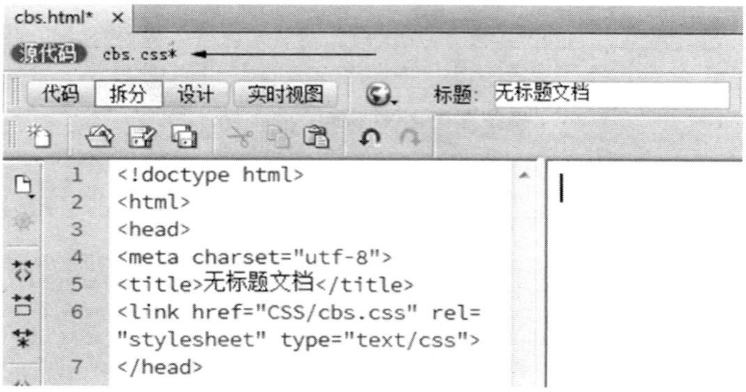

图 4-15　创建 CSS 文件链接到网页

4. 在“插入”面板“常用”选项卡中单击插入“Div 按钮”

，打开“插入 Div”对话框，如图 4-16 所示，设置 ID 为“top”，单击“确定”在网页中插入了“top”块元素，完成后网页如图 4-17 所示。

图 4-16 “插入 Div”对话框

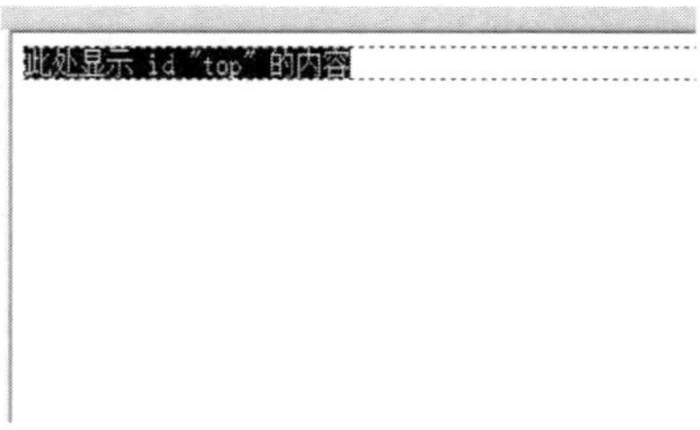

图 4-17 网页中插入“top”

5. 在网页中删除“top”中文字，输入“长白山概况”，完成后网页如图 4-18 所示。

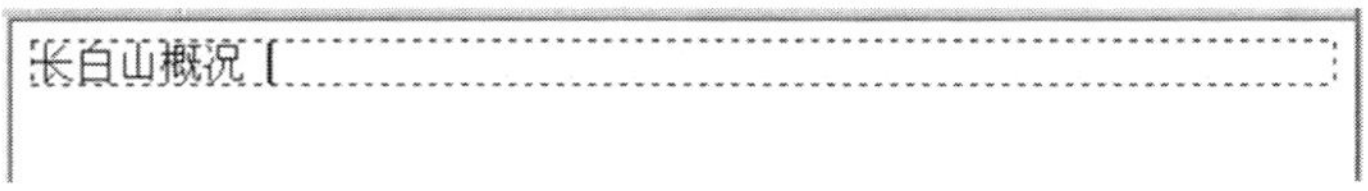

图 4-18 顶部 Div 布局

6. 切换到“cbs. css”文件编辑区，编写 #top 样式，宽度、高度、居中对齐及文本的样式具体 CSS 代码如下，完成后网页预览效果如图 4-19 所示。

```
#top {
    width:1024px;
    height:60px;
    margin-left:auto;/* 左、右外边距为“auto”时,div 块元素水平居中对齐 */
    margin-right:auto;
    color:#00CCFF;
    font-family:"黑体";
    font-size:46px;
    text-align:center;
    text-shadow:2px 2px 5px #999999;/*  文本阴影效果 */
    padding-top:px;
    line-height:55px;
}
```

7. 保存网页和 CSS 文件，预览效果如图 9 所示。

图 4-19 网页预览效果

8. 重复“插入 Div”的操作，在“top”后插入 ID 为“nav”的 Div 块元素，“插入 Div”对话框如图 4-20 所示。

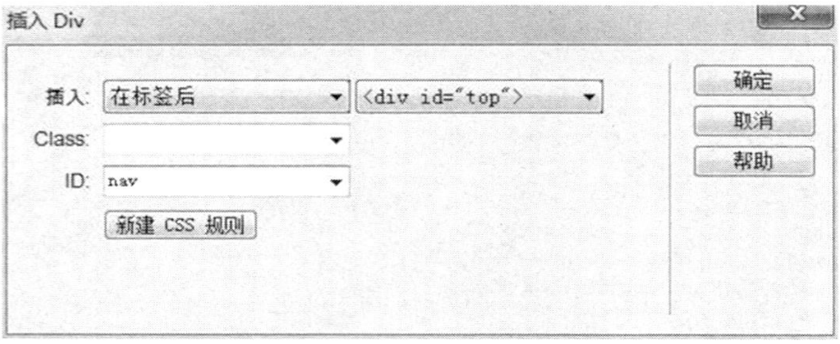

图 4-20　新建“nav”

9. 单击“确定”在网页中插入了“nav”，删除其中文字，然后输入“千年积雪万年松 直上人间第一峰”。

10. 切换到“cbs. css”文件编辑区，定义“#nav”样式，具体代码见表 4-2。完成后效果如图 4-21 所示。

图 4-21　网页预览效果

11. 重复 9、10 操作，在“nav”后插入 ID 名为“nav_1”的块元素，并在其中输入“当前位置：首页>>游在长春>>长白山概况//”。在“cbs. css”文件编辑区定义“#nav_1”样式，定义宽度、高度、居中对齐及文本的样式，具体代码见表 4-2，完成后效果如图 4-22 所示。

表 4-2　#nav 和 #nav_1 的 CSS 代码

#nav	#nav _ 1

#nav{
width:1024px;
height:35px;
margin-left:auto;
margin-right:auto;
color:#666666;
font-family:"楷体";
font-size:24px;
text-align:center;
font-weight:bolder;
text-shadow:1px 1px #00CCFF;
line-height:35px;
}
	#nav_1 {
	width:1024px;
	height:20px;
	margin-left:auto;
	margin-right:auto;
	color:#666666;
	font-family:"宋体";
	font-size:14px;
	text-shadow:1px 1px #00CCFF;
	line-height:20px;
	}

图 4-22 网页预览效果

12. 重复“插入 Div”的操作在“nav_1”块元素后面插入 ID 为“main”的 Div 块元素，然后在“cbs. css”文件编辑区，定义“#main”样式的宽度和高度等属性，具体代码见表 4-3。

13. 将素材文字复制到“main”内，并按图 4-11 进行分段。

14. 切换到“cbs. css”文件编辑区，新建并编写“. wb1”和“. wb2”规则，定义文本属性，具体 CSS 代码见表 4-3。

表 4-3 #main、. wb1 和 . wb2 的 CSS 代码

#main	. wb1	. wb2

#main {
width：1020px；
margin-right：auto；
margin-left：auto；
padding-left：2px；
padding-top：2px；
padding-right：2px；
padding-bottom：2px；
border：1px solid #CCCCCC；
}
	. wb1 {
	font-family："宋体"；
	font-size：14px；
	line-height：16px；
	text-indent：2em；
	}
		. wb2 {
		font-family："幼圆"；
		font-size：18px；
		line-height：18px；
		color：#000066；
		font-weight：bold；
		}

15. 定位光标在第一段落“长白山景区位于吉林省东南部……”中，在属性面板的“CSS”选项卡的“目标规则”下拉选项中单击“. wb1”中应用文本样式，如图 4-23 所示。

图 4-23 属性面板应用“. wb1”规则

16. 定位光标在“生态环境”中，应用“. wb2”样式 。

17. 重复上述操作分别将段落应用“. wb1”和“. wb2”，完成网页文本的样式编辑。

18. 保存网页和 CSS 样式文件，完成“长白山概况”网页的制作。

任务总结与拓展

这个任务除了常用的 CSS 文本属性外，还用到了 margin(外边距)、padding(内边距)、border(边框)和 text-shadow(文字添加阴影效果)属性。当 margin-right 与 margin-left 的均值为 auto 时，则 div 相对于浏览器窗口水平居中对齐。

通过完成“长白山概况”网页的制作，学生熟悉了网页文本的编辑及 CSS 样式如何定义文本样式。学生总结完成任务过程中出现的问题及解决方法，并与同学、教师交流网站结构规划的技巧与注意事项。学生任选当地一景点收集文字素材，设计并制作一个介绍景点的网页。

实例 4-1　制作长春净月潭介绍页面

学生制作长春净月潭介绍页面。

要求：

1. 打开 ccyou 文件夹中的 jingyue. html 文件，根据文本素材(净月 . txt)，制作长春净月潭介绍的页面。

2. 标题为：“楷体”、24px、颜色蓝色(#006)、居中对齐。

3. 正文样式为：“宋体”、12px、行高 20px、颜色黑色(#000)、左对齐。

4. 保存预览网页效果如图 4-24 所示。

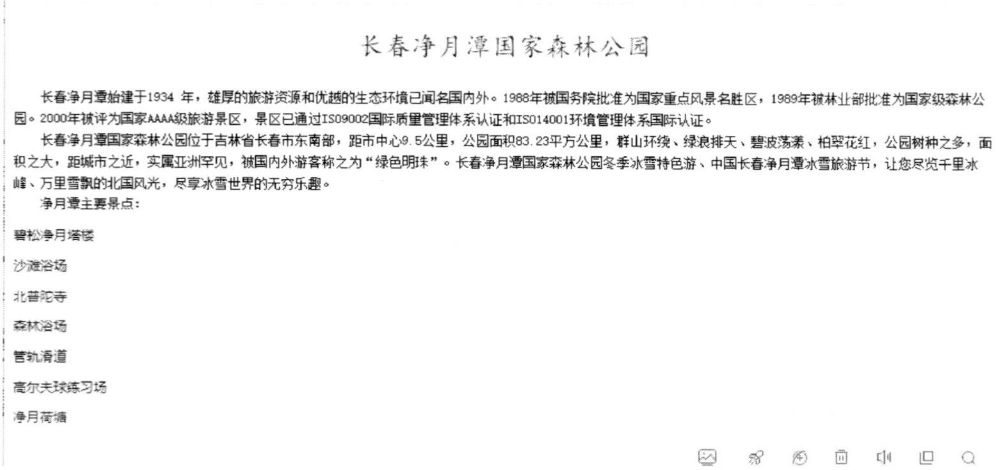

图 4-24　网页预览效果

4.1.3　列表

列表在网页制作中可以使包含层次关系或并列关系的文本更加整齐地展示在浏览者面前。列表包括项目列表和编号列表两种。项目列表适用于并列关系的文本；编号列表适用于需要按序排列的文本。创建项目列表或编号列表的操作如下。

(1)选择要创建列表的文本。

(2)在文本属性面板的 HTML 属性选项中单击按钮，可以创建项目列表(图 4-25)；单击按钮，可以创建编号列表(图 4-26)。

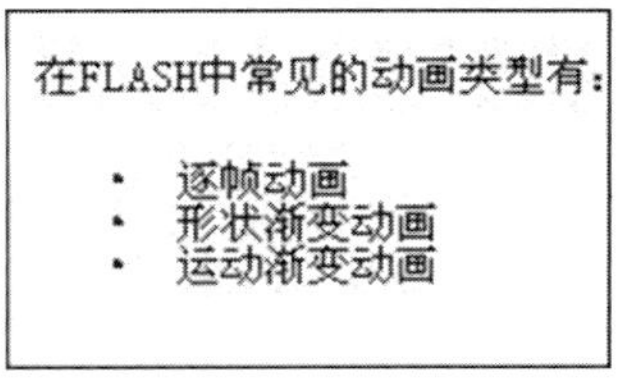

图 4-25　项目列表

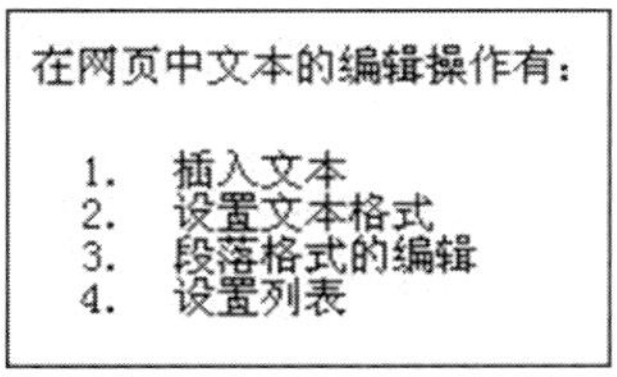

图 4-26　编号列表

(3)单击面板中的 列表项目... 按钮，以弹出的“列表属性”对话框中可以重新设置列表的属性，如图 4-27 所示。

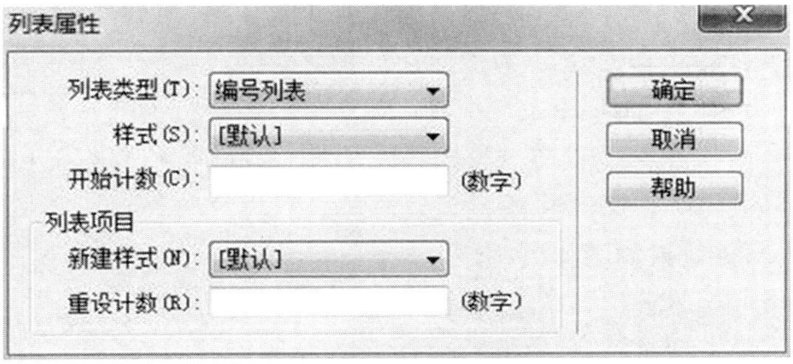

图 4-27　“列表属性”对话框

• 列表类型：设置列表的类型，有项目列表、编号列表、目录列表和菜单列表四个选项。

• 样式：设置编号或符号的样式。

• 开始计数：设置编号的起始值。

• 新建样式：为所选列表项指定样式。

• 重设计数：设置用来从其开始为列表项目编号的特定数字。

(4)CSS 定义列表属性。

前面我们已经看到 Dreamweaver 提供的列表样式可视化效果比较单调，CSS 提供了列表相关的属性定义列表样式，增加页面的可视化效果，CSS 常用列表属性及描述见表 4-4。

表 4-4　CSS 常用列表属性

序号	属性	描　　述
1	list-style	用于把所有用于列表的属性设置于一个声明中
2	list-style-image	将图像定义为列表项标志
3	list-style-position	设置列表中列表项标志的位置
4	list-style-type	定义有序或无序列表的项目符号，常用的有：none(无)、disc(实心圆)、circle(空心圆)、square(实心方块)、decimal(数字)、lower-roman(小写罗马数字)、upper-roman(大写罗马数字)、lower-alpha(小写英文字母)、upper-alpha(大写英文字母)

实例 4-2　利用 CSS 设置无序列表样式

1. 新建一个网页，名为 D04－01. html，输入内容并创建项目列表，标题文本“长春必玩景点”设置为“标题 2”样式，完成后网页如图 4-28 所示。

2. 切换到代码视图，在</head>标签前写嵌入式 CSS 样式定义列表样式，具体代码如下：

```
<style type="text/css">
li{
    list-style:none;/* 清除项目列表默认样式 */
    background:url(image/libiao.jpg) no-repeat left center;/* 设置列表项目的背
景图像,norepeat:不重复,left center:图像左侧居中。 */
    height:25px;/* 定义列表项目的高度 */
    line-height:25px;/* 定义文字行高 */
    padding-left:15px;}/* 定义文字左边距,避免背景图像与文字重叠 */
</style>
```

3. 保存预览网页效果如图 4-29 所示。

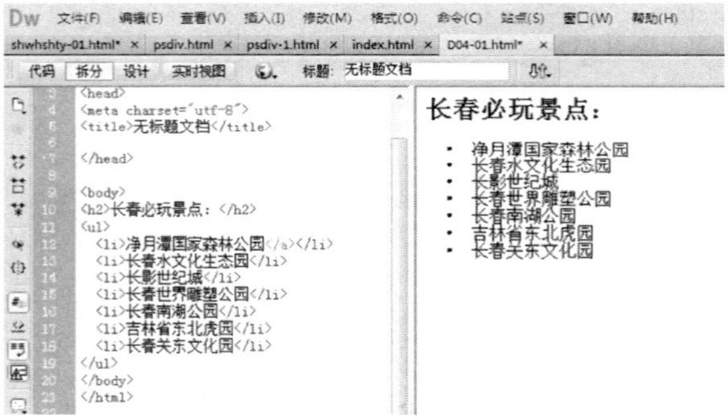

图 4-28　项目列表及 CSS 样式

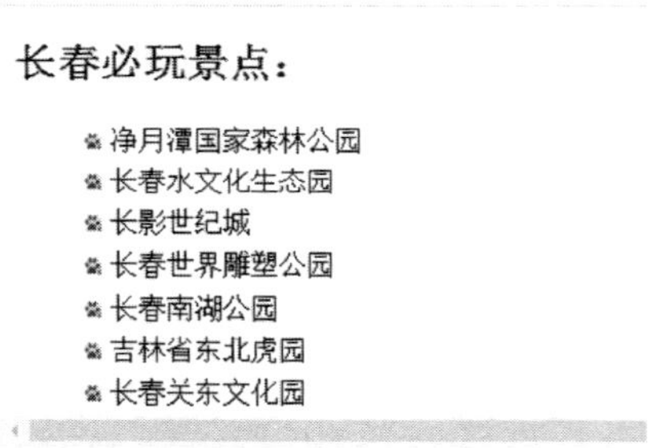

图 4-29　网页预览效果

4. 拓展练习：将前面长春净月潭介绍(jingyue. html)中的景点设置为项目列表，样式默认。

[提示]项目列表+CSS 可以创建水平或垂直的导航条，上面练习中的列表项加上超链接就是垂直导航条。

4. 2　网页图像的基本操作

在网页中除了文字，图像也是必不可少的元素，有了图像网页才能图文并茂。图像是网页中仅次于文本的基本元素。

4. 2. 1　插入图像

在网页中插入图像的操作如下。

(1)打开 D04－01. html 文件，将光标定位在列表下面。

(2)执行以下操作之一：

• 在菜单栏中单击“插入→图像”命令(快捷键：Ctrl＋Alt＋I)。
• 在“插入”面板的“常用”选项卡中，单击“图像” 图像 按钮。

(3)打开“选择图像源文件”对话框，如图 4-30 所示。

图 4-30　“选择图像源文件”对话框

(4)查找并选择要插入的图像，单击“确定”按钮，Dreamweaver 弹出提示对话框，如图 4-31 所示，询问是否将文件保存到本地站点目录下。若图像位于站点文件夹之内，则不会出现询问对话框。

(5)在询问对话框中单击“是”，打开“复制文件为”对话框(图 4-32)，将“保存在”位置指定为本地站点文件夹内的“image”目录。

(6)单击“保存”按钮，则图像插入到网页中，完成后如图 4-33 所示。

[提示]在插入图像之前确认已将网页保存在当前站点内，这样 Dreamweaver 才能正确地识别图像的路径。网页的图像必须存在站点文件中，否则当网页上传到远程服务器后，将无法浏览图像。

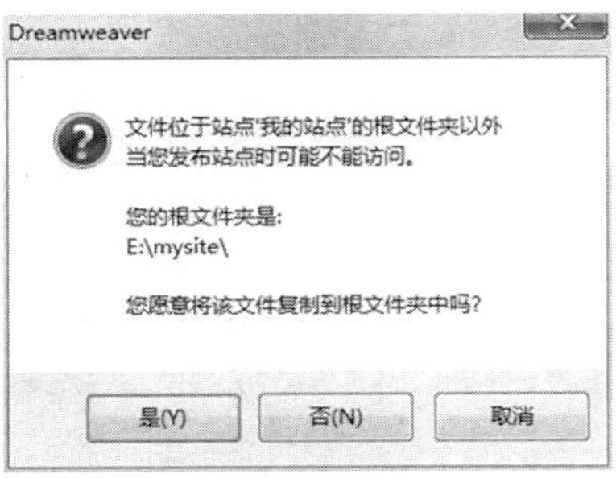

图 4-31　提示对话框

图 4-32　“复制文件为”对话框

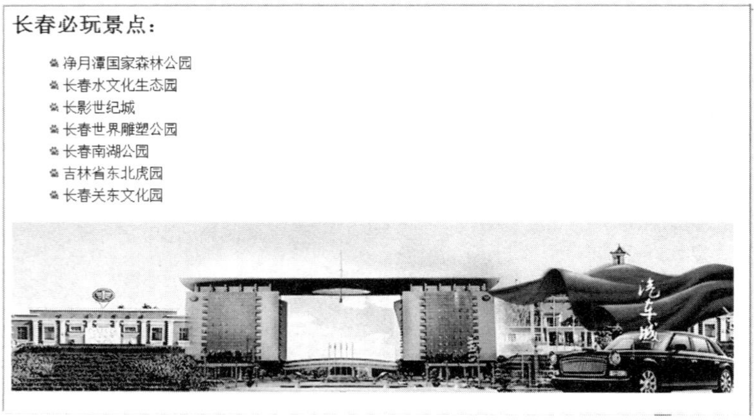

图 4-33　图像插入到网页中

4.2.2　图像属性

在文档中单击选择图像，在“属性”面板中显示该图像的属性，如图 4-34 所示。

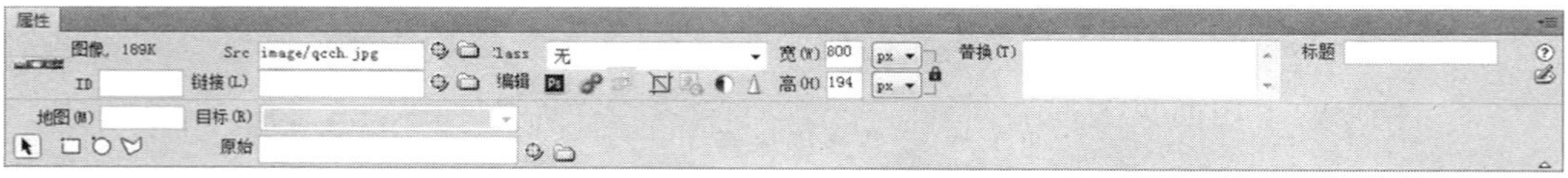

图 4-34　图像属性

1．设置图像大小

图像属性面板中的“宽”和“高”是图像的宽度和高度。修改时可以直接在“宽”和“高”文本框内输入新的数值。

[提示]“宽”和“高”默认以 px 为单位。也可指定 pc、pt、in、mm、cm 单位以及这些单位的组合（如 2in+5mm)，Dreamweaver 将这些值转换为 px。

除了上述的在“属性”面板中通过改变宽与高的数值改变图像的大小，我们还可以直接用鼠标拖动来改变图像的大小。具体操作如下。

(1)选中要改变的图像，图像四周出现控制点。

(2)拖动任一个控制点则可改变图像大小，如图 4-35 所示。

改变后的图像的宽与高的值会以粗体显示，如图 4-36 所示，并在其右侧出现“重设大小”⊘和“提交图像大小”✔按钮，用于恢复图像原始大小和确认大小的改变。

图 4-35　调整图像的大小

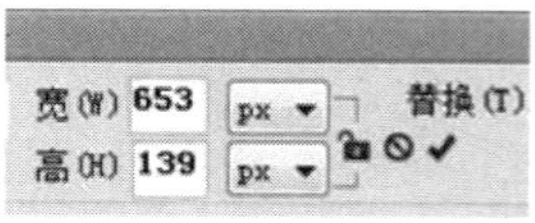

图 4-36　调整图像的大小

2. 图像其他属性

• “src”：图像文件的路径和文件名。单击“浏览”按钮查找文件或者直接输入文件的路径，可以重新定义源文件。

• “替代”：在图像不能正常显示时，显示的关于图像的文本提示信息。在某些浏览器中，当鼠标指针滑过图像时也会显示该文本。

• “链接”：指定图像的超链接。将“指向文件”图标拖动到“文件”面板中的某个文件，或单击“浏览”按钮 选择文件或手动输入 URL。

• “目标”：指定链接的网页应加载的框架或窗口位置，此项在设置超链接后方可使用。

• “地图名称和热点工具”：用于标注和创建客户端图像地图。

[**提示**]网页中的图像名称，最好使用小写英文字母，而且后缀也使用小写英文字母，以保证在不同 Web 服务器上具有良好的兼容性。

“编辑”编辑图像的功能按钮，各按钮具体如下：

——用于打开 Photoshop 软件编辑和修改图像。

——从原始更新。当 Dreamweaver 检测到原始文件 Photoshop 已经更新，单击则图像将自动更新。

——编辑图像设置。打开“图像优化”对话框优化图像。

——裁剪。用于裁切图像的大小，可以删除图像中不需要的区域。

——重新取样。对已调整大小的图像进行重新取样，提高调整后图像的品质。

——亮度和对比度。调整图像的亮度和对比度。

——锐化。调整图像的锐度。

4.2.3 鼠标经过图像

鼠标经过图像是指在网页中将两个图像放在同一位置，鼠标不在图像上显示初始图像，当鼠标移动到图像上显示另一个图像，并且可以进行超链接的设置。

在设置鼠标经过图像时，首先要准备好两个尺寸一致的图像，插入鼠标经过图像的操作如下。

(1)将光标定位在要显示鼠标经过图像的位置。

(2)执行以下操作之一，打开“插入鼠标经过图像”对话框：

• 在菜单栏中单击“插入→图像对象→鼠标经过图像”命令。

• 在“插入”面板的“常用”选项卡中，单击“图像”按钮右侧的箭头，在弹出的菜单中，选择“鼠标经过图像”。

(3)在“插入鼠标经过图像”对话框中设置各项参数，如图 4-37 所示。

• 图像名称：鼠标经过图像的名称。

• 原始图像：页面加载时显示的图像。单击“浏览”按钮选择初始图像，或在文本框中输入图像文件的路径。

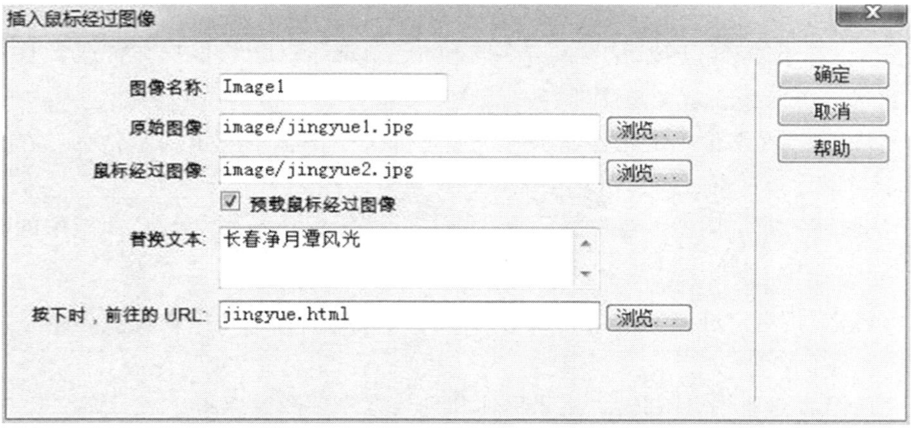

图 4-37　"插入鼠标经过图像"对话框

• 鼠标经过图像：鼠标指针滑过原始图像时显示的图像。

• 预载鼠标经过图像：勾选此选项，则将图像预先加载到浏览器的缓存中，以便用户将鼠标指针滑过图像时不会发生延迟。

• 替代文本：用于为使用只显示文本的浏览器的浏览者设置图像描述。

• 按下时，前往的 URL：用于设置当用户单击鼠标经过图像时要打开的链接文件。输入路径或单击"浏览"并选择文件。当不设置链接时，Dreamweaver 将空自动设置为空链接(#)，如删除空链接，鼠标经过图像将不再起作用。

(4)设置后，单击"确定"，在网页中插入了鼠标经过图像。

(5)保存并在浏览器中预览网页，效果如图 4-38 所示。

原始图像　　　　鼠标经过图像

图 4-38　原始图像和鼠标经过图像

[**提示**]鼠标经过的图像变化效果只能在浏览器中看到。

4.2.4　设置网页背景图像

在网页中可以用单一的颜色或图像做网页的背景，网页背景可以使网页美观，从而更具观赏性。但也要注意网页的背景不要太花哨并且要根据网页及网站的主题来确定网页的背景颜色及主色调，真正起到美化网页的作用。

(1)设置网页背景颜色。设置网页背景颜色的具体操作如下。

• 将光标定位文档的文本之中，单击“属性”面板上的“页面属性”按钮 页面属性... ，打开“页面属性”对话框，选择“外观（CSS)”选项，如图 4-39 所示。

图 4-39 “页面属性”外观选项

• 单击“背景颜色”右侧的 ，打开调色板选择颜色或在“背景颜色”框中输入颜色的代码，如输入“＃DEEEC4”，如图 4-40 所示。

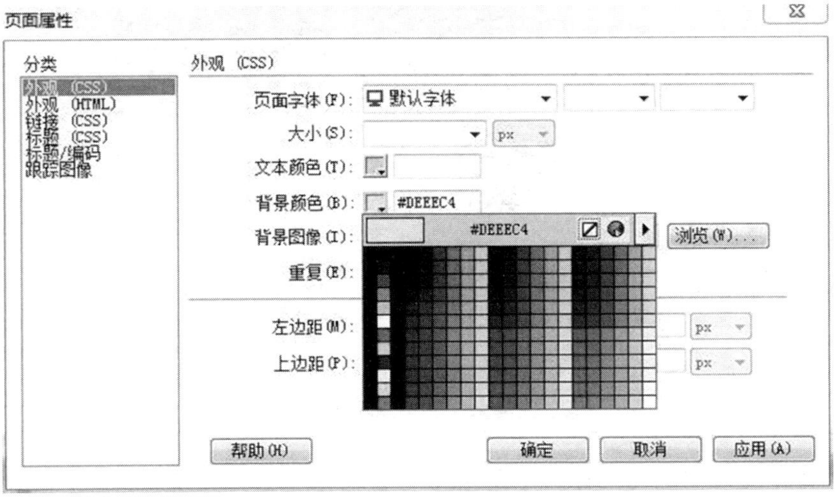

图 4-40 “页面属性”中设置网页的背景颜色

• 单击“确定”退出“页面属性”对话框。

• 保存并在浏览器中预览网页，效果如图 4-41 所示。

图 4-41　设置背景颜色的网页

(2)设置网页的背景图像。

• 在“页面属性”对话框中(图 4-42)，删除背景颜色。

• 单击“背景图像”右侧的“浏览”按钮，打开“选择图像源文件”对话框，如图 4-42 所示。

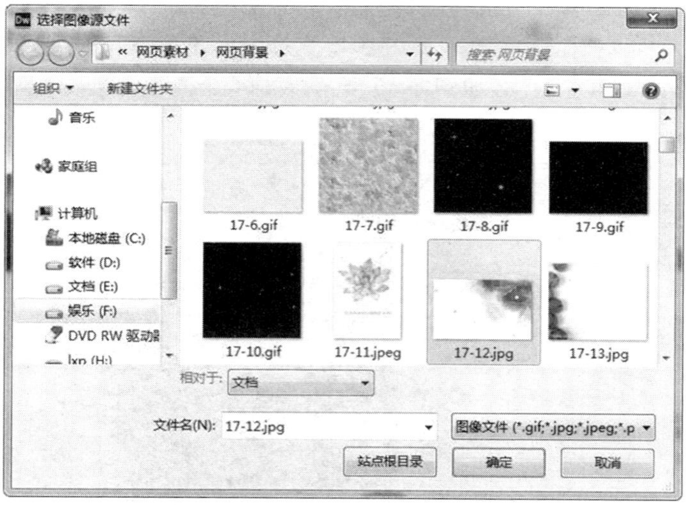

图 4-42　设置背景图像

(3)查找并选择作为网页背景的图像，单击“确定”选择背景图像(若图像位于站点文件夹之外，会出现提示保存到站点内的对话框)。

(4)在“页面属性”中“重复”选项，选择“no-repeat”(不重复)(图 4-43)，单击“确定”退出“页面属性”对话框。

(5)保存并在浏览器中预览网页，效果如图 4-44 所示。

图 4-43　设置背景图像

图 4-44　设置背景图像的网页

(6)“重复”选项：确定是否以及如何重复背景图像。有四个选项：“no-repeat(不重复)”只在开始处显示一次图像，“repeat（重复)”在横向和纵向平铺图像，“repeat-x（横向重复)”和“repeat-y（纵向重复)”分别在水平和垂直方向重复排列背景图像。

[提示]如果要在网页中让背景图像和背景颜色同时起作用，则必须使用透明的图像作为背景图像，并同时设置背景颜色。

实例 4-3　丰富净月潭介绍的页面

丰富净月潭介绍的页面。

要求：

1. 打开 jingyue.hmtl 文件，在项目列表下面插入图像（jy—5.jpg)，并在图像前的<p>插入内联样式定义居中对齐，具体代码为：

```
<p style="text-align:center"><img src="image/jy-5.jpg" width="1024"
height="285"  alt=""/></p>
```

2. 设置网页背景图像(snow. gif)。

3. 保存预览网页效果如图 4-45 所示。

图 4-45　网页预览效果

4.3　网页中其他元素

4.3.1　水平线

水平线可以分割网页的版面，对于网页的布局及信息的组织都能起到画龙点睛的作用。

1. 插入水平线

在网页中插入水平线的操作如下。

• 在“文档”窗口中，将光标定位在要插入水平线的位置，如定位在“jingyue. html”网页的标题的最后一字后面，如图 4-46 所示。

图 4-46　定位光标

• 执行下列操作之一插入水平线：

在菜单栏中单击 “插入→水平线”命令。

在“插入”面板的“常用”选项卡中，单击“水平线”按钮

。

• 水平线插入在网页中，如图 4-47 所示。

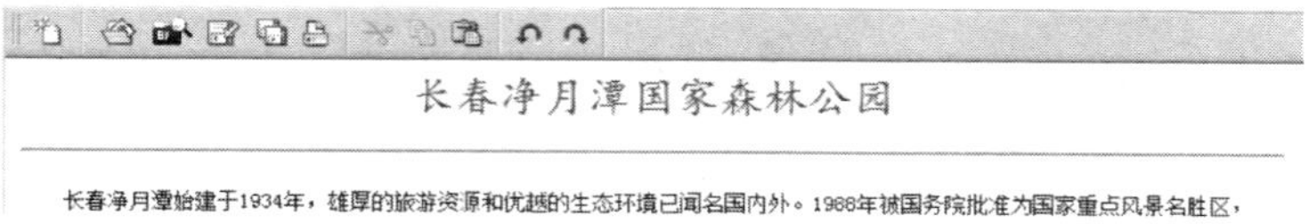

图 4-47　插入水平线

2. 设置水平线属性

水平线插入到网页中后可以对其宽度、高度及阴影等属性进行修改及设置。具体操作如下。

- 选择水平线，水平线属性面板如图 4-48 所示。

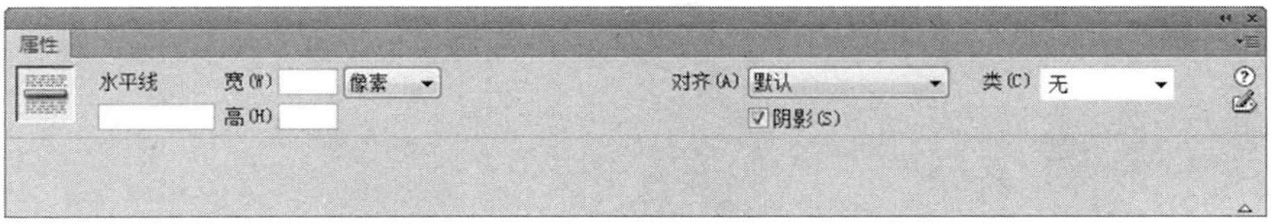

图 4-48 水平线属性

“宽”：用于设置水平线的宽度，有像素和百分比两种单位。其中像素是绝对的大小，不会随着浏览器的窗口大小的改变而改变；百分比是指相对于浏览器或程序窗口大小的百分比，会随着浏览器窗口大小的改变而改变。

“高”：以像素为单位，设置水平线的高度。

“对齐”：设置水平线的对齐方式(“默认”“左对齐”“居中对齐”或“右对齐”)。只有当水平线的宽度小于浏览器窗口的宽度时，该设置才适用。

“阴影”：指绘制水平线时是否带阴影。取消选择此选项将使用纯色绘制水平线。

- 在属性面板中设置水平线宽度 90%，高度 3，取消“阴影”。

3. 增添颜色

为水平线增添颜色的操作如下。

- 在“属性”面板上，单击打开“快速标签编辑器”，在结束的“>”前输入 color ="?"设置颜色，颜色取值可以是英文单词(如 yellow)也可用十六进制代码(如 #3399ff)，如图 4-49 所示。

图 4-49 设置水平线的颜色

- 完成后网页浏览效果如图 4-50 所示。

图 4-50 水平线网页效果

4.3.2 插入滚动代码

在网页中经常看到一些滚动文字或图像，增加了网页的可视化效果。以插入滚动文字为例，使用滚动代码的具体操作如下。

（1）确认“jingyue. html”是当前活动文档，单击“拆分”按钮，切换为“拆分”视图，在代码中将光标定位在标题行结束位置，如图 4-51 所示。

图 4-51　拆分视图定位光标

（2）在代码中输入“<p><marquee>长春悠游网带您畅游北国春城！</marquee></p>”，完成后代码效果如图 4-52 所示。

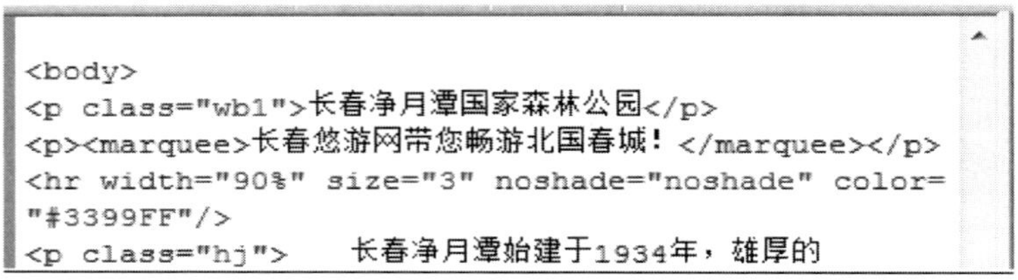

图 4-52　插入滚动代码

（3）保存网页，在浏览器中浏览网页，文字是自右向左滚动的，如图 4-53 所示。

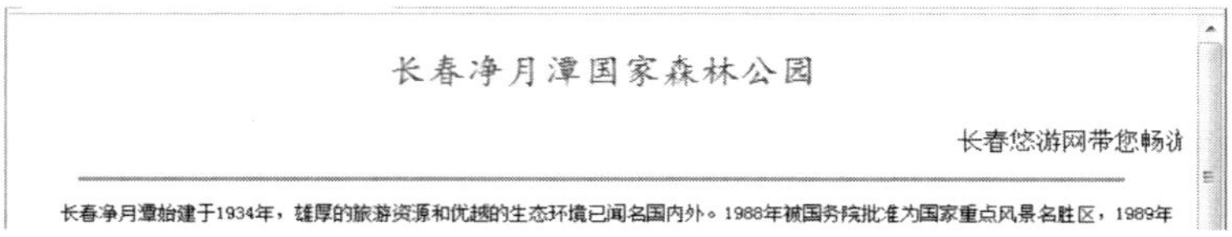

图 4-53　滚动文本预览效果

（4）“marquee”属性：“marquee”有多种属性，常用的属性如表 4-5 所示。

表 4-5　marquee 常用属性

属性	描　　述
direction	文字滚动的方向。值可以是：down（向下）、left（向左）、right（向右）、up（向上），默认为 left
behavior	设置滚动的方式。值可以是：scroll（连续滚动）、slide（滑动一次）、alternate（来回滚动）滚动方式。注意如果在<marquee>标签中同时出现了 direction 和 behavior 属性，那么 scroll 和 slide 的滚动方向将依照 direction 属性中参数的设置
loop	设置循环的次数。值是正整数，默认为无限循环

续表

属性	描　　述
scrollamount	设置运动速度。值是正整数，默认为 6
scrolldelay	设置停顿时间，值是正整数，默认为 0，单位是毫秒
onmouseover=this. stop()	当鼠标经过滚动元素时停止滚动
onmouseout=this. start()	当鼠标离开滚动元素时继续滚动

实例 4-4　滚动代码示例

将图 4-53 中的滚动代码加入“behavior”“onmouseover=this. stop()”和“onmouseout=this. start()”。

要求：

1. 部分代码：＜marquee behavior="alternate" onmouseover=this. stop() onmouseout=this. start()＞长春悠游网带您畅游北国春城！＜/marquee＞。

2. 保存网页，并在浏览器中浏览网页，测试鼠标效果。

4.3.3　日期和时间

Dreamweaver 提供了一个方便的日期对象插入当前日期，还可以选择在每次保存文件时都自动更新该日期。插入日期及时间的操作如下。

(1)定位光标在要插入日期的位置。如 jingyue. html 网页中的图像下面输入文本“本网页制作于：”。

(2)执行下列操作之一，打开“插入日期”对话框如图 4-54 所示。

- 在菜单栏中单击“插入→日期”命令。
- 在“插入”面板的“常用”选项卡，单击“日期”

按钮。

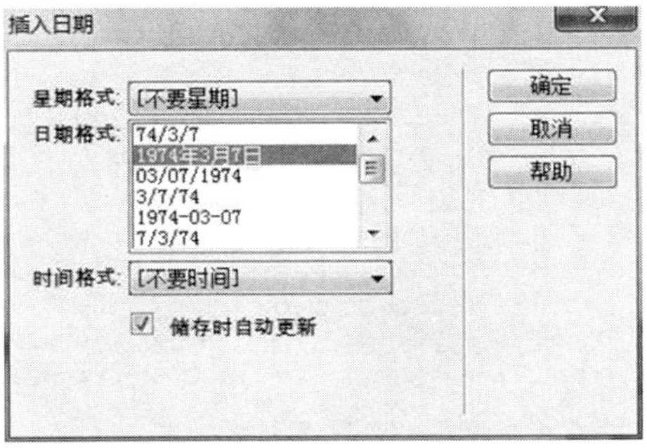

图 4-54　“插入日期”对话框

(3)在“插入日期”对话框中，选择星期格式、日期格式和时间格式。

(4)如选择“储存时自动更新”，在每次保存文档时都会更新插入的日期。取消选择，日期在插入后变成纯文本并永远不自动更新。

(5)单击“确定”插入日期，效果如图 4-55 所示。

[提示]插入的日期是指网页制作的当前日期/时间，不是访问者在浏览的网页时即时的日期/时间。

图 4-55　插入日期的网页示例

4.3.4　设置网页标题

这里我们设置的标题是 HTML 代码中的“title”，不是网页正文的标题，会显示在浏览窗口的左上方和 Windows 任务栏上，设置标题具体操作如下。

(1)在标准工具栏的“标题”文本框中输入标题内容，如图 4-56 所示，输入“长春净月潭国家森林公园”。

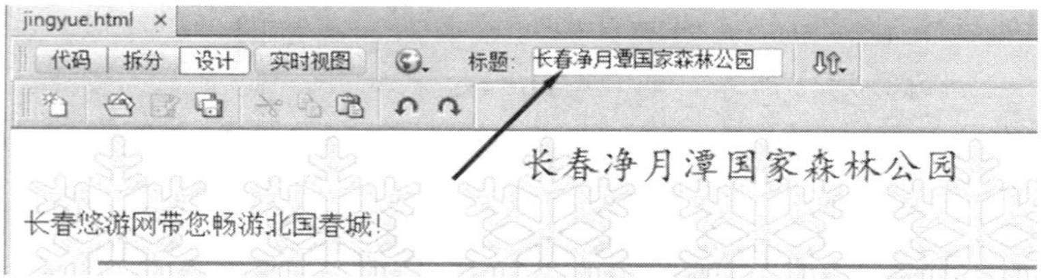

图 4-56　输入网页标题

(2)保存网页，在浏览器中浏览网页效果如图 4-57 所示。

图 4-57　网页浏览效果

4.4　创建超链接

4.4.1　创建基本超链接

以文本和图像为载体的超链接属基本超链接。以文本为例创建超链接的操作如下。

(1)打开 D04－1. html 文件，选择要超链接的载体(文字或者图像)，如“净月潭国家森林公园”。

(2)在“属性”面板中，单击“链接”后的“浏览” 按钮，打开“选择文件”对话框如图 4-58 所示。

(3)选择链接的目标文件，单击“确定”按钮。

图 4-58 “选择文件”对话框

[提示]超链接的目标文件可以是任何可执行文件，当是网页文件以外其他类型文件时(如 zip、exe 文件等)，单击链接的时候会弹出“打开”或“保存”文件的提示。

(4)在“属性”面板中的“目标”下拉菜单中，选择目标文件打开的位置，如图 4-59 所示。默认状况下，被链接文档显示在当前窗口或框架中。

图 4-59 设置链接的目标选项

- _ blank：将被链接文档载入新的未命名浏览器窗口中。
- _ parent：将被链接文档载入父级框架集或包含该链接的框架窗口中。
- _ self：将被链接文档载入与该链接相同的框架或窗口中。
- _ top：将被链接文档载入整个浏览器窗口并删除所有框架。

(5)保存并在浏览器中预览网页，建立了超链接的文字变为蓝色并带有下划线，如图 4-60 所示(“净月潭国家森林公园”)。

(6)单击创建超链接的文字，测试链接的完好性。

图 4-60　创建了超链接的网页

[提示]创建超链接还可以在选择了超链接载体后，拖动“属性”面板链接后的“指向文件”图标，指向目标文件，如图 4-61 所示。

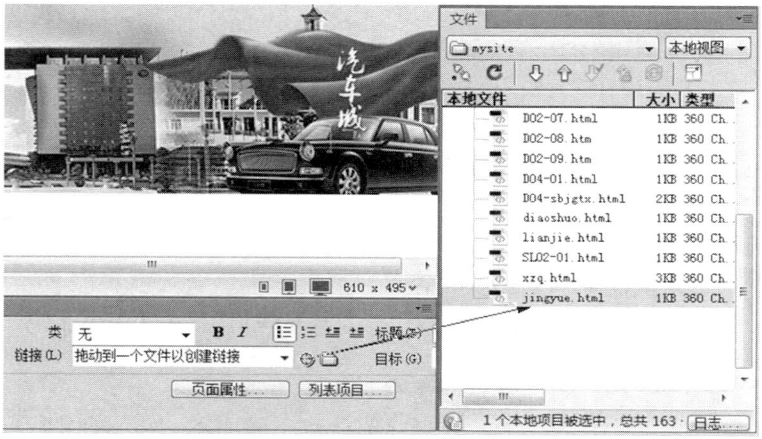

图 4-61　拖动“指向文件”创建超链接

创建图像超链接与创建文字超链接的方法相同，此外还可以直接在“属性”面板的链接框中输入链接目标的地址，如输入人人网的网址则创建了指向“人人网”的超链接。

[提示]在“属性”面板链接框中输入“#”可以创建空链接。

4.4.2　锚点链接

在 Dreamweaver 中，可以创建一种指向文档中某一特定位置的链接，这种链接被称为锚点链接或锚记链接。文档的特定位置是用命名锚记来标记的，通常放在文档的特定主题处或顶部。创建命名锚记链接，首先需要在目标文档中插入命名锚记，然后创建指向命名锚记的链接。

1. 创建命名锚记

在 Dreamweaver CC 中创建命名锚记的代码是：<a id="#锚记名称"></a>，具体操作如下。

(1)打开“jingyue.html”文件，在拆分视图的左侧代码视图中定位光标在内容标题

“长春净月潭国家森林公园”前，输入：<a id="#top"></a>，代码如图 4-62 所示。

(2)在文档中插入了一个命名锚记，如图 4-63 所示。

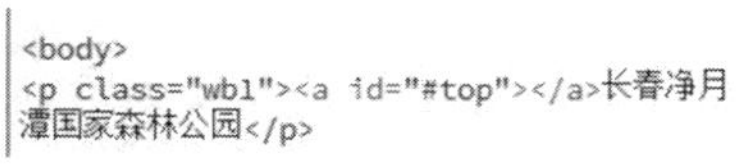

```
<body>
<p class="wbl"><a id="#top"></a>长春净月
潭国家森林公园</p>
```

图 4-62　创建锚记代码

图 4-63　命名锚记

2. 创建锚记链接

在插入命名锚记后，就可以创建锚记链接了。通常锚记链接有两种：一种是页内的锚记链接，如在很多页面最下端都有“返回页首”的链接；另一种是从一个网页创建指向另一网页中锚记位置的链接。以创建页内的锚记链接为例，创建锚记链接的操作为：

(1)在文档窗口中选择链接的载体。在“jingyue.html”文档最下方输入“返回顶部”并选择。

(2)在“属性”面板的“HTML 属性”中的“链接”文本框中，输入“#锚记名称”如图 4-64 所示。

(3)保存并在浏览器中预览网页，测试锚记链接。

(4)指向另一网页中锚记的链接：在属性面板的链接框中输入“文件名#锚记名称”。

图 4-64　在属性面板设置锚记链接

[提示]浏览器中锚记与锚记链接载体之间的距离要大于一屏才可以实现返回锚记位置的效果。输入“#锚记名称”或“文件名#锚记名称”时，文件名、#、锚记名称之间不能有空格。

4.4.3　热区链接

热区链接是指在图像上某一区域上创建超链接。利用热区可以在一张图像上创建多个链接。创建热区链接的操作如下。

(1)在网页中插入图像，如图 4-65 所示。

(2)单击选择图像，在“属性”面板有三种热区工具，如图 4-66 所示。

：矩形热区工具，拖动鼠标，可以创建矩形热区。

：圆形热区工具，拖动鼠标，可以创建圆形热区。

：多边形热区工具，单击鼠标，可以创建多边形热区。

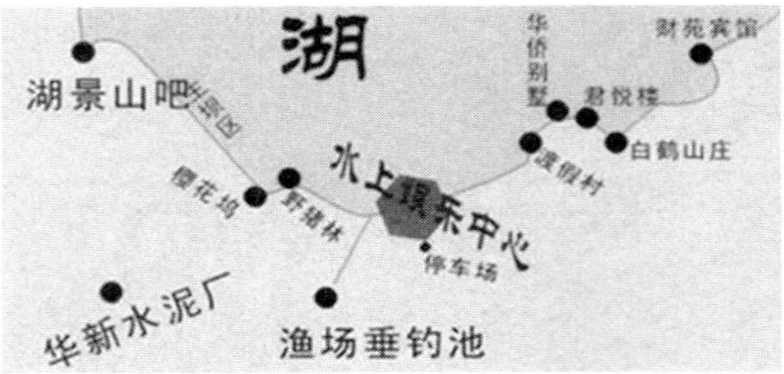

图 4-65 插入图像

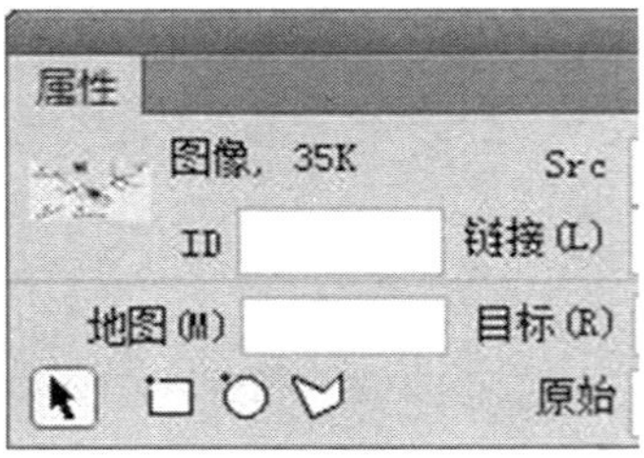

图 4-66 “属性”面板热区工具

(3)单击“矩形”热区按钮，将光标移到图像上按下并拖动鼠标，绘制出一个浅蓝色带有黑色的边框的矩形区域，如图 4-67 所示。

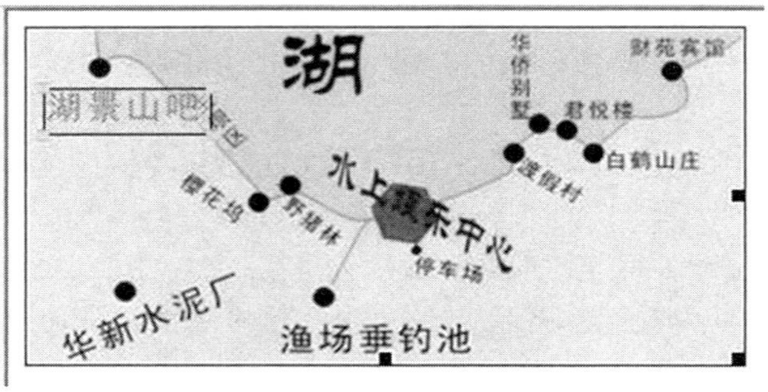

图 4-67 绘制矩形热区

(4)松开鼠标，“属性”面板变为“热点属性”，如图 4-68 所示。

图 4-68 “热点属性”面板

(5)设置链接。操作与文本或图像的超链接创建方法相同。

(6)保存并在浏览器中预览网页，将光标指向热区位置时，出现手形图标(图 4-69)，单击可以跳转至超链接位置。

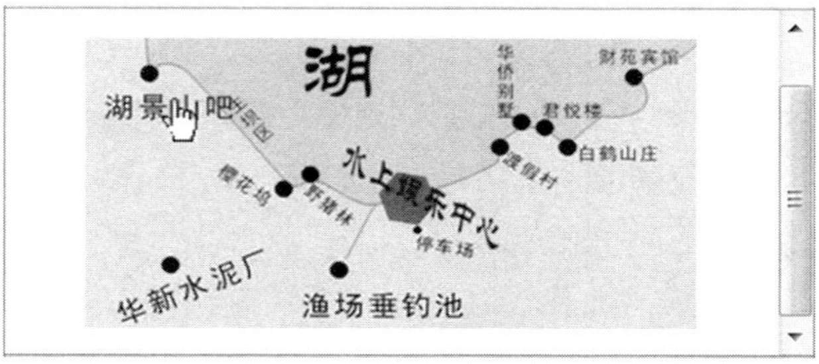

图 4-69 浏览热区网页

[提示]一幅图像上的热区和热区之间要留有足够的空隙，防止浏览者区分不清楚。

4.4.4 电子邮件链接

在网页制作中，还经常看到这样的一些超链接。单击了以后，会弹出邮件发送程序，联系人的地址也已经填写好了，这就是电子邮件链接。创建邮件链接操作如下。

(1)打开 jingyue. html 文件，将光标定位在日期后面，如图 4-70 所示。

(2)执行以下操作之一，打开“电子邮件链接”对话框，如图 4-71 所示。

- 单击菜单栏“插入→电子邮件链接”命令。
- 在“插入面板”的“常用”选项卡中，单击 **电子邮件链接** 按钮。

图 4-70 定位光标

图 4-71 “电子邮件链接”对话框

(3)“文本”：输入或编辑电子邮件的链接载体文本，输入“联系站长”。

(4)“电子邮件”：输入电子邮件地址，然后单击“确定”。

(5)保存并在浏览器中预览网页，单击电子邮件链接，打开邮件发送程序，如图 4-72 所示。

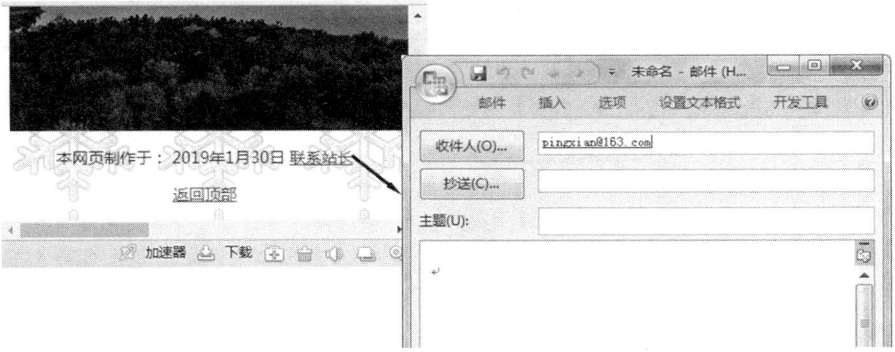

图 4-72 测试电子邮件链接

[技巧]我们还可以选中图像或者文字，直接在“属性”面板中的链接框中填写“mailto：邮件地址”。

4.4.5 CSS 样式美化超链接文本

在浏览网页时，我们经常能看到不同的超链接效果，如鼠标放到超链接文字上去时，超链接文字会变色。这些设置都可以通过 CSS 进行设置。CSS 通过设置以下四个分类来定义网页超链接的样式。

a：link：未访问的链接；

a：visited：已访问过的超链接；

a：hover：鼠标指针移到超链接文字上的超链接；

a：active：正在访问的超链接。

一般可以将这四种状态定义在一个 CSS 样式文件中，具体见“实例 4-5”。

实例 4-5　创建导航栏设置链接

为“jingyue. html”网页创建文字导航栏，并通过 CSS 样式定义链接文本的样式。

要求：

1. 在网页的水平线上方输入导航栏文本，并在代码中设置居中对齐(段落代码：<p align="center">)，完成效果如图 4-73 所示。

图 4-73　输入文本

2. 选择“首页”，然后在“属性”面板的“HTML 属性”中单击链接后面的浏览按钮，打开“选择文件”对话框，选择目标文件“index. html”。

3. 单击“确定”，完成“首页”超链接的设置，完成的文档效果如图 4-74 所示。

图 4-74　设置“首页”超链接

4. 利用同样的方法创建导航栏其他项目超链接。

5. 在拆分视图的左侧代码视图中定位光标在<head>与</head>之间的嵌入 CSS 样式中，对 a：link、a：visited、a：hover 和 a：active 分别定义样式，具体 CSS 代码如下：

a:link {
color:#000033;
font-family:"幼圆";
font-size:14px;
text-decoration:none;
font-weight:bold;
}
	a:hover {
	color:#990000;
	font-style:italic;
	font-family:"隶书";
	font-size:14px;
	font-weight:bold;
	text-decoration:underline;
	background-color:#FFFFCC;
	}
		a:active {
		color:#FF00FF;
		font-family:"隶书";
		font-size:14px;
		text-decoration: under-line;
		}
			a:visited {
			color:#009900;
			font-family:"幼圆";
			font-size:14px;
			text-decoration:
			none;
			}

6. 保存并在浏览器中测试超链接，效果如图 4-75 所示。

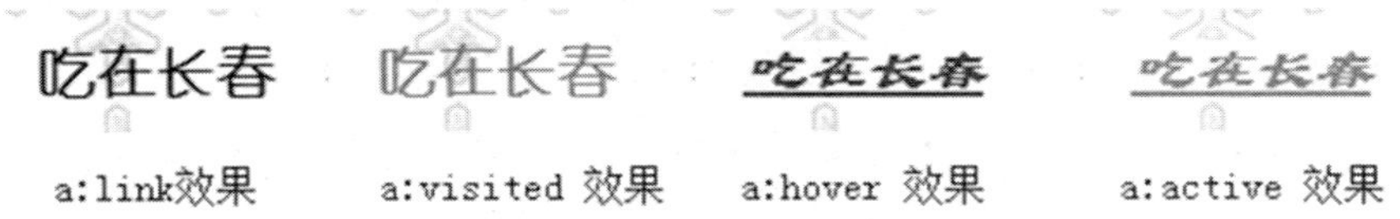

图 4-75　超链接效果

4.5　在网页中插入多媒体元素

4.5.1　插入 Flash SWF 动画

Flash 动画是网页中不可缺少的视觉元素，可以丰富网页的视觉效果。网页中 Flash 动画文件的格式为“. swf”。在网页中插入 Flash 动画的操作如下。

(1)定位光标在要插入 Flash 动画的位置。

(2)执行以下操作之一：

- 在菜单栏中单击“插入→媒体→Flash SWF”命令(快捷键：Ctrl+Alt+F)。
- 在“插入”面板的“媒体”选项卡中单击按钮。

(3)打开“选择文件”对话框，如图 4-76 所示。

(4)选择要插入的 Flash 文件，如选择“huanying. swf”，单击“确定”打开“对象标签辅助功能属性”对话框(图 4-77)。

图 4-76　“选择 SWF”对话框

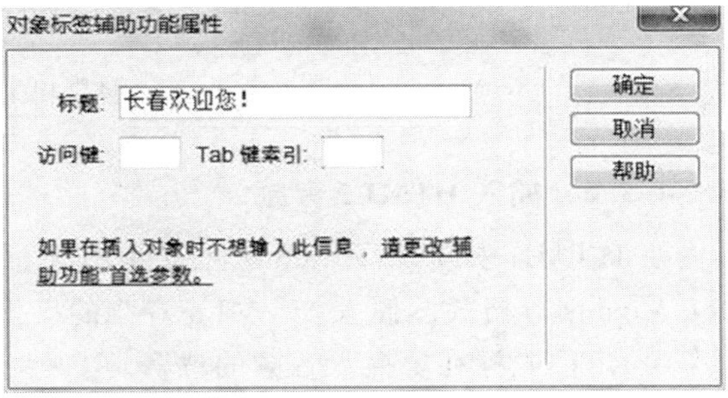

图 4-77　“对象标签辅助功能属性”对话框

(5)设置标题为“长春欢迎您!”，单击“确定”按钮，则 Flash 动画插入了网页中，如图 4-78 所示。

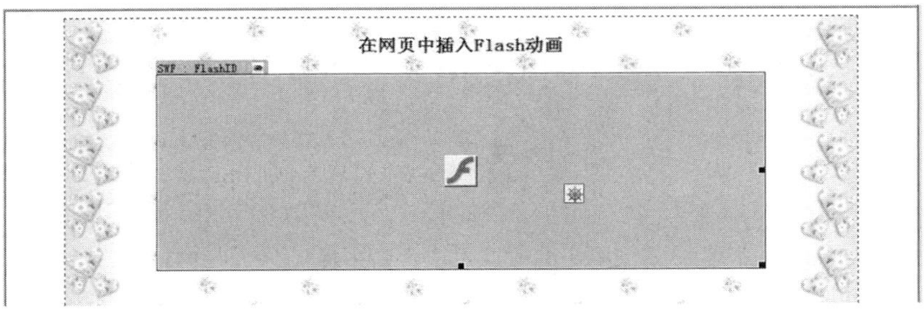

图 4-78　插入网页中的 Flash 动画

(6)选择插入的 Flash 动画，“属性”面板如图 4-79 所示，在“属性”面板中可以设置动画是否自动播放、循环等属性，单击“播放”按钮可以观看动画效果，“Wmode”可以设置动画背景透明的效果。

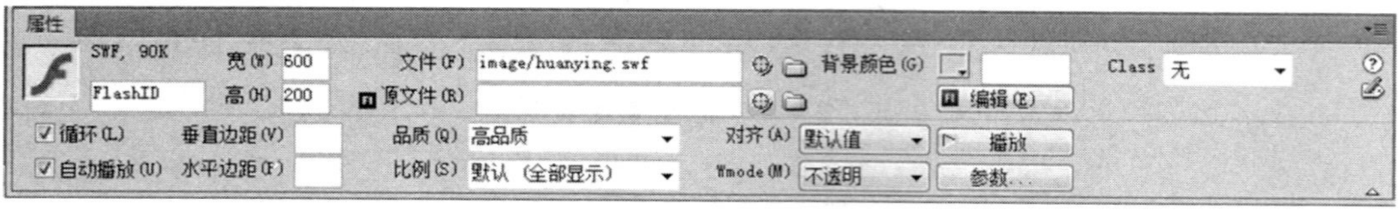

图 4-79　Flash 属性

(7)保存网页文件(快捷键：Ctrl＋S)，Dreamweaver 会弹出“复制相关文件”对话框，如图 4-80 所示，单击确定完成保存操作。

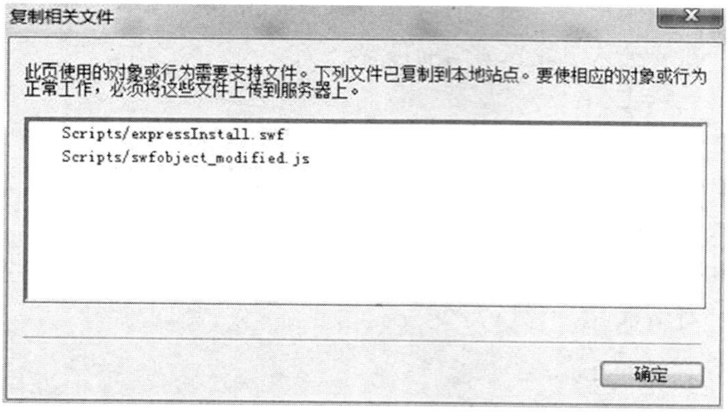

图 4-80　“复制相关文件”对话框

4.5.2　插入 HTML5 音频

在 HTML 中新增了 audio 标签，用于插入音频文件，audio 支持 Mp3、Wave、Ogg Vorbis 等格式。插入 HTML5 音频的操作如下。

(1)定位光标在要插入音频的位置。

(2)执行以下操作之一：

- 在菜单栏中单击“插入→媒体→HTML5 Audio”命令。
- 在“插入”面板的“媒体”选项卡中单击  按钮。

(3)在网页中插入了一个音频图标，如图 4-81 所示。

图 4-81　网页中音频图标

(4)选择插入的音频图标，在“属性”面板中设置音频信息，如图 4-82 所示。

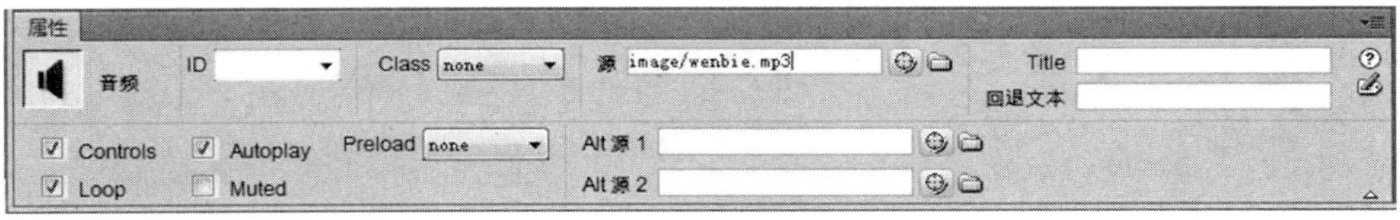

图 4-82　音频属性

- “源”/“Alt 源 1”/“Alt 源 2”：输入音频文件的路径和文件名或单击文件夹图标以从计算机中选择音频文件。当源中的音频格式不被浏览器支持时，“Alt 源 1”或“Alt 源 2”中指定的格式为备用。默认浏览器会选择第一个可识别格式来加载音频。
- Title(标题)：为音频文件输入标题。
- 回退文本：为不支持 HTML5 音频的浏览器输入显示的文本。
- Controls(控件)：勾选则在浏览器显示音频控件。当不勾选此项时，网页打开后只播放音乐无控件，可以形成背景音乐的效果。
- Autoplay(自动播放)：勾选则网页加载后自动开始播放音频。
- Loop(循环音频)：勾选则连续播放音频。
- Muted(静音)：勾选则设置了音频静音。
- Preload(预加载)：选择当网页加载时，音频是否加载、如何加载。其中有 none(不加载)、auto(网页加载后载入)和 metadata(网页加载后载入元数据)三个选项，如果勾选了“autoplay”，则应忽略该属性。

[提示]和图像文件一样，当音频、视频或 Flash 文件不位于站点文件夹之内时，会弹出提示将文件保存到站点文件夹内的对话框。音频、视频和 Flash 文件插入到网页中会影响网页在浏览器中的打开速度，也应慎用。

(5)在“属性”面板上分别勾选 Controls、Autoplay、Loop，其他默认，保存并预览网页，预览效果如图 4-83 所示。

图 4-83　网页预览效果

4.5.3　插入 HTML5 视频

在 HTML 中新增了 video 标签，用于播放视频文件，video 支持 Mp4、Ogg WebM 等格式。操作方法如下。

(1)定位光标在要插入音频的位置。

(2)执行以下操作之一：

- 在菜单栏中单击“插入→媒体→HTML5 Video”命令。

- 在“插入”面板的“媒体”选项卡中单击 HTML5 Video 按钮。

(3)在网页中插入了一个视频图标，如图 4-84 所示。

图 4-84　网页中视频图标

(4)选择插入的视频图标，在“属性”面板中设置视频文件信息，如图 4-85 所示。

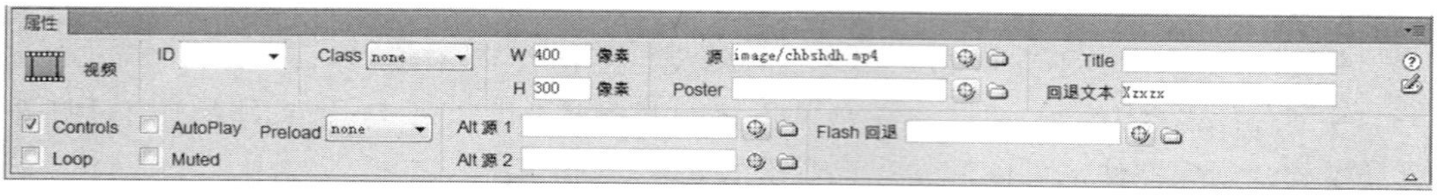

图 4-85　视频属性

(5)在“源”中选择视频文件，“属性”面板基本与音频属性一样，视频还有的属性如下：

- W（宽度）：设置视频的宽度(px)。
- H（高度）：设置视频的高度(px)。
- Flash 视频：对于不支持 HTML 5 视频的浏览器选择 SWF 文件。

(6)勾选 Controls，保存预览网页，视频网页预览效果如图 4-86 所示。

图 4-86　视频网页预览效果

4.5.4　插入其他媒体元素

在 Dreamweaver CC 中了，除了可以插入上述的 Flash、HTML5 Video 和 HTML5 Audio 的功能，还提供了插入 Flash Video、Edg Animate 作品和“插件”功能，使

用者可以根据自己的需要进行选择使用，操作方法与前面三种媒体的操作方法相同。

任务7　制作“长春悠游网”首页

任务目标

利用 Dreamweaver 中文本、图像和多媒体等的操作方法，制作包括多媒体元素、图文并茂的“长春悠游网”首页，完成效果如图 4-87 所示，中间部分是视频元素。网页采用 Div+CSS 布局，具体布局结构如图 4-88 所示。

图 4-87　长春悠游网首页

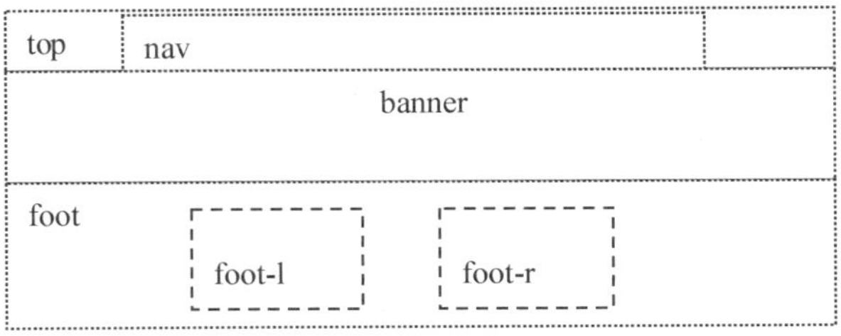

图 4-88　“长春悠游网”首页布局结构

任务实施

1. 打开 index. html 文件，在 CSS 设计器中创建 shouye. css 文件，保存位置为站点根目录下的 CSS 文件夹。

2. 在文档工具栏“标题”栏内容输入：悠游长春，定义网页标题。

3. 切换到“shouye. css 文件”编辑区，定义“ * ”(全局选择器)的内外边距均为 0，具体代码如图 4-89 所示。

4. 在“插入”面板“常用”选项卡中单击“插入 Div”按钮，在“开始标签之后(<body>)”

插入 ID 为“top”的 Div 块元素，插入后网页如图 4-90 所示。

图 4-89　定义全局选择器

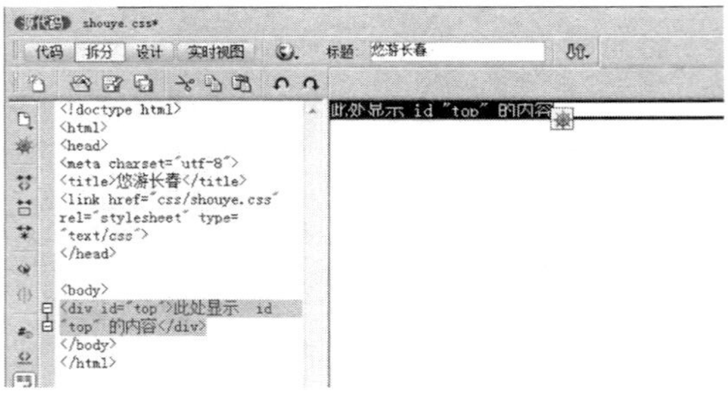

图 4-90　插入“top”

5. 删除“top”中的文字，并定位光标在“top”内，在“top”内插入嵌套的 ID 为“nav”的 Div 块元素(图 4-91)，完成后网页与代码如图 4-92 所示。

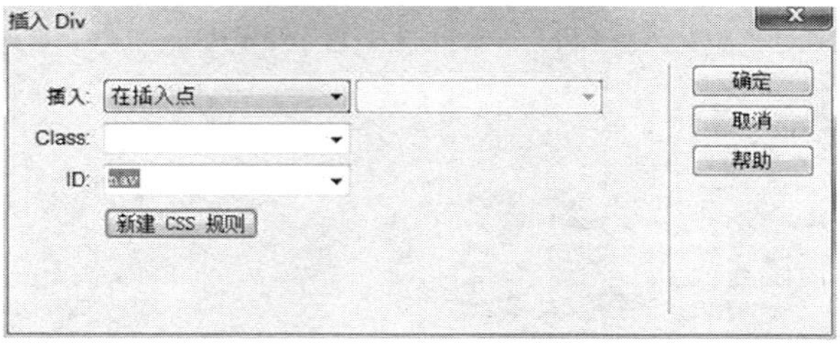

图 4-91　插入嵌套的 Div

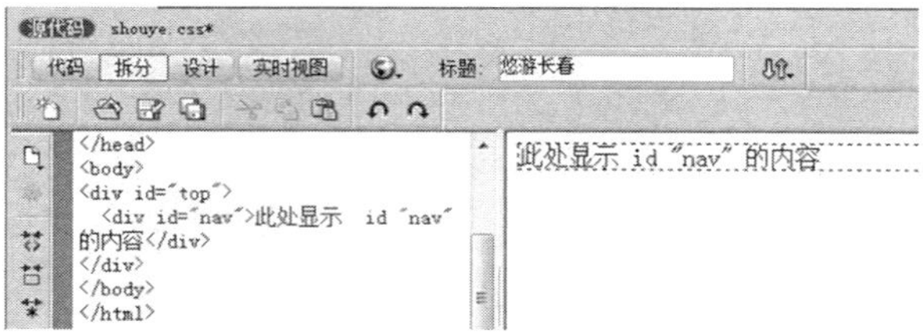

图 4-92　网页与代码

6. 切换到“shouye.css”编辑区，定义“#top”和“#nav”样式，具体代码见表 4-6。完成网页顶端背景部分的制作，效果如图 4-93 所示。

表 4-6　shouye.css 中#top 和#nav 的 CSS 代码

#top	#nav

#top{
height:200px;
width:auto;/* 在浏览器中占一整行 */
background:url(../image/topbk3.jpg);
clear:both;/* 清除左、右两侧浮动元素 */
}
	#nav{
	width:1024px;
	margin:0 auto;/* 上下外边距为 0,左右自动,实际效果为左右居中对齐 */
	height:200px;
	background: url(../image/topbk + logo1.jpg) no-repeat;
	padding-left:400px;
	}

图 4-93 网页预览效果

7. 删除“nav”内的文字，输入网站导航栏文字：“首　页、认识长春、吃在长春、住在长春、游在长春、购物长春、沟通交流”。并设置为项目列表，完成后 HTML 代码见表 4-7。

8. 切换到“shouye.css”编辑区，定义“nav”中列表的样式，具体 CSS 代码见表 4-7。

表 4-7 #nav 网页 HTML 和 CSS 代码

HTML 代码	“#nav ul li”CSS 代码
<div id="top">	#nav ul li{
<div id="nav">	list-style:none;
<ul>	width:95px;
<li>首 页</li>	height:50px;
<li>认识长春</li>	float:left;
<li>吃在长春</li>	background-color:#418411;
<li>住在长春</li>	text-align:center;
<li>游在长春</li>	line-height:50px;
<li>购物长春</li>	padding-top:90px;
<li>沟通交流</li>	padding-left:30px;
</ul>	color:#FFF;
</div>	}
</div>	

9. 选择“认识长春”，利用“属性”面板创建指向“rscc”文件夹中“rscc.html”文件的超链接。

10. 重复创建超链接操作，为导航栏除了“首页”以外的其他项目创建超链接。保存预览效果如图 4-94 所示。

图 4-94 网页预览效果

11. 切换到“shouye. css”编辑区，定义超链接样式，具体 CSS 代码见表 4-8，保存后预览网页效果如图 4-95 所示。

表 4-8　#nav 中列表中超链接样式 CSS 代码

#nav li a	#nav li a：hover

#nav li a {
color：#c6c6c6；
text-decoration：none；
}
	#nav li a：hover {
	color：#fff；
	}

图 4-95　网页预览效果

[提示]利用 CSS 样式定义列表项的宽度和高度，实现了创建水平导航条的目的。

12. 重复“插入 Div”的操作，在“top”后插入 ID 为“banner”的 Div 块元素，“插入 Div”对话框如图 4-96 所示。

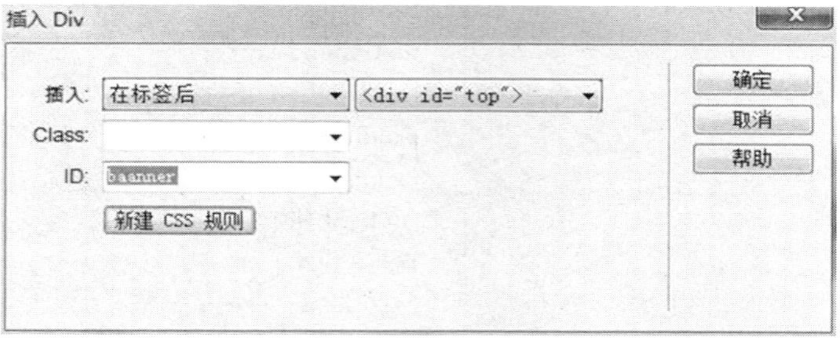

图 4-96　“插入 Div”对话框

13. 插入“banner”位于“top”下方，网页如图 4-97 所示。

图 4-97　插入“banner”

14. 切换到“shouye. css”编辑区，定义“#banner”样式，具体代码如下：

```
#banner{
    background:url(../image/topbk.jpg);
    width:100%;
    height:500px;
    clear:both;
    text-align:center;
    text-height:400px;
    }
```

15. 删除“banner”中文字，确认光标在“banner”内，在菜单栏中单击“插入→媒体→HTML5 Video”命令，在网页中插入 HTML 5 视频图标，如图 4-98 所示。

图 4-98　网页中视频图标

16. 选择插入的视频图标，在“属性”面板中设置视频文件(banner. mp4)信息，勾选 AutoPlay 和 Loop 选项，完成后如图 4-99 所示。

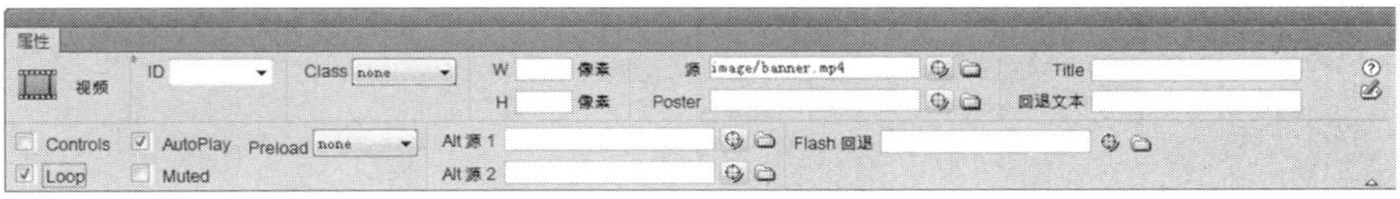

图 4-99　视频属性面板

17. 保存网页，预览效果如图 4-100 所示。

图 4-100　播放视频网页预览效果

18. 重复“插入 Div”的操作，在“banner”后插入 ID 名称为“foot”的 Div 块元素，完成后网页如图 4-101 所示。

图 4-101　插入“foot”在网页中

19. 删除“foot”内文字，并定位光标在“foot”中，重复插入 div 操作，插入 ID 为“foot-l”的嵌套的 Div 块元素，“插入 Div”对话框如图 4-102 所示。

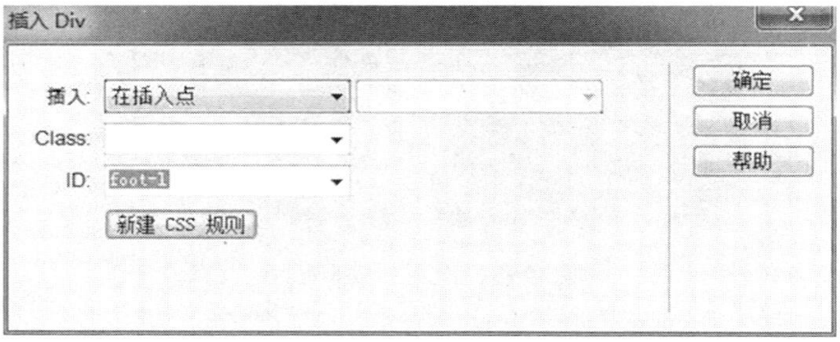

图 4-102　“插入 Div”对话框

20. 重复“插入 Div”操作，在“<div id="foot-l">”标签后、ID 为“foot-r”的第二嵌套的 Div 块元素。

21. 完成上述两项操作，则在“foot”内嵌套了两个 Div 块元素，分别是 foot-l 和 foot-r，完成后网页“foot” html 部分代码如下：

```
<div id="foot">
  <div id="foot-l">此处显示 id "foot-l" 的内容</div>
  <div id="foot-r">此处显示 id "foot-r" 的内容</div>
</div>
</body>
</html>
```

22. 定位光标在“foot-l”内，删除文字输入新文本内容“长春必玩：净月潭森林公园 ……长春必吃：鸡汤豆腐串…… 联系我们：Tel 0431－88888888 QQ：88888888 加入我们”并进行分段。

23. 定位光标在“foot-r”内，删除文字，在菜单栏中单击“插入→图像”命令，插入网站二维码图像。完成后网页如图 4-103 所示。

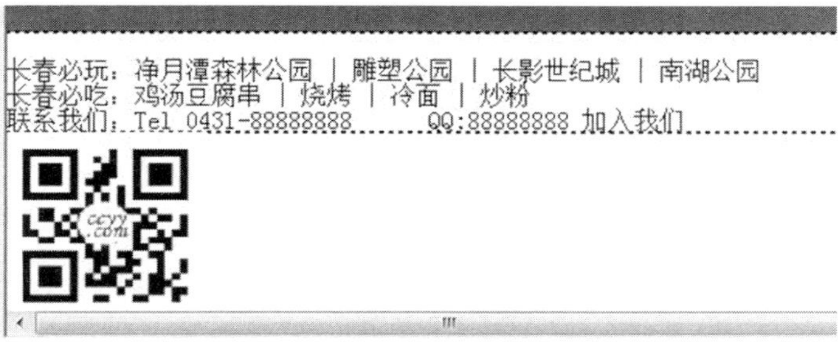

图 4-103 “foot-l”与“foot-r”内的文字与图像

24. 切换到“shouye.css”编辑区，定义“#foot”“#foot-l”和“#foot-r”样式，定义背景、宽度、高度等属性，具体代码见表 4-9。

表 4-9 “#foot”“#foot-l”和“#foot-r”CSS 代码

#foot	#foot-l	#foot-r

#foot {
clear：both；height：300px；
margin：0 auto；
padding-top：30px；
padding-left：400px；
background：url(.. /image/topbk4.jpg)；
}
	#foot-l {
	width：500px；height：200px；
	font-family："宋体"；
	font-size：14px；
	color：#FFF；text-height：30px；
	line-height：30px；float：left；}
		#foot-r {
		width：200px；height：200px；
		margin-top：10px；
		margin-left：20px；
		float：left；}

25. 保存并预览，完成“长春悠游网”首页的编辑与制作。

任务总结与拓展

学生通过完成“长春悠游网”首页的制作，熟悉了网页图像、文本、列表、视频以及相应的 CSS 样式的操作方法与技巧。学生总结完成任务过程中出现的问题及解决方法，并与同学、教师交流网站结构规划的技巧与注意事项。

项目梳理

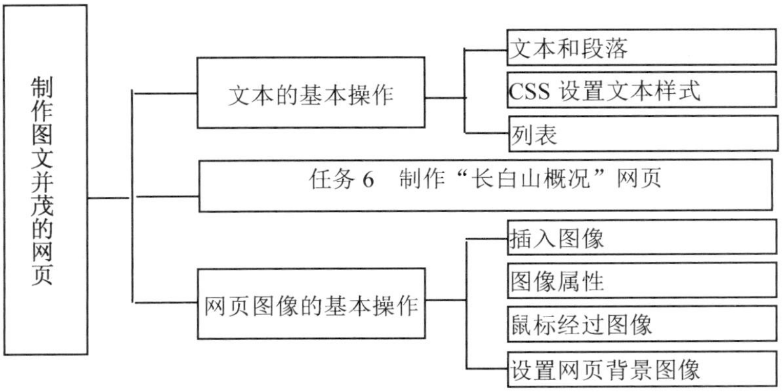

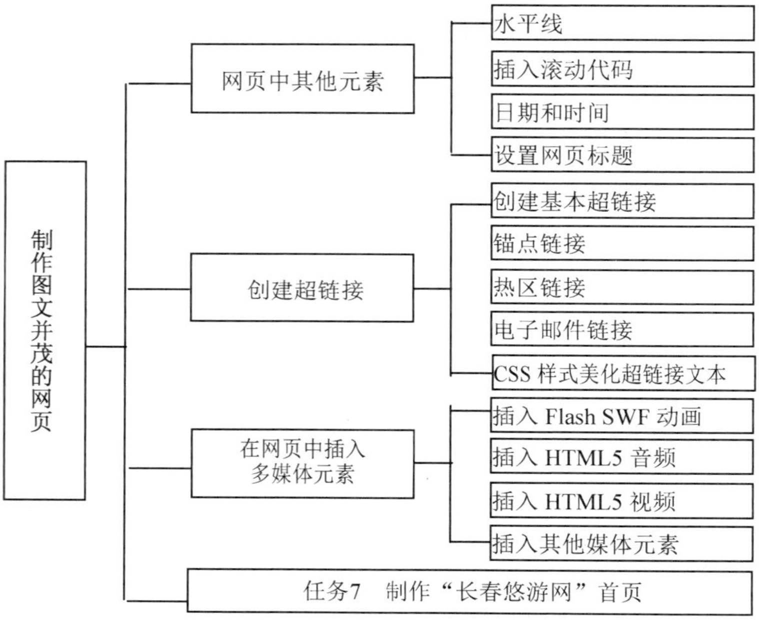

图 4-104　本章项目梳理图

项目测试

一、填空题

1. 网页中最基本的元素是________。

2. 使用 Dreamweaver 中的________菜单中的________命令可以进行多种形式的粘贴。

3. 在 Dreamweaver 中段落的对齐方式一般有________、________、________和________四种方式。

4. 在 Dreamweaver 中所提供列表包括________和________两种。

5. 在 CSS 的文本属性中 color 定义文本的________、font-style 定义文本的________、font-size 定义文本的________、line-height 定义文本的________、text-indent 定义文本的________。

6. 在网页插入水平线的 HTML 代码是________。

7. 在网页中元素滚动的 HTML 代码是________。

8. 在 Dreamweaver 中可以插入的 Flash 动画文件的扩展名为________。

二、选择题

1. 在 Dreamweaver 中实现文本的换行不分段，要执行(　　)操作。

A. Shift+Enter　　B. Alt+Enter

C. Enter　　D. Shift

2. 在 Dreamweaver 中实现文本的换行同时分段，要执行(　　)操作。

A. Shift+Enter　　B. Alt+Enter

C. Enter　　D. Shift

3. 在 Dreamweaver 中，下面关于水平线说法错误的是(　　)。
A. 它的作用为分隔上下面内容，以示区别
B. 可以灵活地设置它的宽度和高度
C. 它要增加很长下载时间
D. 可以为水平标尺设置阴影效果
4. 在 Dreamweaver 中输入连续空格的方法为(　　)。
A. 直接按空格键　　B. 在中文全角状态下按空格键
C. Alt＋空格键　　D. Ctrl＋空格键
5. 在 Dreamweaver 中，下面对象中可以添加热区的是(　　)。
A. 表格　　B. 文字
C. 图像　　D. 任何对象

三、简答题

1. 简述文本和图像在网页中的作用。
2. 简述水平线在网页中的作用。
3. 什么叫命名锚记？在网页中有什么作用？
4. 说一说多媒体元素在网页中的利与弊。
5. 网页中 HTML5 音频和视频支持的文件格式有哪些？

项目实训

一、基本操作

1. 在网页中插入文字和图像并设置属性。
2. 插入水平线和日期的操作。
3. 在“页面属性”对话框设置网页背景的操作。
4. 创建文本和图像超链接，设置链接目标文档的打开方式。
5. 练习创建同一网页内和不同网页的锚记链接操作。
6. 在网页中插入 HTML5 音频和视频。
7. 在网页中插入 Flash 动画。

二、能力拓展：完成下面的任务

要求：
1. 自拟主题，收集素材资料。
2. 根据主题创建一个站点，至少包括 3 个网页，其中一个为主页。
3. 每个网页要有文字、图像等网页元素，其中文字不少于 1/3，网页要美观大方。
4. 网页中包括水平线、项目符号等元素，并为网页设置背景颜色或图像。
5. 各个网页之间设置超链接，包括热区和锚记链接。

项目评估

项目评估测评表

（在□中打“√”，A. 优秀；B. 合格；C. 不合格）

序号	评估项目	评估标准	评估结果
1	专业能力	网页文本及相关的基本操作	□A □B □C
2		网页中图像及相关基本操作	□A □B □C
3		水平线、日期和时间、网页背景的基本操作	□A □B □C
4		创建各种超链接	□A □B □C
5		网页中多媒体元素的插入	□A □B □C
6		独立完成本模块和能力拓展中的任务	□A □B □C
7	社会能力	学习和完成任务过程中与同学、组员沟通和交流能力	□A □B □C
8		明确自己在合作中能起到的作用	□A □B □C
9		能够与成员积极协商，相互配合完成任务	□A □B □C
10		善于发现和分析问题，提出解决的方法并实施	□A □B □C
11		能对解决问题的方法适时作出总结和修改	□A □B □C
12	方法能力	自我学习和时间管理的能力	□A □B □C
13		工作方式及意外的处理能力	□A □B □C
14		能通过多途径获得信息，具有归纳和整理信息的能力	□A □B □C
15		将已经学到的知识应用到新的工作任务中	□A □B □C
16		对所需信息的收集、整理、归纳和展示	□A □B □C
17		数据分析、简单计算和用适当的方法展示数据	□A □B □C
18	创新能力	能发现事物的不足，提出新的需要	□A □B □C
19		能创新性地提出改进的意见和具体方法	□A □B □C
20		能从多种方案中选择最佳方案，并在现有条件下实施	□A □B □C

项目5 表格与表单
——制作“长春悠游网”注册网页

通过前面的学习我们已经创建了“长春悠游网”站点，掌握了利用Dreamweaver CC设计与制作网页中文本、图像以及超链接的基本操作，制作了网页的首页，接下来的任务是制作表格和表单网页。本项目我们要学习网页中插入表格和表单的操作方法和技巧，完成制作“游客基本信息统计表”和“长春悠游网”注册网页的目标。

本章资源

项目教学设计

本章项目教学设计表

知识目标	1. 了解表格的基本结构和在网页中的作用； 2. 掌握表格的基本知识； 3. 认识表单及表单对象； 4. 掌握插入表单及表单元素的方法
能力目标	1. 熟练掌握表格的基本操作和技巧； 2. 掌握在网页中插入表单及表单元素的操作方法； 3. 能够利用表格和表单制作网页
重点与难点	1. 表格网页的操作方法与技巧； 2. 表单网页的编辑与制作
教学方法	“讲授＋任务”训练： 1. 教师讲解并演示操作； 2. 任务训练：学生完成教师指定的训练任务； 3. 拓展训练：学生独立设计制作表格、表单网页； 4. 讨论总结：教师与学生共同总结如何利用Dreamweaver制作表格或表单网页
建议学时	6学时

任务描述

李明在调研及与旅游公司研讨的基础上，确定了旅游网站的主题及站点结构并利用Dreamweaver创建了本地站点，也制作了图文并茂的网页，现在公司让李明制作旅游团队成员信息统计表和网站注册网页。

任务分解

1. 掌握在网页中使用表格进行数据或信息统计的操作方法和技巧。
2. 掌握表单的基本操作方法与技巧。

3. 完成“游客基本信息统计表”和“长春悠游网”注册网页的设计与制作。

知识讲解

5.1 表格的基本操作

我们在学习表格基本操作前要对表格的各元素有基本认识，在表格中横向为行，纵向为列。行列交叉部分叫作单元格。单元格中的内容和边框之间的距离叫边距(又称填充)。单元格和单元格之间的距离叫间距。表格的边线叫作边框。表格各元素如图 5-1 所示。

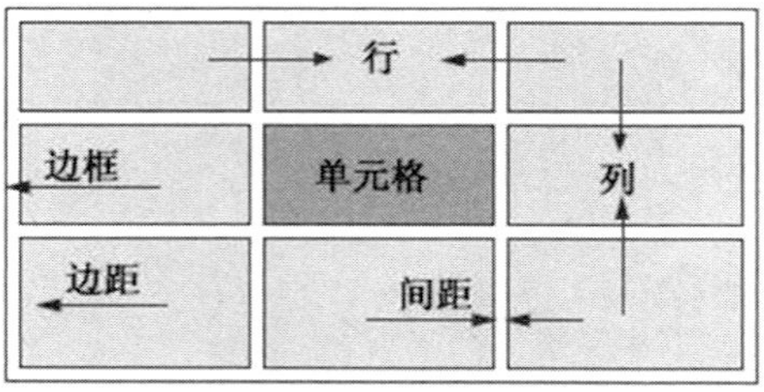

图 5-1 表格元素

5.1.1 插入表格

1. 插入表格

在 Dreamweaver 中创建表格很简单，具体操作如下。

(1)定位光标在要插入表格的位置，然后执行以下操作之一：

- 在菜单栏中单击“插入→表格”命令(快捷键：Ctrl+Alt+T)。
- 在“插入”面板的“常用”选项中，单击“表格”按钮 表格 。

(2)打开“表格”对话框，如图 5-2 所示。

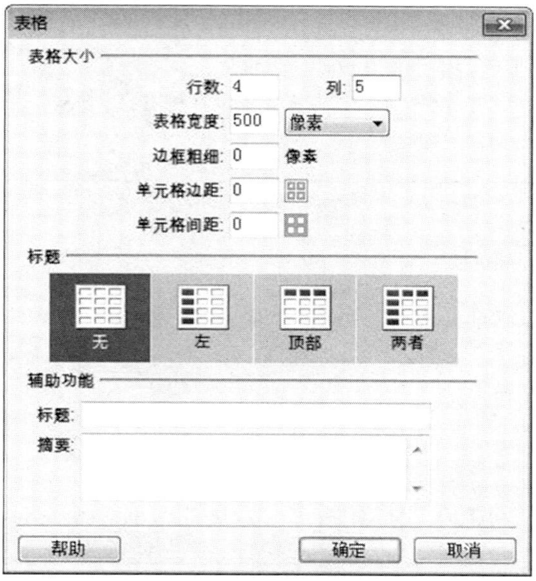

图 5-2 插入“表格”对话框

“行数”与“列”：用于设置表格行和列的数目，分别输入数值“4”和“5”。

“表格宽度”：设置表格的宽度，以像素或百分比为单位。输入数值“500”，单位为像素。

“边框粗细”：指定表格边框的宽度(以像素为单位)。输入数值“0”。

“单元格边距”：设置单元格中内容与单元格边框之间的距离。输入数值“0”。

“单元格间距”：设置相邻单元格之间的距离。输入数值“0”。

[**提示**]用于网页布局的表格通常边框粗细为“0”，这样在浏览器将不显示表格边框。单元格间距和单元格边距默认值不是“0”。

(3)单击“确定”插入了如图 5-3 所示的“4 行 5 列”的表格。

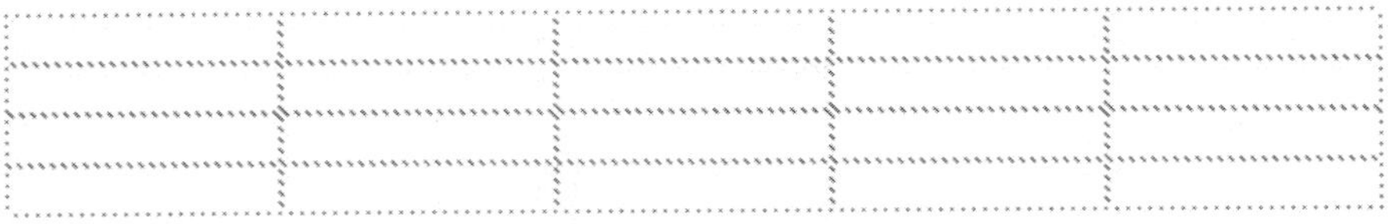

图 5-3　“4 行 5 列”的表格

2. 插入嵌套表格

嵌套表格是在一个表格的单元格内插入表格。具体操作如下。

(1)将光标定位在表格的一个单元格内。

(2)执行插入表格的操作，即可在表格内嵌套表格如图 5-4 所示。

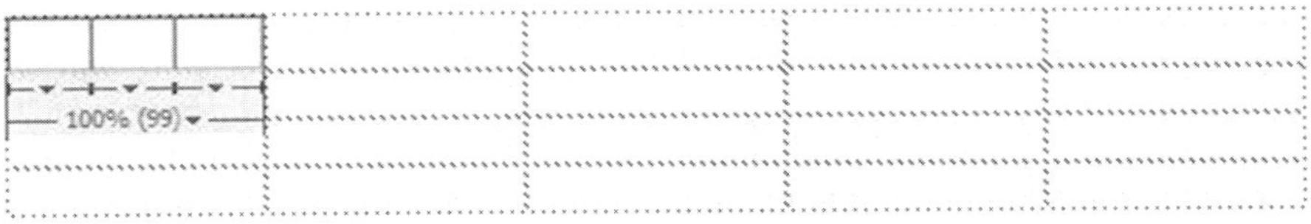

图 5-4　插入嵌套表格

5.1.2　设置表格属性

1. 表格属性

表格被选中之后，可以利用表格属性(图 5-5)来设置或修改表格的属性。

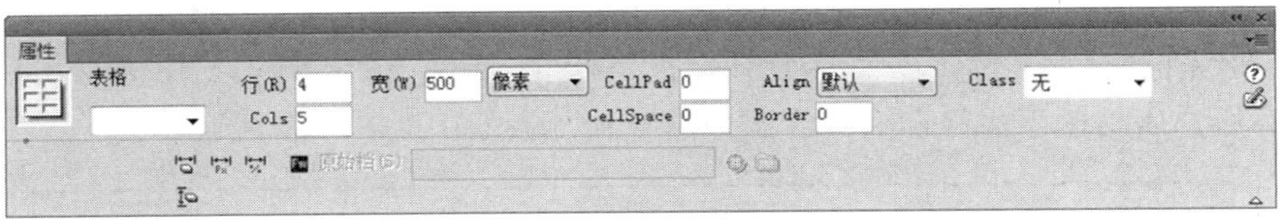

图 5-5　表格属性

- “表格”：设置该表格唯一的标记名称。
- “行(R)”：表格中行的数目，可直接输入数值来更改表格的行数。
- “列(Cols)”：表格中列的数目，可直接输入数值来更改表格的列数。
- “宽(W)”：显示表格的宽度，在下拉列表有像素和百分比两种单位，可直接输入数值来更改表格宽度。

• “对齐(Align)”：可设置整个表格在浏览器中水平方向的对齐方式。

• “填充(CelPad)”：表格的边距，单位是像素，可直接输入数值来更改表格的边距。

• “间距(CellSpace)”：单元格的间距，单位是像素，可直接输入数值来更改单元格的间距。

• “边框(Border)”：表格边框的宽度，单位是像素。0 为虚线框，在浏览器中不显示。

“Class”：设置 CSS 样式。

• “”与“”：用于清除表格的列宽和行高。

• “”与””：可以将表格的宽度转换为像素和百分比。

2. *单元格属性*

单元格被选中或光标定位在单元格中时，可以利用单元格属性(图 5-6)来设置或修改单元格的属性。

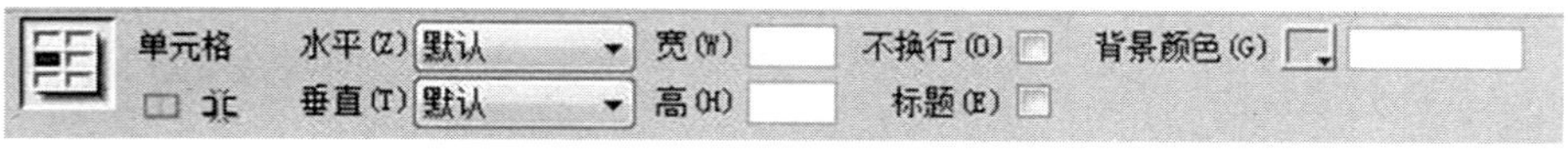

图 5-6　单元格属性

• “水平”和“垂直”：设置单元格内元素的水平对齐方式和垂直对齐方式。默认水平为左对齐垂直为居中。

• “宽和高”：设置单元格的宽度和高度，单位为像素或百分比。

• “背景”和“背景颜色”：为单元格添加背景图像和背景颜色。

• “”：将选择的单元格进行拆分。

• “”：将选择的多个连续的矩形区域的单元格进行合并。

5.1.3　选择表格

1. *选择整个表格*

(1)执行以下操作之一：

• 单击表格的外边框。

• 将光标定位在表格内，在菜单栏中单击“修改→表格→选择表格”命令。

• 将光标定位在表格内，单击文档窗口左下角的“快速标签选择器”中的“<table>”。

(2)所选表格的下边缘和右边缘出现选择控制点如图 5-7 所示。

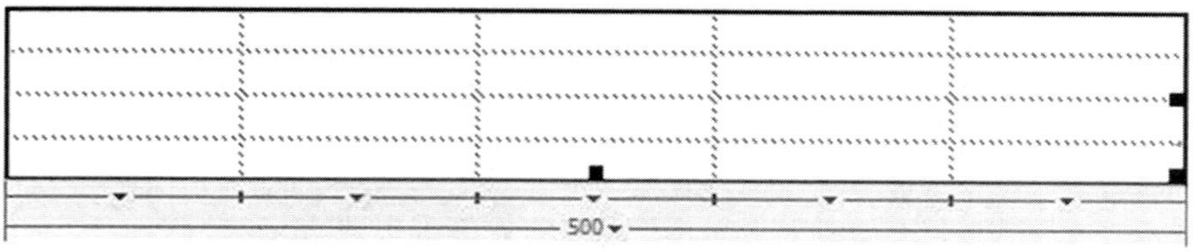

图 5-7　选择整个表格

2. 选择行或列

选择行或列的操作如下。

(1)鼠标指向行的左边缘或列的上边缘，光标变为➡或⬇。

(2)单击鼠标则选择鼠标指向的行或列，如图 5-8 和图 5-9 所示。

图 5-8　选择单行

图 5-9　选择单列

(3)按下鼠标左键拖动鼠标到结束位置松开鼠标，则选择连续的多行或多列。

(4)按 Ctrl 键同时单击鼠标，则可选择不连续的多行或多列。

3. 选择单元格

(1)选择单个单元格，请执行以下操作之一：

• 单击单元格，然后在文档窗口左下角的“快速标签选择器”中单击选择＜td＞标签。

• 在单元格内双击鼠标则可选择该单元格。

• 将光标定位在单元格内，执行快捷键：Ctrl＋A。

(2)选择连续的多个单元格可以执行以下操作之一：

• 单击第一个单元格，按住 Shift 键的同时单击另一个单元格，两个单元格之间的矩形区域内所有的单元格均被选中。

• 在一个单元格中单击并拖动鼠标横向或纵向移动到其他一个单元格，然后松开鼠标，则鼠标经过区域的单元格被选中。

(3)按 Ctrl 键同时单击单元格则可选择不相邻的多个单元格。

5.1.4　表格基本操作

1. 调整表格的宽度

调整表格大小的操作如下。

(1)选择整个表格，在表格的边缘出现 3 个黑色控制点(图 5-7)。

(2)执行以下操作之一调整表格大小：

• 用鼠标拖动这些控制点则可改变表格的大小。拖动右边的控制点可以在水平方向改变表格的大小；拖动底部的控制点可以在垂直方向改变表格的大小；拖动右下角的控制点可以沿对角线方向改变表格的大小。

• 在表格“属性”面板中重新设置“宽度”值，改变表格的大小。

2. 调整行高和列宽

调整行高和列宽的操作如下。

(1)将鼠标移到要调整的行高或列宽的边框上，光标变为÷或⫳。

(2)拖动鼠标即调整行高或列宽如图 5-10 和图 5-11 所示。

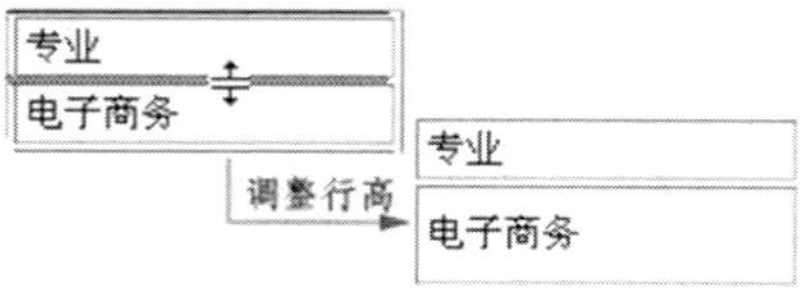

图 5-10　调整行高

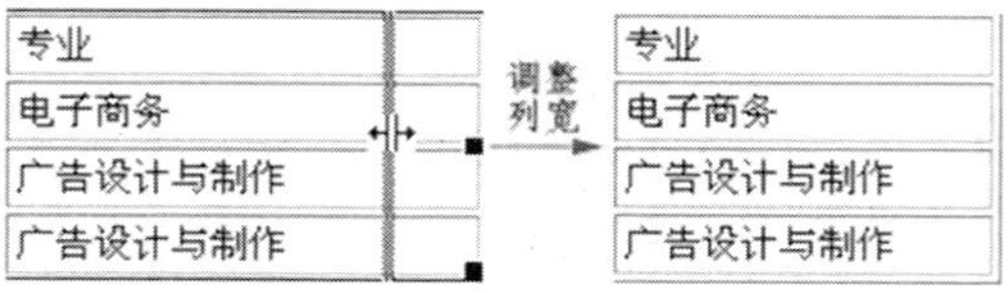

图 5-11　调整列宽

[**提示**]无论是调整表格还是调整行高和列宽，最好在对表格内容排版之后进行。

3. 合并或拆分单元格

合并单元格可以将所选的矩形范围的单元格、行或列合并为一个单元格。拆分单元格可以将一个单元格分成两个或更多单元格。

(1)拆分单元格。

拆分单元格操作如下。

①选择或将光标定位在要拆分的单元格内。

②执行以下操作之一：

- 在菜单栏中单击“修改→表格→拆分单元格”命令(快捷键：Ctrl＋Alt＋S)。
- 在“属性”面板中，单击“拆分单元格”的按钮 。

③打开“拆分单元格”对话框如图 5-12 所示。

④在对话框中选择拆分为“行”或“列”，并设置拆分的行数或列数。例如，这里设置拆分为“行”，行数为“2”。

⑤单击“确定”，单元格被拆分为如图 5-13 所示。

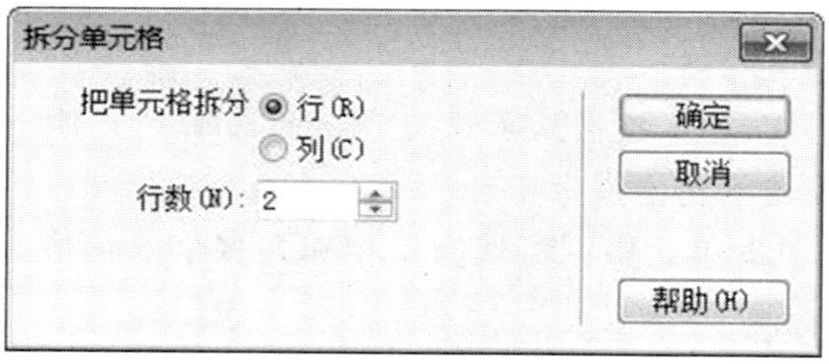

图 5-12　“拆分单元格”对话框

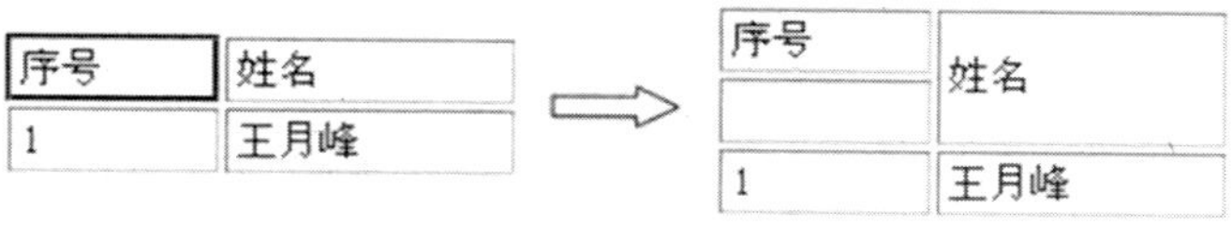

图 5-13　拆分单元格

(2)合并单元格。

合并单元格可以把多个连续的矩形区域的单元格合并为一个单元格。合并单元格的操作如下。

①选择需要进行合并的两个或两个以上连续的矩形范围的单元格。

②执行以下操作之一：

- 在菜单栏中单击“修改→表格→合并单元格”命令(快捷键：Ctrl＋Alt＋M)。
- 在“属性”面板中，单击“合并单元格”按钮 。

③选择的单元格被合并，如图 5-14 所示。

序号	姓名
1	王月峰

⇒

序号	姓名
1	王月峰

图 5-14　合并单元格

[**提示**]拆分操作只适用于一个单元格，如果选择了多个单元格，则拆分命令及按钮将被禁用。合并所选的单元格必须是连续的矩形区域，否则合并单元格命令及按钮被禁用。

4. 插入和删除行或列

插入和删除行或列是编辑表格常用的操作。

(1)插入单行或单列。

在所选择的行、列或单元格的上面及左侧插入单行或单列，操作如下。

①选择行、列或单元格。

②在菜单栏中单击“修改→表格→插入行(快捷键：Ctrl＋M)/插入列(快捷键：Ctrl＋Shift＋A)”命令。“插入列”在所选列的左侧添加一列，如图 5-15 所示。“插入行”在所选行的上面添加一行，如图 5-16 所示。

姓名	性别	年龄
王月峰	男	20
李秋菊	女	19
张少华	男	20

⇒

姓名		性别	年龄
王月峰		男	20
李秋菊		女	19
张少华		男	20

图 5-15　插入单列

序号	姓名	性别	年龄	专业
1	王月峰	男	20	电子商务
2	李秋菊	女	19	广告设计与制作

⇓

序号	姓名	性别	年龄	专业
1	王月峰	男	20	电子商务
2	李秋菊	女	19	广告设计与制作

图 5-16　插入单行

(2)插入多行或多列。

在 Dreamweaver 中不仅可以插入单行或单列，还可以一次插入多行或多列，具体操作如下。

①选择行、列或单元格。

②在菜单栏中单击“修改→表格→插入行或列…”命令，打开“插入行或列”对话框如图 5-17 所示。

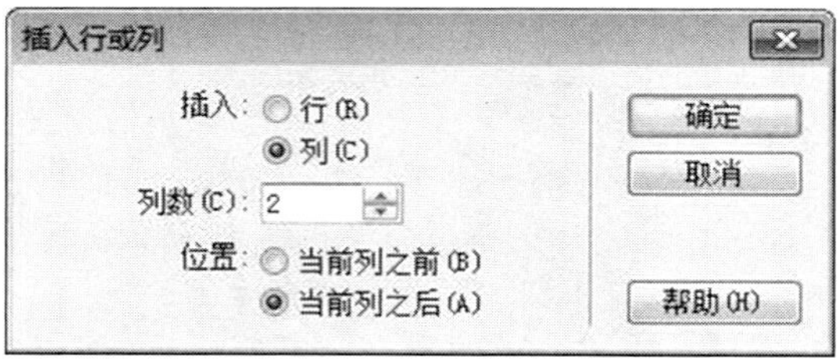

图 5-17 “插入行或列”对话框

③选择插入“列”，列数为“2”，选择“位置”为“当前列之后”，单击确定则插入 2 列，效果如图 5-18 所示。

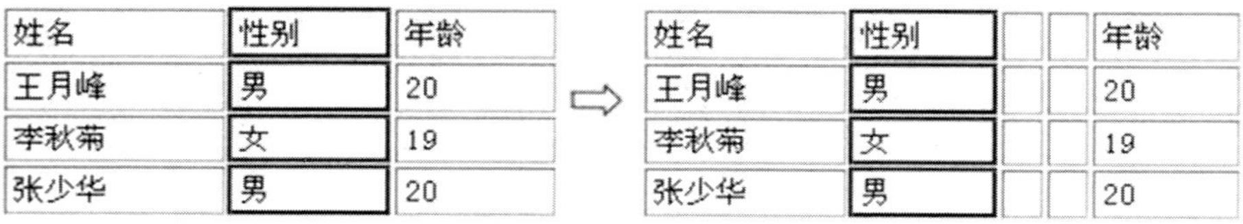

姓名	性别	年龄
王月峰	男	20
李秋菊	女	19
张少华	男	20

姓名	性别			年龄
王月峰	男			20
李秋菊	女			19
张少华	男			20

图 5-18 插入多列

④选择插入“行”，行数为“2”，选择“位置”为“所选之下”，单击“确定”按钮，插入 2 行如图 5-19 所示。

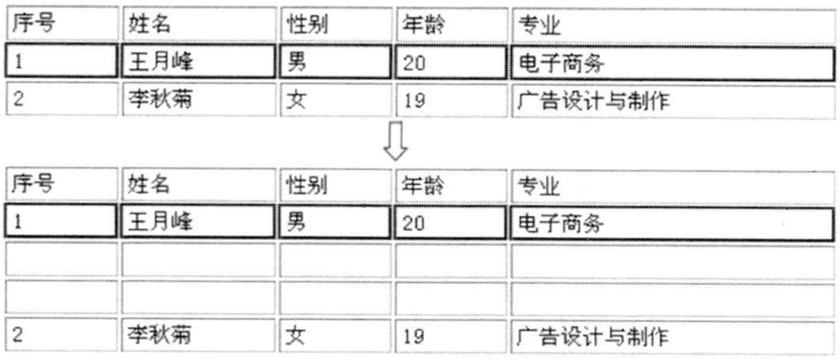

序号	姓名	性别	年龄	专业
1	王月峰	男	20	电子商务
2	李秋菊	女	19	广告设计与制作

序号	姓名	性别	年龄	专业
1	王月峰	男	20	电子商务
2	李秋菊	女	19	广告设计与制作

图 5-19 插入多行

(3)删除行或列。

在表格中删除行或列的操作如下。

①选择要删除的行或列。

②在菜单栏中单击“修改→表格→删除行(快捷键：Ctrl+Shift+M)/删除列(快捷

键：Ctrl＋Shift＋－)”命令。

任务8　制作“游客基本信息统计表”网页

任务目标

熟练掌握网页中表格的操作与技巧，能够利用表格工具制作“电影之旅”精品团游客基本信息统计表，完成后网页如图5-20所示，网页布局结构如图5-21所示。

“电影之旅”精品团游客基本信息统计表

序号	姓名	性别	年龄	家庭地址	电话	QQ	是否有同伴	备注
1	王明	男	40	四川 成都	1377777***	99**8888	无	
2	李梅	女	36	广东 深圳	1388888***	66**8888	无	
3	张山	男	30	河南 洛阳	13600000***	787**878	无	
4	赵楠	女	26	湖南	18888888***	868**686	无	
5	李一婷	女	27	江苏 南京	18999999***	135**777	有	赵明月
6	赵明月	女	26	江苏 南京	15666666***	1357**755	有	李一婷
7	王峰	男	45	山东 曲阜	17666666***	18966*66	有	刘雯 王琳琳
8	刘雯	女	44	山东 曲阜	13100000***	1222*666	有	王峰 刘雯
9	王琳琳	女	17	山东 曲阜	1700777***	875***22	有	王峰 王琳琳
10	邵力	男	39	云南 昆明	19806666***	345**890	无	

图5-20　游客基本信息统计表网页

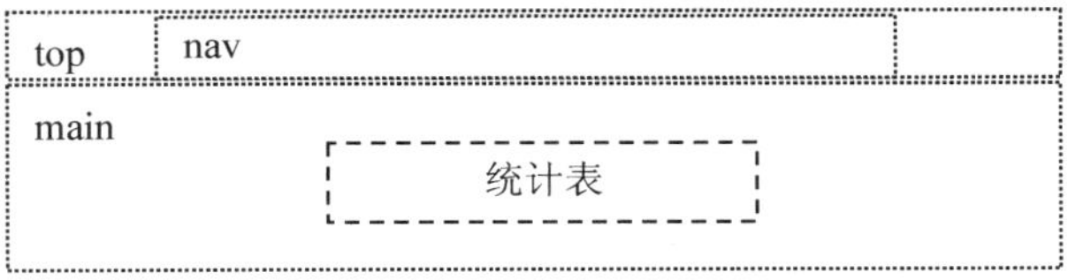

图5-21　游客基本信息统计表网页布局结构

任务实施

1. 在“ccyou”文件夹中新建名为“dyzltjb.html”的文件并打开，同时在CSS设计器中创建“dyzltjb.css”文件，保存在“ccyou”文件夹中的CSS文件夹中。

2. 在文档工具栏“标题”栏内输入：“电影之旅”精品团游客基本信息统计表，定义网页标题。

3. 利用“任务7　制作‘长春悠游网’首页”的操作方法，完成网页顶部导航部分的制作。

4. 在“插入”面板“常用”选项卡中单击“插入Div按钮”，在“top”后插入ID为“main”的Div块元素，“插入Div”对话框如图5-22所示，完成后网页如图5-23所示。

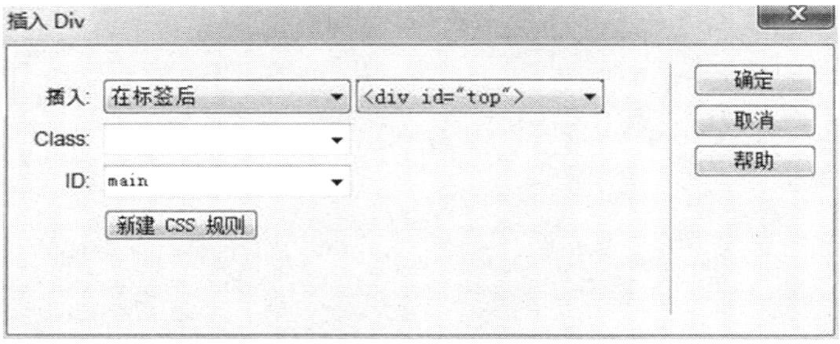

图 5-22 “插入 Div(main)”对话框

图 5-23 插入“main”的网页

5. 切换到“dyzltjb. css”编辑区，定义“#main”样式、宽度、高度和背景等属性，具体 CSS 代码见表 5-1，完成后网页预览效果如图 5-24 所示。

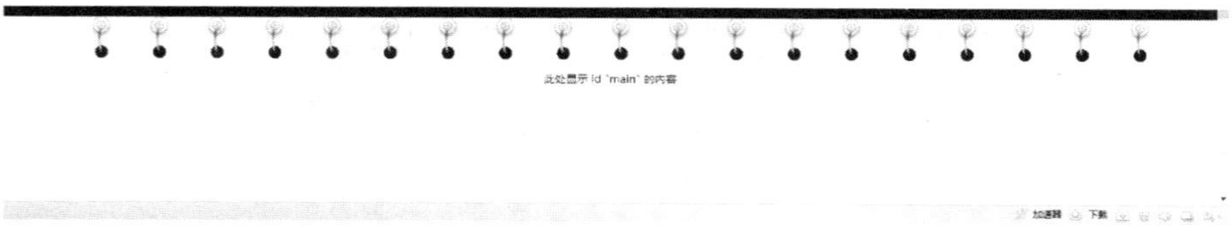

图 5-24 定义#main 后网页预览效果

6. 定位光标在“main”内删除文字，输入表格标题：“电影之旅”精品团游客基本信息统计表。

7. 选择刚刚输入的表格标题，在“属性”面板的 HTML 属性中的“格式(F)”中选择“标题 1”。

8. 切换到“dyzltjb. css”编辑区，定义“#main”中“h1”的字体和颜色等属性，具体代码见表 5-1，完成后网页预览效果如图 5-25 所示。

表 5-1 “＃main”和“＃main h1”CSS 代码

＃main	＃main h1

＃main{
width：1400px；
height：700px；
margin：0 auto；
background：url(.. /image/bk502. png) repeat-x；/＊背景图像 X 轴方向重复＊/
clear：both；
padding-top：70px；
text-align：center；
}
	＃main h1{
	font-family："幼圆"；
	color：＃030；
	line-height：80px；
	font-weight：bold；
	}

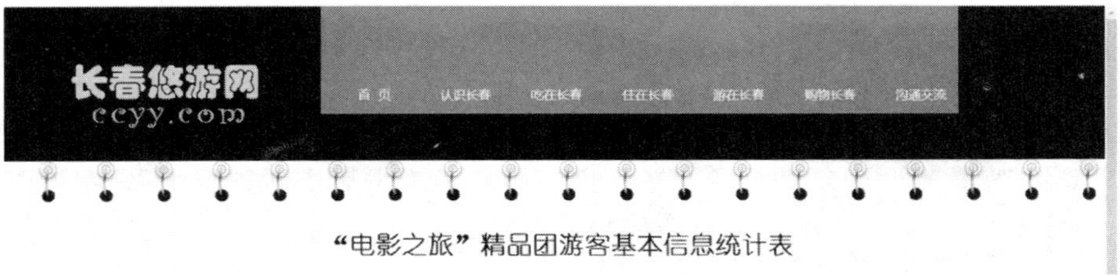

图 5-25 网页预览效果

9.“回车”，换行到标题下一行。然后在菜单中单击“插入→表格”命令，打开“插入表格”对话框。

10. 在对话框中设置，行 11、列 9、表格宽度 900 像素、边框粗细 0、单元格边距 3、单元格间距 1，单击“确定”，则在网页中插入了表格，如图 5-26 所示。

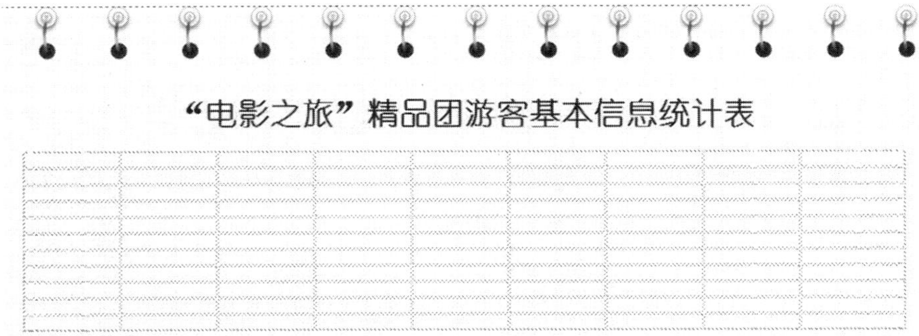

图 5-26 在网页中插入表格

11. 在表格中输入文字内容，具体内容如图 5-27 所示。

“电影之旅”精品团游客基本信息统计表

序号	姓名	性别	年龄	家庭地址	电话	QQ	是否有同伴	备注
1	王明	男	40	四川 成都	1377777***	99**8888	无	
2	李梅	女	36	广东 深圳	1388888***	66**8888	无	
3	张山	男	30	河南 洛阳	13600000***	787**878	无	
4	赵楠	女	26	湖南	18888888***	868**686	无	
5	李一婷	女	27	江苏 南京	18999999***	135**777	有	赵明月
6	赵明月	女	26	江苏 南京	15666666***	1357**755	有	李一婷
7	王峰	男	45	山东 曲阜	17666666***	18966*66	有	刘雯 王琳琳
8	刘雯	女	44	山东 曲阜	13100000***	1222*666	有	王峰 刘雯
9	王琳琳	女	17	山东 曲阜	1700777***	875***22	有	王峰 王琳琳
10	邵力	男	39	云南 昆明	19806666***	345**890	无	

图 5-27　在表格中输入文字内容

12. 选择表格的第一行，在单元格属性面板上设置：水平居中对齐、垂直居中对齐、高 40、勾选“标题”，具体设置如图 5-28 所示。

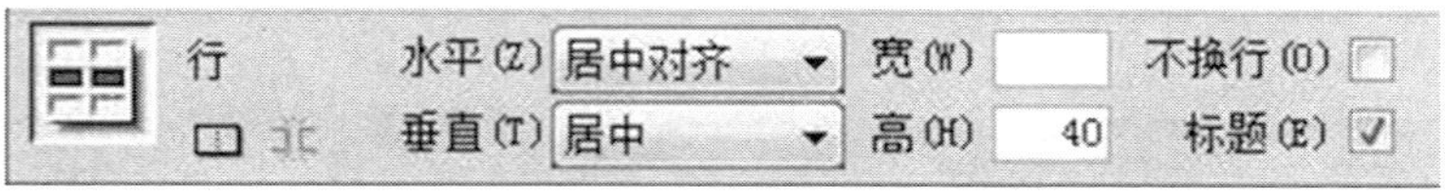

图 5-28　标题单元格属性设置

13. 选择剩余的行，在单元格属性面板上设置：水平居中对齐、垂直居中对齐、高 40，具体设置如图 5-29 所示。完成后表格效果如图 5-30 所示。

图 5-29　单元格属性设置

“电影之旅”精品团游客基本信息统计表

序号	姓名	性别	年龄	家庭地址	电话	QQ	是否有同伴	备注
1	王明	男	40	四川 成都	1377777***	99**8888	无	
2	李梅	女	36	广东 深圳	1388888***	66**8888	无	
3	张山	男	30	河南 洛阳	13600000***	787**878	无	
4	赵楠	女	26	湖南	18888888***	868**686	无	
5	李一婷	女	27	江苏 南京	18999999***	135**777	有	赵明月
6	赵明月	女	26	江苏 南京	15666666***	1357**755	有	李一婷
7	王峰	男	45	山东 曲阜	17666666***	18966*66	有	刘雯 王琳琳
8	刘雯	女	44	山东 曲阜	13100000***	1222*666	有	王峰 刘雯
9	王琳琳	女	17	山东 曲阜	1700777***	875***22	有	王峰 王琳琳
10	邵力	男	39	云南 昆明	19806666***	345**890	无	

图 5-30　设置单元格属性后表格

14. 切换到“dyzltjb.css”编辑区，定义表格(table)、标题单元格(table th)和单元格(table td)属性，具体见表 5-2。

表 5-2 “table”“table th”和“table td”CSS 代码

table	table th	table td
table{ background-color:#060;/* 背景颜色 */ margin:auto;}/* 设置表格水平居中对齐 */	table th{ background-color:#A9DA73; }/* 背景颜色 */	table td{ background: url (../image/bk503.png);}/* 背景图像 */

15. 保存并预览网页，完成“电影之旅”精品团游客基本信息统计表的制作，效果如图 5-20 所示。

任务总结与拓展

学生通过完成游客统计网页的制作，熟悉了表格的相关操作和技巧，同时也能够运用 CSS 对表格样式进行编辑。学生总结完成任务过程中出现的问题及解决方法，并与同学、教师交流表格的操作技巧与注意事项。利用 Dreamweaver 中表格的操作制作一个个人简历网页，并与教师和同学分享和交流。

5.2 创建表单

表单是网站的重要组成元素，会员登录、用户注册、邮箱申请、调查反馈等都需要用表单来实现。

5.2.1 表单概述

表单(form)主要用来收集用户的信息，并将其提交到服务器，从而实现网站管理者与客户之间的交互。如信息搜索、问卷、调查表、会员注册等。图 5-31 就是一个用表单制作的会员注册网页。

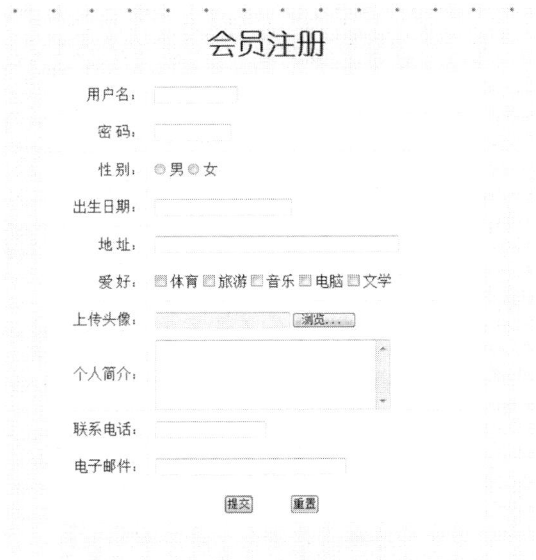

图 5-31 用表单制作的会员注册网页

表单一般由两部分组成：一是在网页中用来收集信息的表单对象，包括表单、文本元素、复选框、单选按钮、按钮等表单元素；二是对表单内容进行处理的应用程序，可以是基于服务器的，也可以是客户端的。这里我们主要学习如何创建表单网页，对于表单的程序处理则需另外学习。

5.2.2 表单对象

表单对象是指构成表单的元素。在“插入”面板的“表单”选项卡中，包含了构成表单的所有元素。在菜单栏中单击“插入→表单”命令，在级联菜单也列有表单的所有元素(图 5-32)。

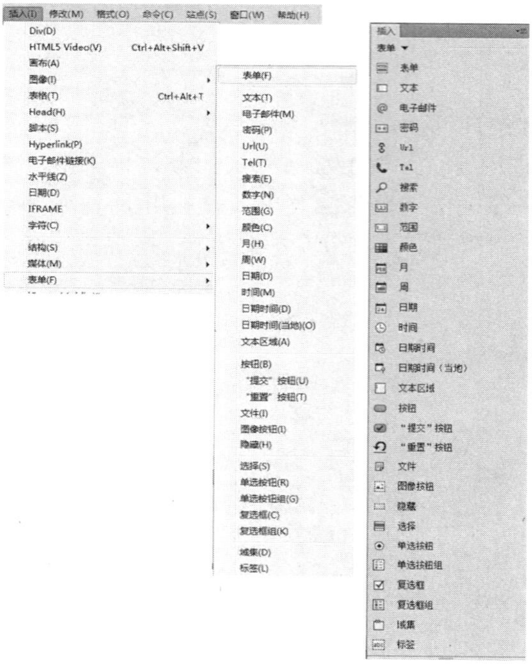

图 5-32 “插入”菜单和“插入”面板中的“表单”命令

5.2.3 插入表单

向文档中插入表单的操作如下。

(1)定位光标在文档中要插入表单的位置。

(2)执行以下操作之一：

- 在菜单栏中单击“插入→表单→表单(F)”命令。
- 在“插入”面板的“表单”选项卡中单击“表单”按钮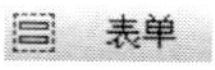

。

(3)向文档中插入了“表单”标签，添加“表单”标签后的文档会出现一个红色的虚线框，如图 5-33 所示。

(4)定位光标在表单标签内或单击红色虚线框选择表单，表单“属性”面板如图 5-34 所示。

图 5-33　在文档中插入“表单”

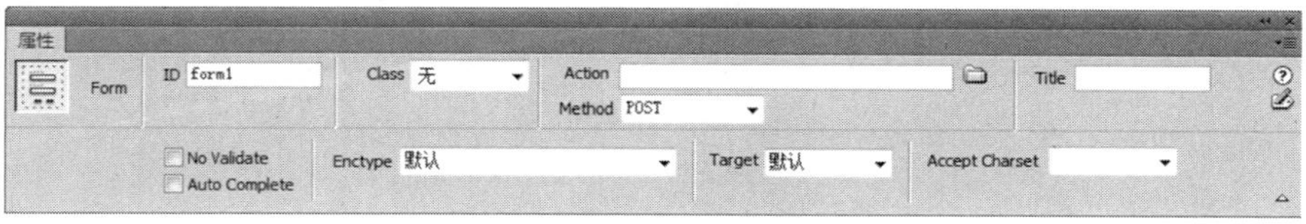

图 5-34　“表单属性”面板

[**提示**]红色虚线的隐藏，可以通过菜单“查看→可视化助理”命令，取消级联菜单中“不可见元素”的选择。

“ID”：输入标记该表单的唯一名称，名称以任意英文字符或数字组成，但不能以数字开头，也不能包含空格、反斜线、逗号等特殊字符。

Class：定义表单或表单元素的 CSS 样式。

Action：指定用以处理表单数据的脚本程序的 URL。点击后面的按钮选择脚本程序，如果在动作中输入“mailto：电子邮件地址”，则将会把表单内容以文本形式发到指定的邮箱中。

[**提示**]选择脚本或应用程序的 URL，必须是程序或文件夹的完整路径。

Title：设置有关元素的标题信息。

Method：指定表单的传送方式，即将表单数据以何种方式传送给“动作”指定的脚本程序进行处理。有 POST 和 GET 两种方式，其中 POST 方式将表单数据封装在消息体中传送，可传送较大的数据；GET 方式只能传送不超过 8192 字节的数据，而且安全性较差，不能用于传送账号、密码、信用卡号等。默认的设置为 GET 处理方式。

Target(目标)：指定显示脚本程序返回数据时，浏览器窗口的打开方式。

Enctype：指定发送至服务器的数据的 MIME 编码类型。有两个选项，在选择 POST 传送方式的情况下，MIME 类型默认选项为 application/x-www-form-urlencoded 选项，如果要创建文件上传域，选择 multipart/form-data MIME 类型。

No Validate：勾选则禁止 HTML5 表单验证。

Auto Complete：勾选则用户在浏览器中输入信息的时候将自动填充值。

Accpet Charest：指定用于表单提交的字符编码。

5.2.4　创建文本元素

文本表单元素是用来让用户输入文本信息的表单对象。Dreamweaver 中提供的用于输入文本类的表单元素有：文本、电子邮件、密码、Tel、数字和文本区域 6 种，均是输入文本类的表单元素，只是输入的内容不尽相同，各个文本类表单元素的属性也基本相同。以创建单行文本域为例的操作方法如下。

(1)打开素材文件“biaodan. html”(图 5-35)，将光标定位在“用户名:”右侧单元格内。

图 5-35 “biaodan. hmtl 素材”文件

(2)执行以下操作之一：

- 在菜单栏中单击“插入→表单→文本(T)”命令。
- 在“插入”面板的“表单”选项卡中，单击“文本”按钮。

(3)在网页中插入带标签的单行文本域，如图 5-36 所示。

图 5-36 网页中插入文本域

(4)删除文本框前面的标签，单击选择文本框，属性如图 5-37 所示。

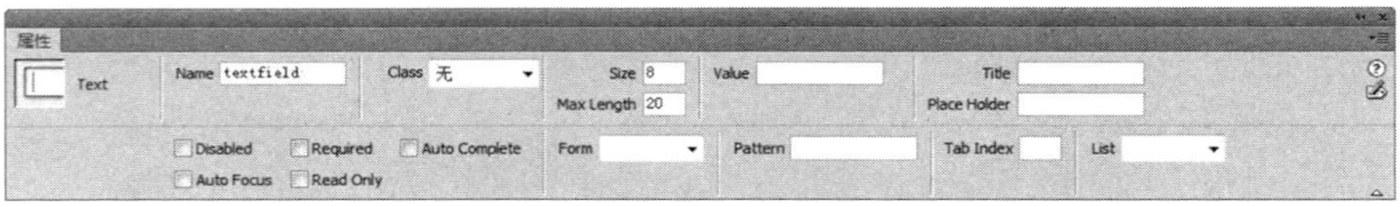

图 5-37 文本域属性

- name：文本域的名称，输入该文本域唯一标记名称。
- Size：字符宽度，输入数值用于指定文本域显示的字符宽度。默认值为 24 个字符。
- Max Legth：最多字符数，设定用户可以在该域中输入的最多字符数。
- Value：初始值，设置文本域的默认状态下显示的文本。
- Disabled：勾选此项，则浏览器禁用该元素。
- Required：勾选则此项为必填项。
- Auto focus：勾选则网页加载时自动获得焦点。

- Read Only：勾选则为只读，禁止用户输入文本，显示方式正常。
- Form：设置元素所属的一个或多个表单。
- Place holder：描述输入文本字段的预期值的提示。
- Pattern：规定用于验证元素值的正则表达式。
- Tab Index：规定元素在当前文档的 Tab 键的顺序。

(5)在“属性”面板上设置字符宽度为 8，最多字符数为 20，具体见图 5-37。

(6)定位光标在“密码”后面的单元格内，在插入面板的表单选项卡单击“密码”，插入“密码”表单元素，在“属性”面板上设置字符宽度为 8，最多字符数为 20。

(7)利用样的方法分别选择：文本、文本区域、Tel 表单元素，为地址、联系电话、个人简介、E-mail 创建表单元素。其中地址：字符宽度为 40、最多字符数为 100；联系电话：字符宽度为 15、最多字符数为 20；E-mail：字符宽度为 30、最多字符数为 100；个人简介：行数(Rows)5、Cols(一行最多字符数)为 30，完成后表单如图 5-38 所示。

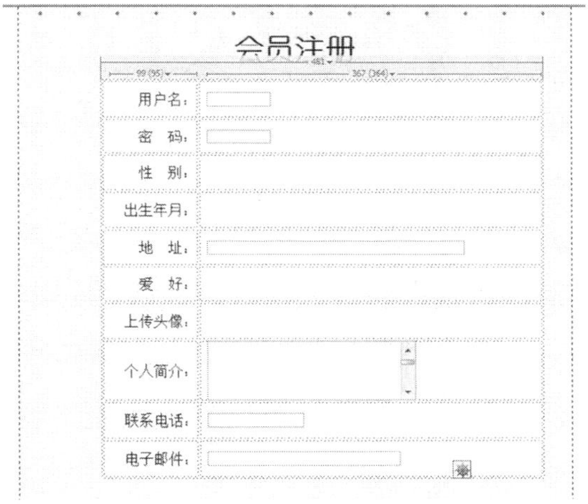

图 5-38　创建文本元素后的表单网页

5.2.5　创建复选框

Dreamweaver CC 允许用户在一组数据中选择多个选项。如“爱好”，可以设定多个选项供用户选择。Dreamweaver CC 中提供了“复选框”和“复选框组”两个选项，复选框一次插入一个复选框，复选框组一次插入一组多个复选框。以复选框组为例的操作如下。

(1)定位光标在“爱好”右侧单元格内。执行以下操作之一：

- 在菜单栏中单击“插入→表单→复选框组(K)”命令。
- 在“插入”面板“表单”选项卡中，单击“复选框组”按钮 复选框组。

(2)打开“复选框组”对话框，如图 5-39 所示。

“名称”：输入该复选框组唯一的标记名称。

“＋”和“—”：用于增加和删除复选项目。

“向上”或“向下”箭头：用于调整选项的排序。

“布局，使用”：选择复选项的布局形式。有“换行符”“表格”两个选项。这里选择

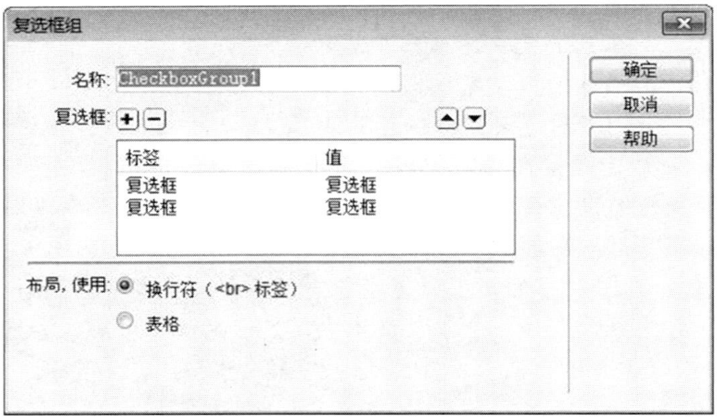

图 5-39 “复选框组”对话框

“换行符”。

(3)在对话框中选择“标签”下的“复选框”修改为“体育”，值不变。修改另一个标签为“旅游”。单击“+”增加标签并修改为“音乐”。重复操作增加“电脑”“文学”两个选项，完成后单击“确定”按钮插入复选框组，网页效果如图 5-40 所示。

图 5-40 创建复选框的表单网页

(4)将光标定位在“体育”后面，按 Delete 键，调整“旅游”与体育在同一行内，同样将其他选项也调整到同一行内并插入空格调整间距。

(5)单击选择一个复选框，“属性”面板如图 5-41 所示。

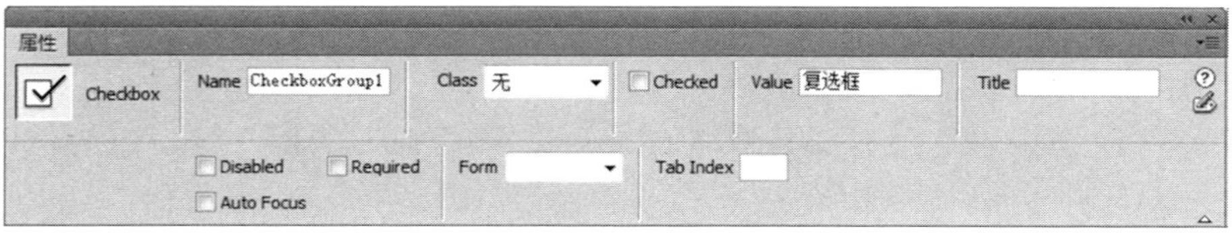

图 5-41 复选框“属性”面板

- Checked：勾选，则在网页加载时即已选中该选项，浏览者可以取消选择。

5.2.6 创建单选按钮

在多个选项中只选择一项时，采用“单选按钮”，如“性别”，Dreamweaver CC 中提供了“单选按钮”和“单选按钮组”两个选项，以创建单选按钮组为例的操作如下。

(1)定位光标在“性别”右侧单元格内。执行以下操作之一：

- 在菜单栏中单击“插入→表单→单选按钮组(G)”命令。
- 在“插入”面板“表单”选项卡中，单击“单选按钮组”按钮 单选按钮组 。

(2)打开“单选按钮组”对话框，如图 5-42 所示。

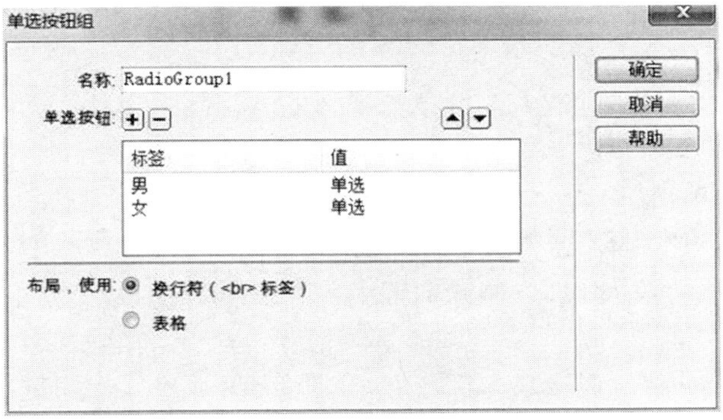

图 5-42 “单选按钮组”对话框

(3)利用与复选框组相同的操作方法，设置男、女标签，然后单击“确定”，插入单选按钮组，并调整位置，完成后如图 5-43 所示。

图 5-43 创建单选按钮组

(4)单选按钮的属性与复选框相同。

5.2.7 创建时间元素

在 Dreamweaver 中，时间类的表单元素有：月、周、日期、时间、日期时间、日期时间(当地)六种，均是与时间有关的表单元素，以日期为例的操作法如下。

(1)定位光标在“出生日期”右侧单元格内，执行以下操作之一：

- 在菜单栏中单击“插入→表单→日期(D)”命令。
- 在“插入”面板“表单”选项卡中，单击“日期”按钮 日期 。

(2)删除日期选框前面的文字标签(Date:)，保存并预览网页，单击下拉按钮选择具体的日期，如图 5-44 所示。

图 5-44 网页中日期下拉选项

5.2.8 创建文件域

通过文件域，浏览者可以浏览其计算机上的某个文件，并将该文件作为表单数据上传。文件域的外观与文本域类似，只是文件域增加了一个“浏览”按钮。浏览者可以手动输入要上传的文件的路径，也可以使用“浏览”按钮选择文件，创建文件域的操作如下。

(1)定位光标在“上传头像”右侧的单元格里。

(2)执行以下操作之一：

- 在菜单栏中单击“插入→表单→文件(I)”命令。
- 在“插入”面板“表单”选项卡中，单击“文件”按钮 文件 。

(3)文档中插入了“文件域”，删除前面的标签文字，完成后如图 5-45 所示。

图 5-45 网页插入文件域

5.2.9 创建按钮

按钮可以控制表单的操作。使用按钮可将表单数据提交到服务器或者重置该表单。Dreamweaver 中按钮类的表单元素有：按钮、“提交”按钮、“重置”按钮，创建按钮的操作为：

(1)定位光标在最下面的单元格里。

(2)执行以下操作之一：

- 在菜单栏中单击“插入→表单→按钮(B)”命令。
- 在“插入”面板“表单”选项卡中，单击“提交”按钮 “提交”按钮 。

(3)向文档中插入一个“提交”按钮。

(4)重复上述操作，在“提交”按钮旁边插入一个“重置”按钮，在“提交”按钮与“重置”按钮中间插入“不换行空格”，完成后网页如图 5-46 所示。

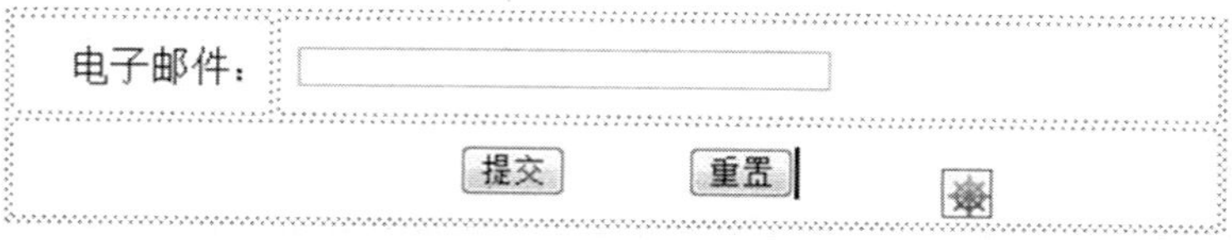

图 5-46 在网页中插入按钮

(5)单击选择“提交”或“重置”按钮，在“属性”面板(图 5-47 是“重置”按钮的“属性”面板)中的 Value 项可以更改按钮上的文字。

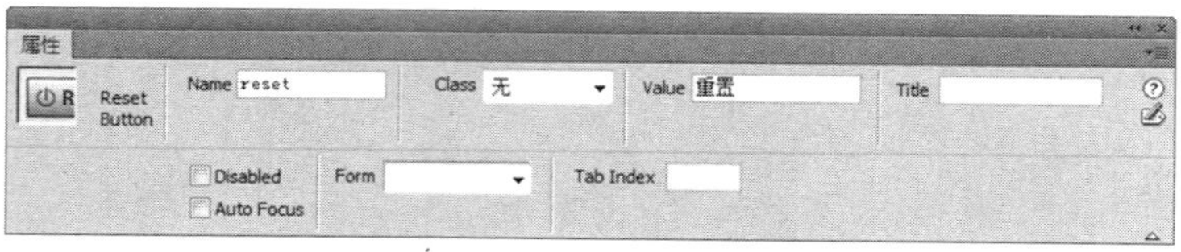

图 5-47 “重置”按钮“属性”面板

(6)保存完成会员注册页面的设计，预览效果如图 5-31 所示。

5.2.10 创建选择元素

在 Dreamweaver 中表单中的“选择”可以创建下拉列表或列表选项供浏览者选择，具体操作如下。

(1)定位光标，然后执行以下操作之一：

- 在菜单栏中单击“插入→表单→选择(S)”命令。
- 在“插入”面板“表单”选项卡中，单击“选择”按钮 选择 。

(2)单击选中“选择元素”，“属性”面板如图 5-48 所示。

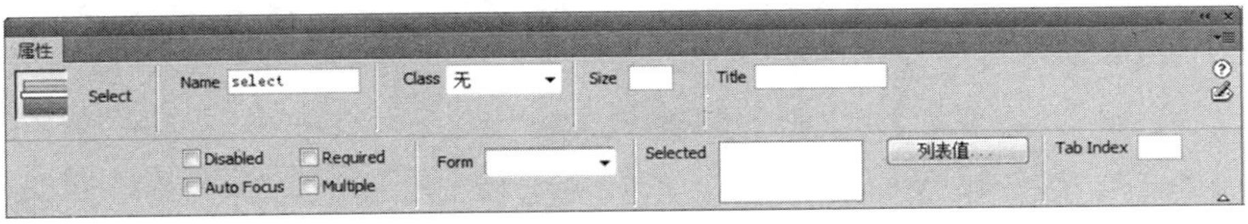

图 5-48 “选择”属性面板

(3)在“属性”面板上单击“列表值…”，打开“列表值”对话框，如图 5-49 所示。

图 5-49 “列表值”对话框

(4)在对话框中选择“项目标签”下的单击激活文本框，输入第一个项目标签“管理学”单击“+”增加项目标签并输入“经济学”。重复操作增加“生物学”“管理学”标签，完成后网页效果如图 5-50 所示。

(5)在“属性”面板上勾选 Multiple，则显示方式由下拉列表变为列表选项，Size 用于设置显示的行数，完成后网页效果如图 5-51 所示。

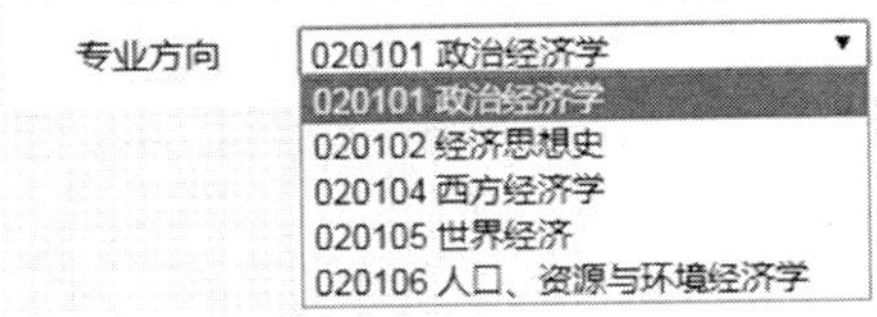

图 5-50 下拉列表效果

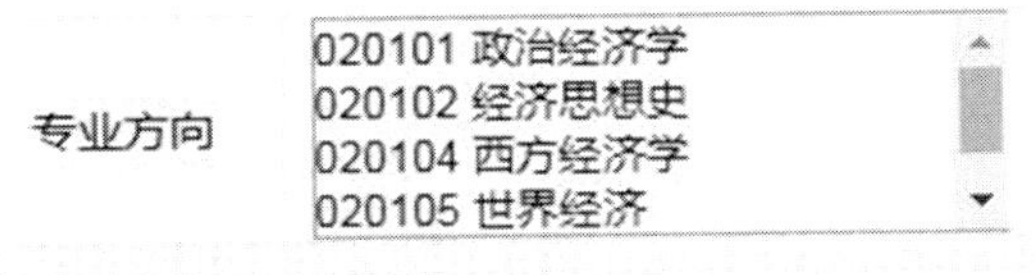

图 5-51 列表选项效果

任务9　制作“长春悠游网”注册网页

任务目标

熟练掌握表格、表单的知识和操作方法，能够利用表格、表单工具完成“长春悠游网”中的注册页面的设计与制作，完成后页面效果如图 5-52 所示。

图 5-52　网站注册页面

任务实施

1. 打开 Dreamweaver，并打开“长春悠游网”站点中“goutong”文件夹中的“zhuce. html”素材文件，文件中除了表单元素的其他内容已制作完毕，如图 5-53 所示。

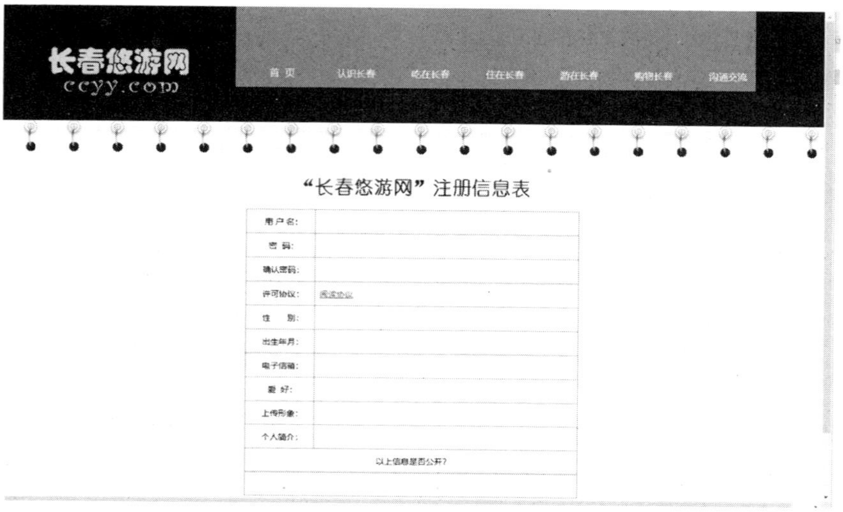

图 5-53　素材网页

2. 定位光标在“用户名”右侧的单元格内，在菜单栏中单击“插入→表单→文本(T)”命令，插入单行文本域。

3. 删除标签文本，在文本域的“属性”面板上设置：Size(字符宽度)16、Max Length(最多字符数)40，具体如图5-54所示。

图 5-54　文本域“属性”面板

4. 定位光标在“电子邮箱”右侧的单元格内，在菜单栏中单击“插入→表单→电子邮件(M)”命令，插入“电子邮件”表单元素。

5. 删除标签文本，在“属性”面板上设置：Size(字符宽度)40、Max Length(最多字符数)60。

6. 定位光标在“密码”右侧的单元格内，在菜单栏中单击“插入→表单→密码(P)”在属性面板设置Size(字符宽度)8、Max Length(最多字符数)16。

7. 重复上述操作，在确认密码右侧插入“密码”域，“属性”设置与密码相同，完成后网页如图5-55所示。

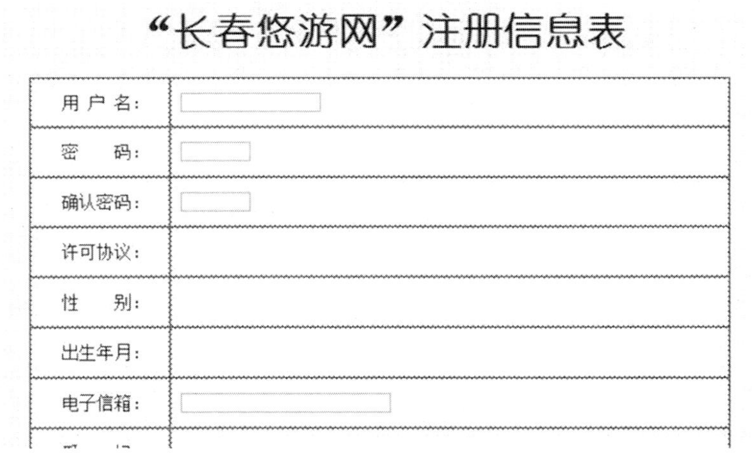

图 5-55　插入文本和密码

8. 将光标定位在“许可协议”右侧单元格的“阅读协议”前，在菜单栏中单击“插入→表单→单选按钮组(G)”命令，打开单选按钮组对话框，如图5-56所示。

9. 增加“同意”和“不同意”两个标签(图5-56)，单击“确定”插入单选按钮组，调整按钮为同一行。

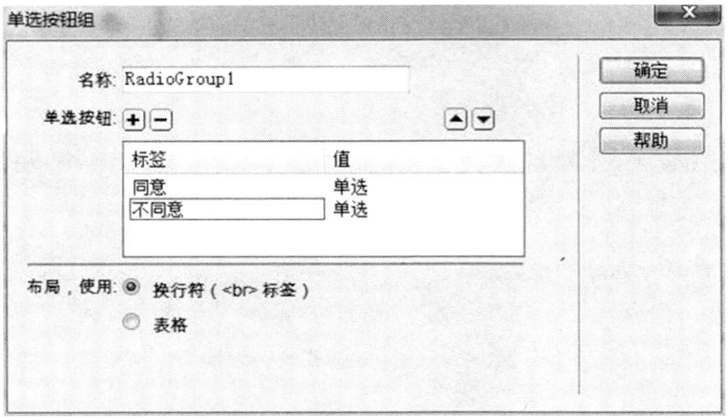

图 5-56 “单选按钮组”对话框

10. 定位光标在“性别”右侧单元格内，重复插入单选按钮组的操作，增加“男”“女”单选按钮，完成后网页如图 5-57 所示。

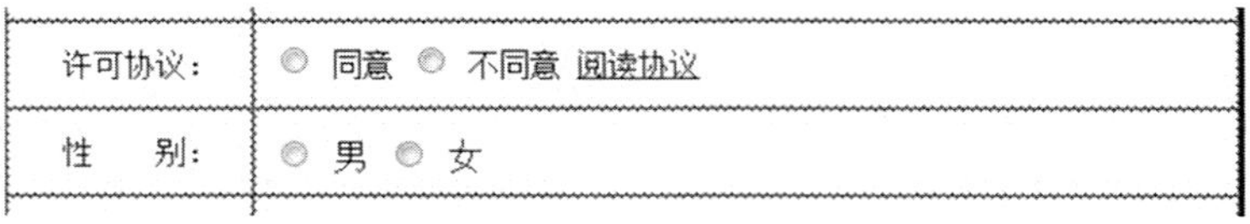

图 5-57 插入单行按钮组

11. 定位光标在“出生年月”右侧单元格内，在菜单栏中单击“插入→表单→月(H)”命令，插入“月”元素，删除标签文字“Month:”，完成后网页效果如图 5-58 所示。

图 5-58 插入“月”的网页

12. 定位光标在“爱好”右侧单元格内，在菜单栏中单击“插入→表单→复选框组(K)”命令，打开插入“复选框组”对话框，如图 5-59 所示。

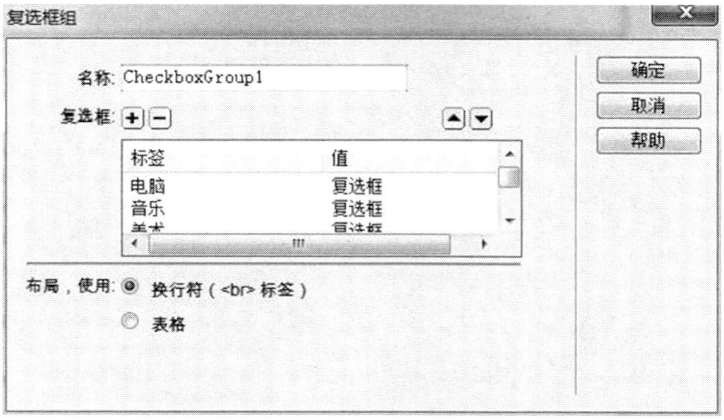

图 5-59 “复选框组”对话框

13. 在对话框中将“标签”修改为“电脑”，值不变。依次添加“音乐、美术、读书、体育”四个标签，然后单击“确定”，插入“复选框组”并调整为一行，网页如图5-60所示。

图5-60　插入“复选框组”

14. 定位光标在“上传形象：”右侧单击格内，在菜单栏中单击“插入→表单→文件(I)”命令，插入“文件域”，删除标签文字，网页如图5-61所示。

图5-61　插入“文件域”

15. 定位光标在“个人简介：”右侧单元格内，在菜单栏中单击“插入→表单→文本区域(A)”命令，插入“文件区域”，删除标签文字。

16. 选择插入的“文本区域”，在“属性”面板上设置：行数(Rows)4、Cols(一行最多字符数)为30，具体如图5-62所示，完成后网页如图5-63所示。

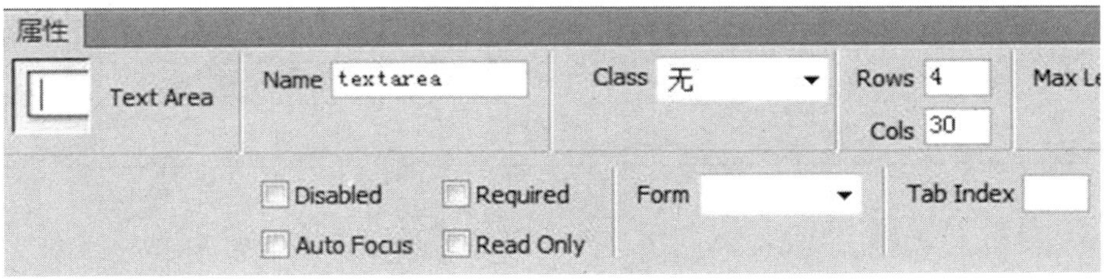

图5-62　设置“文本区域”属性

图5-63　插入“文本区域”

17. 定位光标在“以上信息是否公开?”右侧，在菜单栏中单击“插入→表单→单选按钮组(G)”命令，打开插入“单选按钮组”对话框，增加“是”“否”两个标签，具体设置如图5-64所示。

18. 单击“确定”，调整两个单选按钮为一行，完成后网页如图5-65所示。

19. 将光标定位在表格最下方的空白单元格内，在菜单栏中单击“插入→表单→提交按钮(U)”命令。

20. 单击选择插入的按钮，在“属性”面板中将“Value”后面文本框中的“提交”更改为“我写完了，提交”，具体如图5-66所示。

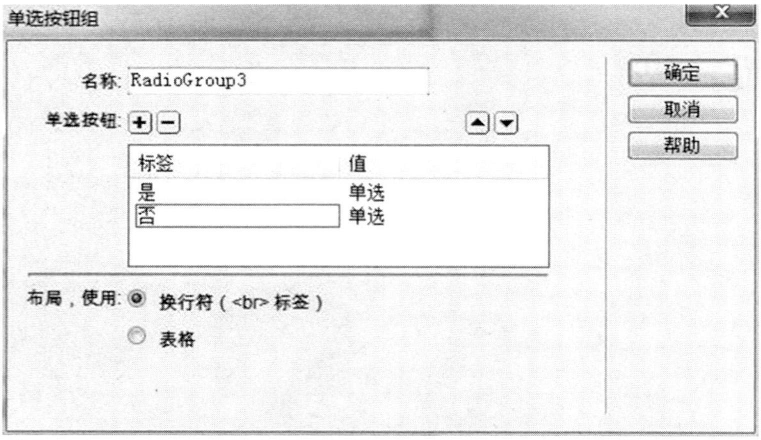

图 5-64　插入“单选按钮组”对话框

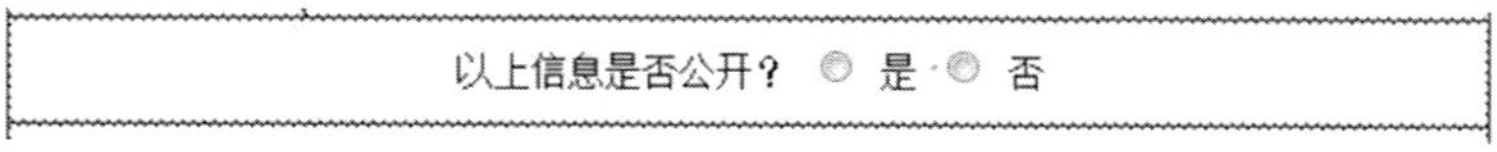

图 5-65　插入单选按钮组

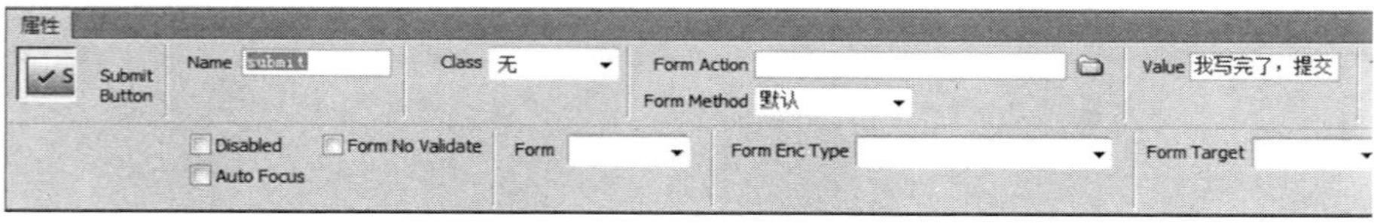

图 5-66　“提交”按钮属性面板

21. 利用相同方法插入“重置”按钮，“属性”面板设置，“Value”为“重填”。完成后网页如图 5-67 所示。

图 5-67　插入提交与重置按钮

22. 保存并预览网页，完成注册网页的制作。

任务总结与拓展

学生通过表单网页的制作，熟悉表单及表单元素的操作方法与技巧。学生总结完成任务过程中出现的问题及解决方法，并与同学、教师交流制作表单网页的技巧与注意事项。设计并制作一个意见收集的表单网页。

项目梳理

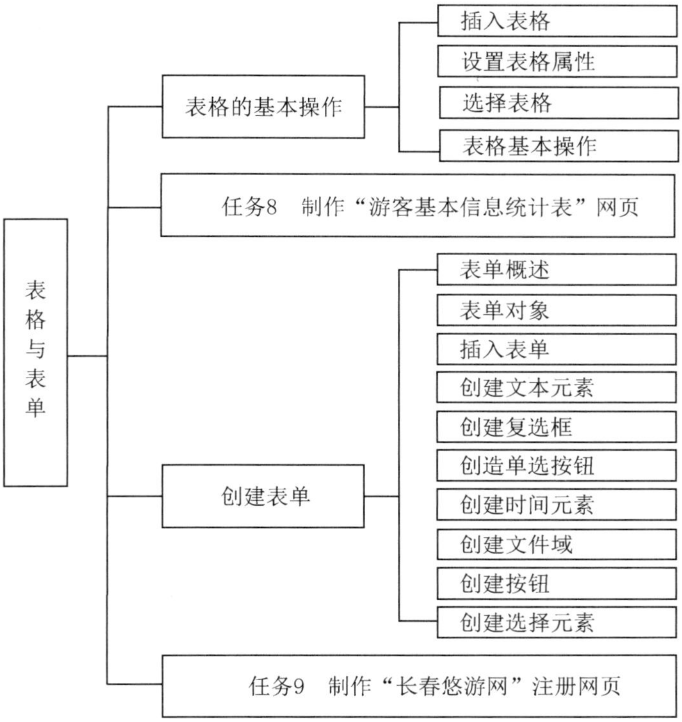

图 5-68 本章项目梳理图

项目测试

一、填空题

1. 在表格中横向为________，纵向为________，其交叉部分是________。

2. 表格的宽度有两个单位选项，分别是________和________。

3. 合并单元格按钮可以将所选的________范围的________、________或________合并为一个单元格。拆分单元格按钮可以将________单元格分成________或________。

4. ________主要用来收集用户的信息，并将其提交到服务器，从而实现网站管理者与客户之间的交互。

5. 在表单中，________是在一组选项中可以多选的，________是在一组选项中只能选择一项。

6. 表单一般由两个部分组成，一是________，包括表单、文本元素、复选框、单选按钮、按钮等表单元素；二是对表单内容________。

二、选择题

1. 下面(　　)是单元格的标签。

A. ＜table＞　　B. ＜td＞　　C. ＜div＞　　D. ＜body＞

2. 表格属性中，设置(　　)表示单元格内的内容与单元格边界之间的距离。

A. 边框　　B. 间距　　C. 填充　　D. 距离

3. 下面(　　)是表单的标签。

A. <form>　　B. <frame>　　C. <html>　　D. <body>

三、简答题

1. 简述调研各网站注册或反馈等表单页面的特点。
2. 说明表单在网页中的作用是什么？经常应用在哪些方面？
3. 说一说表格在网页中的应用。

项目实训

一、基本操作

1. 熟悉表格的基本操作。
2. 熟练在网页中插入表单的操作方法。
3. 练习在网页中插入表单元素及属性设置的操作方法。

二、能力拓展：完成下面的任务

制作网站满意度调查页面。

要求：

1. 调研网站满意度页面包括的必要项目和内容。
2. 为“长春悠游网”设计与制作一个网站满意度调查表网页。
3. 适当设计背景或其他可视化元素，增加网页的美观性。

项目评估

项目评估测评表

(在□中打“√”，A. 优秀；B. 合格；C. 不合格)

序号	评估项目	评估标准	评估结果
1	专业能力	网页表格布局及相关的基本操作	□A　□B　□C
2		能够制作带有表格的网页	□A　□B　□C
3		理解表单的基本概念	□A　□B　□C
4		创建表单的基本操作	□A　□B　□C
5		在网页中创建表单元素的基本操作	□A　□B　□C
6		独立完成本模块和能力拓展中的任务	□A　□B　□C
7	社会能力	学习和完成任务过程中与同学、组员沟通和交流能力	□A　□B　□C
8		明确自己在合作中能起到的作用	□A　□B　□C
9		能够与成员积极协商，相互配合完成任务	□A　□B　□C
10		善于发现和分析问题，提出解决的方法并实施	□A　□B　□C
11		能对解决问题的方法适时作出总结和修改	□A　□B　□C

续表

序号	评估项目	评估标准	评估结果
12	方法能力	自我学习和时间管理的能力	□A □B □C
13		工作方式及意外的处理能力	□A □B □C
14		能通过多途径获得信息，具有归纳和整理信息的能力	□A □B □C
15		将已经学到的知识应用到新的工作任务中	□A □B □C
16		对所需信息的收集、整理、归纳和展示	□A □B □C
17		数据分析、简单计算和用适当的方法展示数据	□A □B □C
18	创新能力	能发现事物的不足，提出新的需求	□A □B □C
19		能创新性地提出改进的意见和具体方法	□A □B □C
20		能从多种方案中选择最佳方案，并在现有条件下实施	□A □B □C

项目 6　Div+CSS 布局——制作“吃在长春”网页

通过前面的学习中，我们已经能够设计与制作简单的图文并茂的网页，也能够制作表格和表单网页，我们接下来将学习如何利用 Div+CSS 布局复杂的网页。本项目我们就要学习 Div、CSS 的基本知识与操作技巧，完成制作“吃在长春”网页的目标。

本章资源

项目教学设计

本章项目教学设计表

知识目标	1. 了解 Div+CSS 布局的基本知识； 2. 熟悉常见的布局类型
能力目标	1. 熟练掌握 Div+CSS 布局的基本操作和技巧； 2. 能够运用 Div+CSS 布局设计制作网页
重点与难点	1. Div+CSS 布局的基本操作技巧； 2. Div+CSS 布局设计制作网页
教学方法	“讲授＋任务”训练： 1. 教师讲解并演示操作； 2. 任务训练：学生完成教师指定的训练任务； 3. 拓展训练：学生自拟主题、收集素材，利用 Div+CSS 设计制作网页； 4. 讨论总结：教师组织学生共同总结如何利用 Div+CSS 设计制作网页
建议学时	6 学时

任务描述

Div+CSS 已经成为网页布局的主流工具，李明在公司也接受了要能熟练使用 Div+CSS 设计与制作网页的任务，并完成“长春悠游网”中“吃在长春”专栏网页的设计与制作。

任务分解

1. 掌握在网页中使用 Div+CSS 布局的操作方法和技巧。
2. 掌握 Div+CSS 常见布局形式。
3. 完成“吃在长春”专栏网页的制作。

知识讲解

6.1 Div+CSS 布局基础

6.1.1 Div 宽度与水平居中

1. 关于网页内容的高度与宽度

浏览者浏览网页是通过浏览器浏览的，而浏览器受显示器宽度和高度的限制。一般来说，高度(纵向)是可以向下无限延伸的，浏览者通过拖动滚动条向下浏览。但宽度就要考虑到显示器的宽度了。目前的显示器的分辨率不统一，有 1024px×786px、1440px×900px 等多个规格，网页设计者要考虑大多数人使用显示器的分辨率，虽然显示器大小受限，但也不能为了多放内容就满屏都是内容，为了美观和便于阅读一定要在两侧有留白。

因此，目前来说，div 块元素的宽度介于 900～1024px，这样一是可以兼顾大多数显示器和兼顾美观的需要，二是避免浏览者使用水平方向的滚动条。

2. Div 如何水平居中

通常可以利用设置 Div 的左、右外边距实现 Div 在窗口中水平居中的效果，具体是将 margin-left 和 margin-right 的值设置为 auto，auto 是自动、左右两侧外边距相等，从而实现了水平居中的效果(图 6-1)，具体代码如下：

```
#top {
    width:500px;
    margin-left:auto;/*左外边距*/
    margin-right:auto;/*右外边距*/
    background-color:#E8D0FF;
}
```

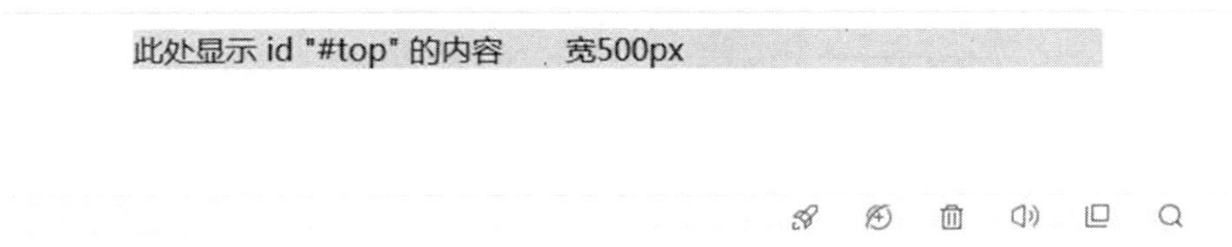

图 6-1　Div 水平居中

6.1.2 CSS 的优先级与简写

1. CSS 规则的优先级

当两个或多个 CSS 规则应用于同一元素上时，就要根据 CSS 优先级来应用规则。总体来说，CSS 规则是遵循就近原则的，但 CSS 优先级也是有相应定义的。

(1)不同级别的优先顺序：! important >内联样式>ID 选择器 >类选择器 >标签选择器 >通配符 >继承>浏览器默认属性。

(2)同一级别：遵循就近原则，后面的样式会覆盖前面的样式。

2. CSS 简写

为了便于使用者操作，CSS 样式表有很多简写的方式。常见的 CSS 简写有：

(1)margin (外边距)与 padding (内边距)：Div 的内、外边距四个方向是可以分别定义的，正常就分别进行书写，如一个 Div 的上、右、下、左的外边距分别是 5px、10px、15px、20px，不简写的语法格式为：

```
margin-top:5;margin-right:10px;margin-bottom 15;margin-left 20px;
```

根据各个边距值是否相同可以简写为以下几种：

①四个边距值均不相同，按顺时针方向书写：上、右、下、左，简写为 4 个数值：

```
Margin:5px;10px;15px;20px;/*上:5px、右:10px、下:15px、左 20px*/
```

②四个边距值相同可简写为 1 个数值：

```
margin:5px;
```

③上下、左右分别相同时，可简写为两个数值：

```
margin:5px 10px;/*上、下:5px,左、右:10px*/
```

④左右相等上下不相同时，可简写为 3 个数值：

```
margin:5px 10px 15px;/*上:5px、左、右:10px、下:15px*/
```

⑤只有上下相等时不能简写。

Padding 内边距的简写规则与 margin 相同。

(2)border(边框)：用于设置 Div 边框的样式，简写的顺序是：粗细、线型、颜色。如当四个边框相同时简写为：

```
border-width:5px;border-style:solid;border-color:blue;
```

简写为：

```
border:3px solid #blue;/* 四个边粗细为 3px、线形为实线、颜色为蓝色*/
```

(3)font(字体)。字体可定义字体、大小、行高、颜色和是否倾斜等，简写顺序是：

font-style(倾斜)、font-variant(小型大写)、font-weight(加粗)、font-size(大小)/line-height(行高)、font-family(字体)。

其中 font-size 和 line-height 要用“/”连接写在一起，省略的属性为默认值，如下面的例子：

```
font:italic bold 14px/20px 宋体;/* 倾斜、加粗、大小 14px/行高 20px、宋体*/
```

(4)background(背景)。背景可以设置颜色、图像、如何重复等属性，简写的顺序是：

background-color(背景颜色)、background-image(背景图像)、background-repeat(图像如何重复)、background-attachment(固定或滚动)、background-position(位置)，具体写法如下：

```
background:#999 url(image/bj9.jpg) no-repeat 0 0;/*颜色:#999、背景图像、不
```

重复、X 轴位置:0、Y 轴位置:0(位置在左上角)*/

(5)list-style。用于定义列表的样式，有三个属性：list-style-type(项目符号类型)、list-style-position(项目符号位置)、list-style-image(使用图像做项目符号)，同时定义 list-style-type 与 list-style-image 时，list-style-image 优先级高于 list-style-type。简写顺序为：

list-style-type、ist-style-position、list-style-image，具体写法如下：

```
li{
list-style-type:circle;/*实心圆*/
list-style-position:outside;/*位于文本左侧*/
list-style-image:url(../image/jt01.gif);/*使用图像标记*/

}
```

在上面的代码中，由于 list-style-image 的优先级高于 list-style-type，所以列表最终在网页中显示的是图像符号，如图 6-2 所示。

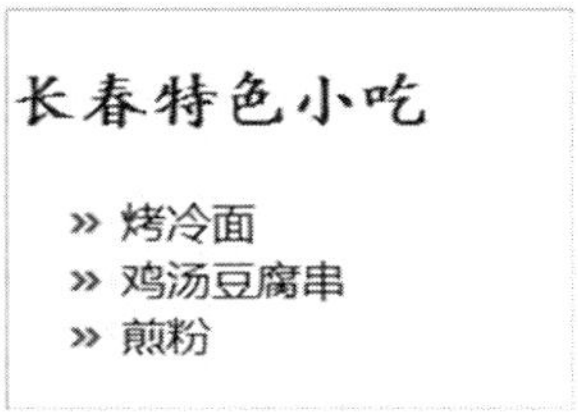

图 6-2　图像项目符号

6.1.3　浮动与定位

1. 浮动(float)

按照默认的规则，每个块元素在网页中都是独占一行的，但通过 float 属性在空间足够的情况下，一行可以放两个或多个块元素。float 有 left、right、none 和 inherit 四个值，具体见表 6-1。

表 6-1　float 常用属性

序号	属性	描　　述
1	left	块元素在容器中向左侧浮动
2	right	块元素在容器中向右侧浮动
3	none	默认值，元素不浮动
4	inherit	继承父级容器属性

在下面的实例中，在父级元素(main)中放置了两个 Div 块元素(m-l、m-r)，利用 float 分别设置了向左和向右浮动，网页显示效果如图 6-3 所示。

```
<! doctype html>
<html>
```

```
<head>
<meta charset="utf-8">
<title>float 属性</title>
<style type="text/css">
  #main { width:500px;height:350px;margin:0 auto;border:1px double #0099FF ;}
  #m-l { width:200px;height:120px;float:left;}
  #m-r { width:200px;height:120px;float:right;}
</style>
</head>
<body>
<div id="main">
  <p>此处显示  id "main" 的内容 宽 500px</p>
    <div id="m-l">
    <p>id "m-l"向左浮动</p>
    <p>宽 200px</p>
  </div>
  <div id="m-r">
    <p>id "m-r"向右浮动</p>
    <p>宽 200px</p>
  </div>
</div>
</body>
</html>
```

图 6-3　float 设置

2. 清除(clear)

用于规定元素的哪一侧不允许其他浮动元素。常用的值有：left、right、both 和 none，具体见表 6-2。

表 6-2　clear 常用属性

序号	属性	描　述
1	left	清除左侧浮动元素
2	right	清除右侧浮动元素
3	both	清除两侧浮动元素
4	none	默认值。允许两侧出现浮动元素

3. 定位(position)

利用 CSS 定位(position)，可以实现对块元素的精确定位控制，position 常用的属性有 static、relativ 和 absolute，具体见表 6-3。

表 6-3　position 常用属性

序号	属性	描　述
1	static	默认值。静态定位方式
2	relativ	相对定位方式，设置 Left、right、top、bottom 的偏移量实现相对自身位置进行定位的方式。图 6-4 就是将图 6-3 中“m-l”增加了“position：relative；left：25px;”的效果。“m-r”增加了“position：relative；right：：25px;”的效果
3	absolute	绝对定位方式。设置 Left、right、top、bottom 实现相对定位的父级元素位置进行定位的方式，若父级未定位，则以 body 为依据。图 6-5 就是将图 6-3 中“m-l”增加了 position：absolute；left：25px；的效果，由于父级元素 main 未定位，“m-l”就以 body 为依据左侧偏移了 25px

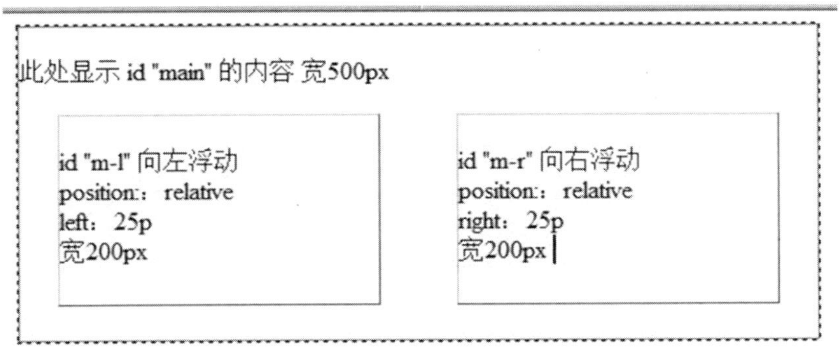

图 6-4　相对定位的网页

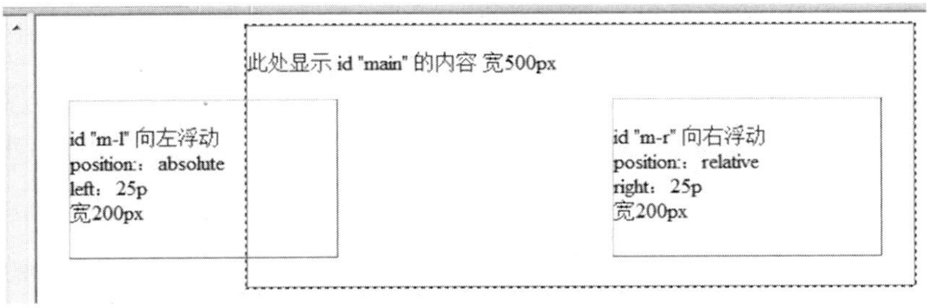

图 6-5　绝对定位的网页

6.2 常见的布局类型

6.2.1 Div+CSS 布局基本流程

利用 Div+CSS 进行网页布局时，要首先对网页的整体进行版块划分，将网页分割为若干个块，然后通过合理的摆放形成网页的整个结构。具体的流程为：

(1)分块：将网页分为若干个 Div 块元素。

(2)定位：合理分配各个块元素的位置。

(3)大小：确定各个块元素的大小。

(4)定版：利用 CSS 布局各块元素的大小、位置和相互关系。

图 6-6 就是将“长春悠游网”首页的版面分割，图 6-7 是网页的布局结构。

图 6-6 “长春悠游网”首页版面分割图

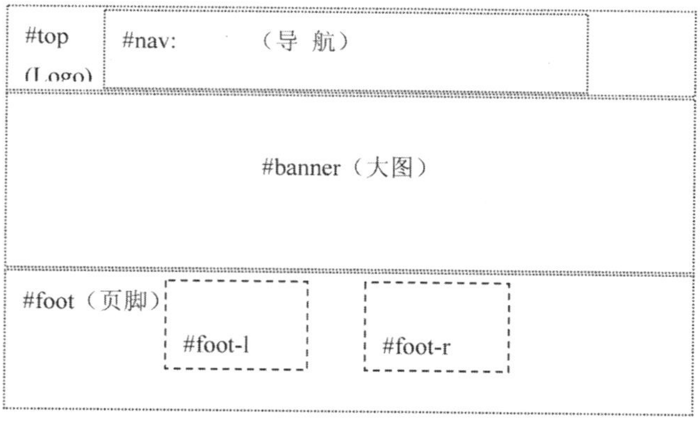

图 6-7 “长春悠游网”首页页面结构图

6.2.2 垂直单列布局

单列垂直布局就是按垂直方向从上到下进行网页布局。如图 6-8 所示页面结构，其代码见表 6-4。

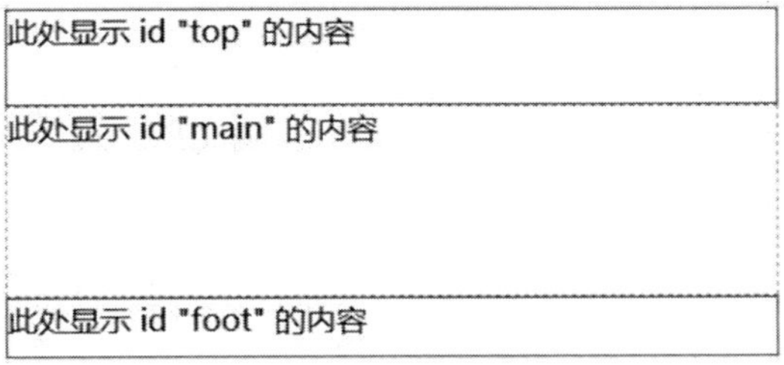

图 6-8　垂直单列布局

表 6-4　垂直单列网页代码及 CSS 代码

网页代码	CSS 代码

<! doctype html>
<html>
<head>
<meta charset="utf-8">
<title>无标题文档</title>
<link href = " D06css/D0604. css " rel = " stylesheet" type="text/css">
</head>
 	
<body>
<div id="top">此处显示 id "top" 的内容</div>
<div id="main">此处显示 id "main" 的内容</div>
<div id="foot">此处显示 id "foot" 的内容</div>
</body>
</html>
	@charset "utf-8";
	* {
	margin:0 auto;/ * 所有块元素上、下外边距为 0，水平居中对齐 * /
	}
	#top {
	width:800px;
	height:100px;
	border:1px solid #F00 ;
	}
	#main {
	width:800px;
	height:300px;
	border:1px dashed #0CC;
	}
	#foot {
	width:800px;
	height:100px;
	border:1px solid #F00 ;
	}

6.2.3　左、右两列布局

左、右两列布局是利用 float 属性，将 Div 块元素左右摆放。一般是左侧为导航区宽度会窄一点、右侧为主要内容区宽度会宽一点。如图 6-9 所示页面结构，其代码见表 6-5。

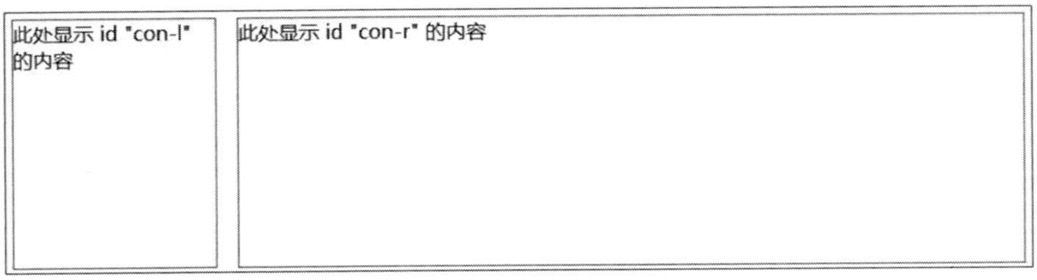

图 6-9　左、右两列布局

表 6-5　左、右两列垂直单列网页代码及 CSS 代码

网页代码	CSS 代码

<! doctype html>
<html>
<head>
<meta charset="utf-8">
<title>无标题文档</title>
<link href="D0605.css" rel="stylesheet" type="text/css">
</head>
 	
<body>
<div id="con">
<div id="con-l">此处显示　id "con-l" 的内容</div>
<div id="con-r">此处显示　id "con-r" 的内容</div>
</div>
</body>
</html>
	@charset "utf-8";
	#con {
	width:1000px;
	height:600px;
	margin:0 auto;
	border:1px solid #00F;
	padding:10px;
	}
	#con-l {
	width:200px;
	height:595px;
	float:left;/*向左浮动*/
	border:1px double #F00;
	}
	#con-r {
	width:780px;
	height:595px;
	float:right;/*向右浮动*/
	border:1px double #F00;
	}

在上面的代码中，“con”宽度是 1000px，“con-l”的宽度是 200px、边框是 1px，“con-r”的宽度是 780px、边框是 1px，“con-l”与“con-r”的宽度加起来是：200＋1＋1＋780＋1＋1＝984px，而 984px 小于“con”的 1000px，所以，当“con-l”与“con-r”分别设置了左、右浮动后，中间出现了空白(图 6-9)。

6.2.4　左、中、右三列浮动布局

利用 CSS 的浮动属性，float 可以实现左、中、右三列布局的效果。在实际应用时，可以是“1＋1＋1”三列均是单独的布局结构，也可是“1＋(1＋1)”一列单独＋两列组合布局，如图 6-10 所示页面结构是“1＋1＋1”的三列单独布局，其代码见表 6-6。

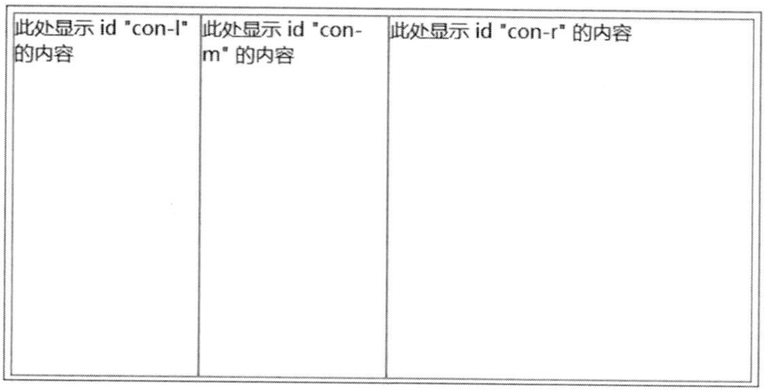

图 6-10　三列布局结构

表 6-6　左、中、右两列垂直单列网页代码及 CSS 代码

网页代码	CSS 代码

<! doctype html>
<html>
<head>
<meta charset="utf－8">
<title>无标题文档</title>
<link href="D0606. css" rel="stylesheet" type="text/css">
</head>
 	
<body>
<div id="con">
　<div id="con-l">此处显示　id "con-l" 的内容</div>
　<div id="con-m">此处显示　id "con-m" 的内容</div>
　<div id="con-r">此处显示　id "con-r" 的内容</div>
</div>
</body>
</html>
	@charset "utf－8";
	#con {
	　width:600px;
	　height:300px;
	　margin:0 auto;
	　border:1px solid #00F;
	　padding:5px;
	}
	#con-l {
	　width:150px;
	　height:295px;
	　float:left;/* 向左浮动 */
	　border:1px double #F00;
	}
	#con-m {
	　width:150px;
	　height:295px;
	　float:left;/* 向左浮动 */
	　border:1px double #F00;
	}
	#con-r {
	　width:294px;
	　height:295px;
	　float:right;/* 向右浮动 */
	　border:1px double #F00;
	}

6.2.5　多行多列和通栏布局

在实际应用中我们经常会遇到需要多行多列和通栏的布局结构，前面模块的例子多数都是多行多列混合布局，图 6-11 是多行多列通栏布局结构，代码见表 6-7。

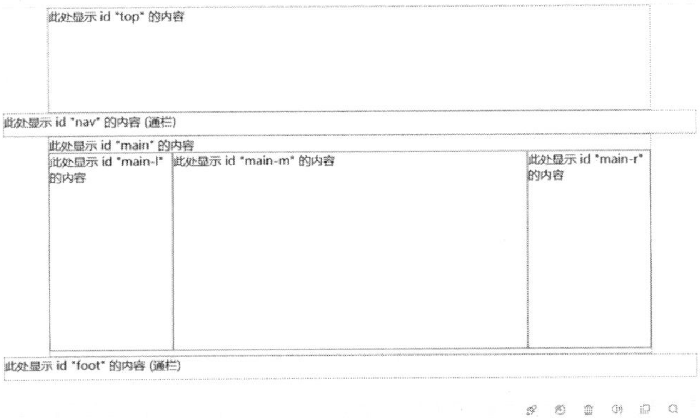

图 6-11　多行多列通栏布局结构

表 6-7　多行多列通栏网页代码及 CSS 代码

网页代码	CSS 代码

<! doctype html>
<html>
<head>
<meta charset="utf-8">
<title>无标题文档</title>
<link href="D06css/d0607.css" rel="stylesheet" type="text/css">
</head>
 	
<body>
<div id="top">此处显示　id "top" 的内容</div>
<div id="nav">此处显示　id "nav" 的内容(通栏)</div>
<div id="main">
　<p>此处显示　id "main" 的内容</p>
　<div id="main-l">此处显示　id "main-l" 的内容</div>
　<div id="main-m">此处显示　id "main-m" 的内容</div>
　<div id="main-r">此处显示　id "main-r" 的内容</div>
　<p> </p>
</div>
<div id="foot">此处显示　id "foot" 的内容(通栏)</div></body>
</html>
	@charset "utf-8";
	* {
	　　margin:0 auto;
	}
	#top {
	　　width:800px;
	　　height:140px;
	　　border:1px dotted #00F;
	}
	#nav {
	　　width:auto;/*　通栏 */
	　　height:30px;
	　　border:1px dotted #00F;
	}
	#main {
	　　width:800px;
	　　height:300px;
	　　border:1px dotted #00F;
	}
	#main-l {
	　　width:162px;
	　　height:270px;
	　　float:left;/* 向左浮动 */
	　　border:1px solid #F30;
	}
	#main-m {
	　　width:470px;
	　　height:270px;
	　　float:left;/* 向左浮动 */
	　　border:1px solid #F30;
	}
	　　#main-r {
	　　width:162px;
	　　height:270px;
	　　float:right;/* 向右浮动 */
	　　border:1px solid #F30;
	}
	#foot {
	　　width:auto;
	　　clear:both;
	　　height:30px;
	　　border:1px dotted #00F;
	}

任务 10 制作“吃在长春”专栏网页

任务目标

熟练掌握 Div+CSS 布局网页的基本知识和操作方法，能够利用 Div+CSS 布局制作“吃在长春”的专栏网页，完成效果如图 6-12 所示。网页具体结构如图 6-13 所示。

图 6-12 “吃在长春”美食页面

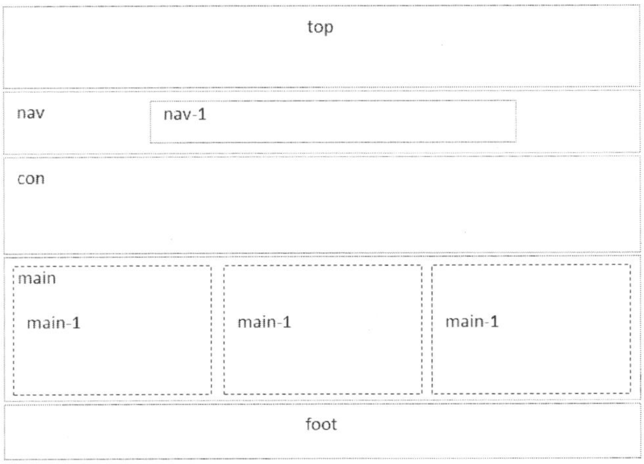

图 6-13 长春美食网页布局结构

任务实施

1. 打开“ccchi”文件夹中的“ccchi. html”文件。

2. 打开 CSS 设计器，创建“ccchi. css”文件，保存位置为“ccchi”文件夹中的 CSS 文件夹中，创建新的 CSS 文件对话框如图 6-14 所示。

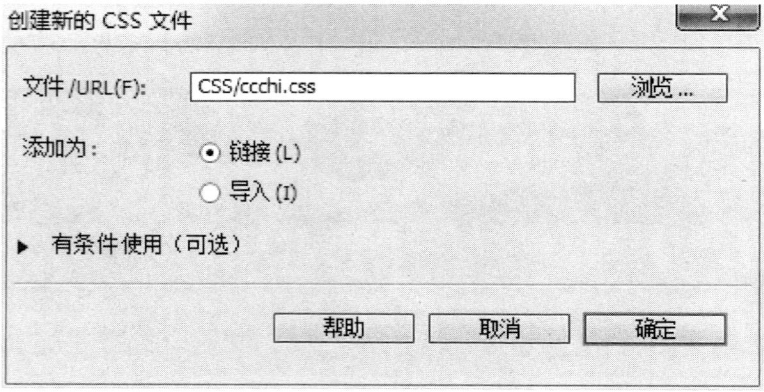

图 6-14　创建“ccchi. css”文件

3. 在文档工具栏“标题”输入：吃在长春，如图 6-15 所示。

图 6-15　输入网页标题

4. 切换到“ccchi. css”编辑区，定义“body”的外边距（margin）值为 0，完成后 CSS 代码如图 6-16 所示。

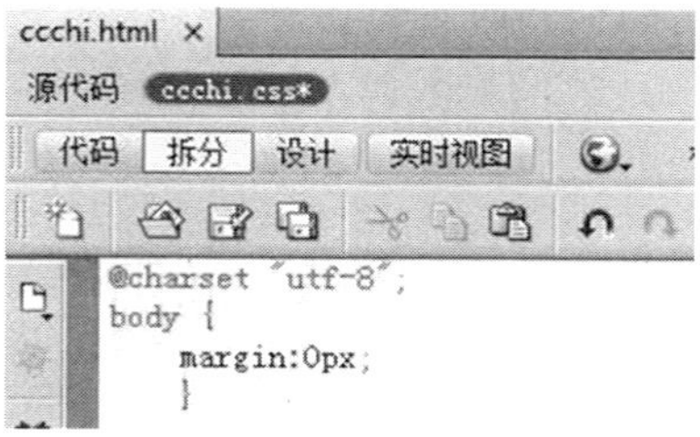

图 6-16　定义“body”标签

5. 单击“源代码”切换到网页编辑模式，插入第一个 Div，在“标签开始之后（＜body＞）”插入 ID 为“top”的 Div 块元素，“插入 Div”对话框如图 6-17 所示，完成后网页如图 6-18 所示。

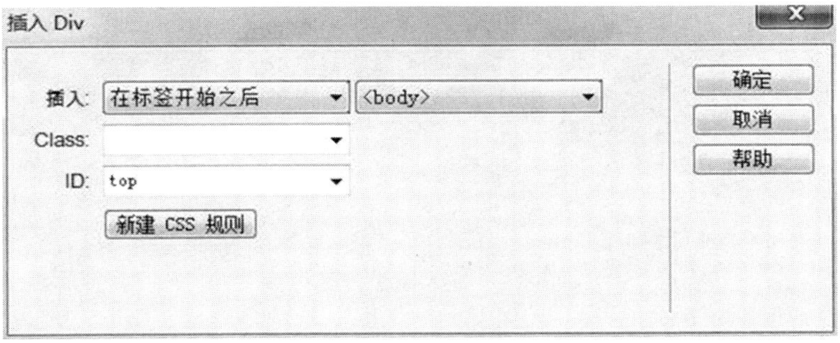

图 6-17 “插入 Div”对话框

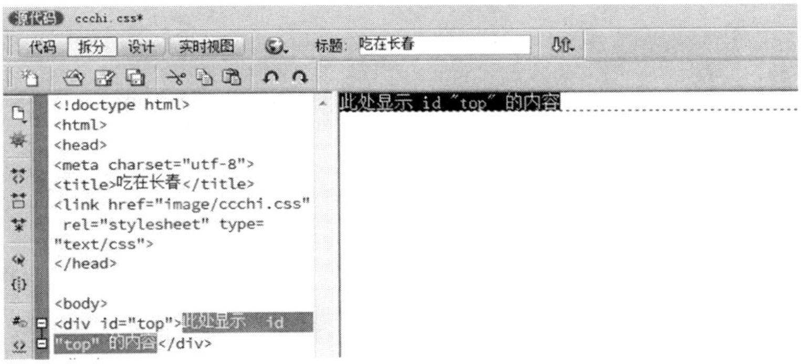

图 6-18 插入“top”

6. 切换到“ccchi. css”编辑区，定义“#top”样式的宽度、高度、居中对齐及文本样式，具体见表 6-8。

表 6-8 #top、#nav 和#nav—1 的 CSS 代码

#top	#nav	#nav—1

#top{
width:100%;
height:150px;
margin-left:auto;
margin-right:auto;
background-color:
#b84228;
text-align:center;
padding-top:10px;
}
	#nav {
	height:25px;
	background-color:#CE7B00;
	width:100%;
	margin-left:auto;
	margin-right:auto;
	padding-top:5px;
	padding-bottom:2px;
	}
		#nav—1 {
		width:1024px;
		margin:0 auto;
		color:#FFFFFF;
		font-family:"宋体";
		font-size:14px;
		line-height:20px;
		font-weight:bold;
		}

7. 切换到源代码，删除“top”中的文字，在菜单栏中单击“插入→图像→图像”命令，将素材图像插入到“top”内，保存并预览网页，效果如图 6-19 所示。

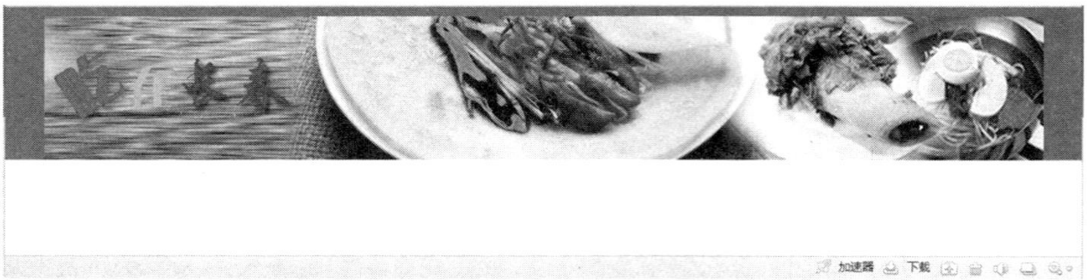

图 6-19　插入图像网页效果

8. 重复“插入 Div”操作，在“top”后插入 ID 为“nav”的 Div 块元素，“插入 Div”对话框如图 6-20 所示。

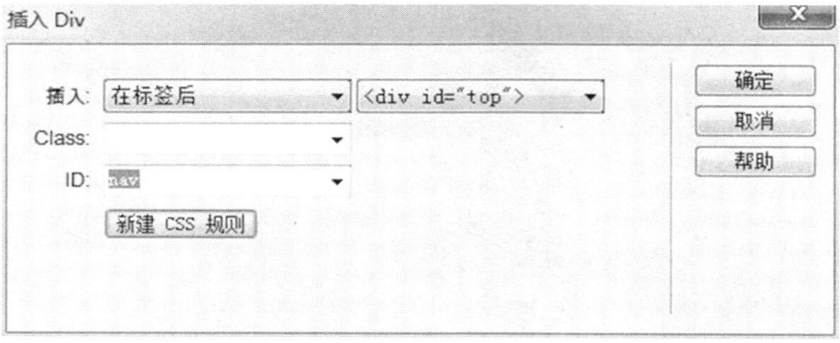

图 6-20　“插入 Div(nav)”对话框

9. 切换到“ccchi. css”编辑区，定义“#nav”样式，具体 CSS 代码见表 6-7，完成后网页显示如图 6-21 所示。

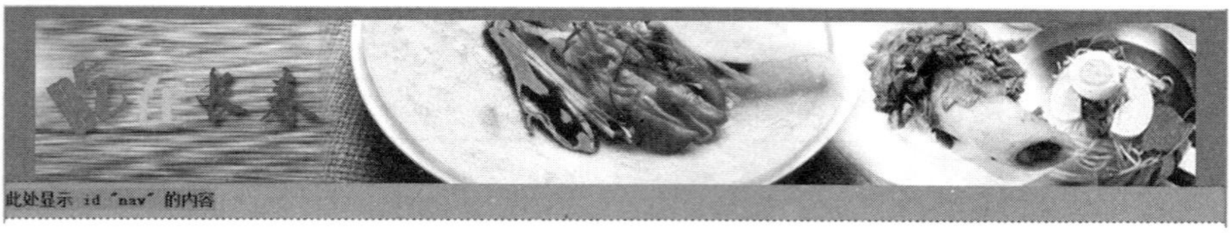

图 6-21　插入“nav”的网页

10. 将光标定位在“nav”中，删除“nav”中的文字。

11. 确定光标在“nav”中，插入嵌套的“nav—1”Div 块元素，“插入 Div”对话框如图 6-22 所示。

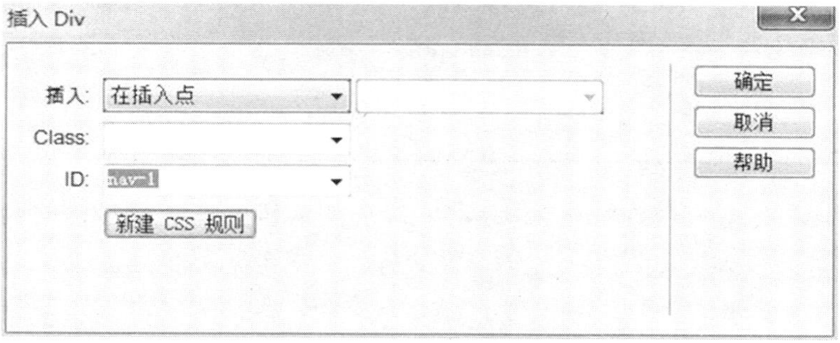

图 6-22　“插入 Div(#nav—1)”对话框

12. 删除“nav－1”中的文字，输入：“您当前所在位置＞＞长春悠游网＞＞吃在长春”。

13. 切换到“ccchi. css”编辑区，定义“＃nav－1”样式，具体 CSS 代码见表 6-8，完成后网页预览如图 6-23 所示。

14. 重复“插入 Div”操作，在“nav”后插入 ID 为“main”的 Div 块元素，完成后网页中位置如图 6-24 所示。

图 6-23　“nav－1”预览效果

图 6-24　插入“main”的网页

15. 在“main”中输入“吃在长春”等文本内容，在“属性”面板设置“吃在长春”格式为“标题 3”，完成后网页如图 6-25 所示。

图 6-25　输入文本内容

16. 切换到“ccchi. css”编辑区，定义“＃main”和 h3 样式，具体 CSS 代码见表 6-9，完成后网页预览效果如图 6-26 所示。

表 6-9　# main 和 # main h3 的 CSS 代码

# main		# main h3

# main { 	
border:1px solid # B84228;
background-color: # faf3e0;
width:1014px;
height:300px;
margin:0 auto;
padding:5px;
	text-indent:2em;
	font-family:"宋体";
	font-size:14px;
	line-height:30px;
	clear:both;
	}
		# main h3{
		font-family:"幼圆";
		font-size: 20px; color: # 970F0F;
		}

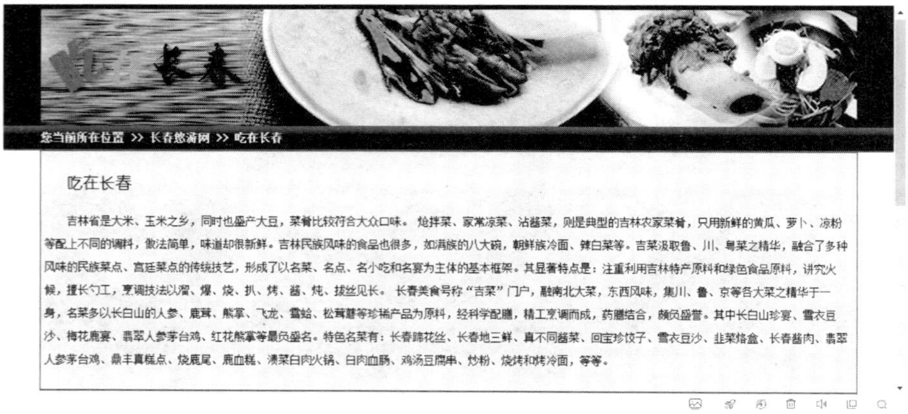

图 6-26　网页预览效果

17. 重复“插入 Div”操作，在“main”后插入 ID 为“con”的 Div 块元素。切换到“cc-chi. css”编辑区定义“# con”样式，具体代码见表 6-10。

表 6-10　# con 和 # con-l 的 CSS 代码

# con	# con-l

# con { 	
width:1024px;
height:350px;
margin:0 auto;
border:1px solid # B84228;
background-color: # FFFFFF;
}
	# con-l {
	background:url(xiaochi. jpg) no-repeat;
	width:336px;
	height:320px;
	background-color: # faf3e0;
	border-right:1px solid # FFFFFF;
	padding-top:30px;
	float:left;
	}

18. 删除“con”中的文字，定位光标在“con”内，重复“插入 Div”的操作，在“con”中嵌套 3 个 Div 块元素，分别为“con-l”“con-m”和“con-r”，完成后网页 html 代码如下：

```
<div id="con">
  <div id="con-l">此处显示  id "con-l" 的内容</div>
```

```
    <div id="con-m">此处显示 id "con-m" 的内容</div>
    <div id="con-r">此处显示 id "con-r" 的内容</div>
</div>
</body>
</html>
```

19. 切换到“ccchi. css”编辑区，定义“# con-l”“# con-m”和“# con-r”样式，具体 CSS 代码见表 6-10 和 6-11。

表 6-11 “# con-m”和“# con-r”的 CSS 代码

# con-m	# con-r

# con-m { 	
background：url(jicai. jpg) no-repeat；
width：336px；
height：320px；
background-color：# faf3e0；
border-right：1px solid # FFFFFF；
margin-left：6px；
padding-top：30px；
float：left；
}
	# con-r {
	background：url(xican. jpg) no-repeat；
	width：336px；
	height：320px；
	background-color：# faf3e0；
	border-right：1px solid # FFFFFF；
	margin-left：4px；
	padding-top：30px；
	float：right；
	}

20. 保存并预览网页效果如图 6-27 所示。

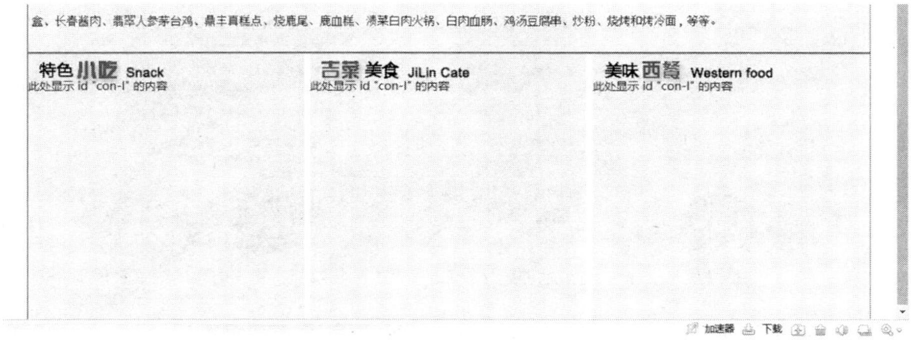

图 6-27 网页预览效果

21. 定位光标在“特色小吃”中，输入文字内容，设置为项目列表，插入图像。完成后 html 代码如下，预览效果如图 6-28 所示。

```
<div id="con-l">
<p>  遍布城市大街小巷的各类色香味俱全的长春特色小吃一定会让你爱上这里。</p>
    <ul>
      <li>炒粉</li>
      <li>鸡汤豆腐串</li>
```

```
<li>烧烤</li>
<li>烤冷面 </li>
<li>韭菜盒子</li>
</ul>
<p><img src="image/xiaochi1.jpg" width="330" height="120" alt
="" /></p>
</div>
```

图 6-28 “特色小吃”预览效果

22. 利用同样的方法完成“吉菜美食”和“美味西餐”模块的编辑，完成后网页效果如图 6-29 所示。

图 6-29 网页预览效果

23. 重复“插入 Div”操作，在“标签结束之前(<body>)”插入 ID 为“foot”的 Div 块元素，删除其中的文字，然后输入“美食热线：Tel：0431－8888888 QQ：888888888”的文字内容。

24. 切换到“ccchi.css”编辑区，定义“#foot”样式，完成后网页 html 代码和 CSS 代码见表 6-12，网页效果如图 6-30 所示。

表 6-12 “foot”html 代码和“＃foot”CSS 代码

<div id="foot">html 代码	＃foot 的 CSS 代码

<div id="foot">
<p>
　　美食热线：   　Tel：0431－8888888   　QQ:888888888
</p>
</div>
</body>
</html>
	＃foot{
	　background-image:url(image/chifoodbk1.jpg);
	　width:100％;
	　height:70px;
	　border-top-style:solid;
	　border-top-color:＃CE7B00;
	　text-align:center;
	　padding-top:5px;
	　clear:both;
	}

图 6-30 网页底部预览效果

25. 在“88888888”后面回车换行，然后在菜单栏中单击“插入→图像→图像”，选择二维码图像，完成后效果如图 6-31 所示。

图 6-31 网页插入二维码

26. 选择网页上部的“长春悠游网”，创建指向“index. html”的超链接，网页效果如图 6-32 所示。

图 6-32 创建超链接

27. 切换到“ccchi. css”编辑区，定义超链接样式，具体 CSS 代码见表 6-13。

表 6-13　“a:link”“a:hover”和“a:visited”CSS 代码

a:link	a:hover	a:visited

a:link {
color: #FFFFFF;
text-decoration:none;
}
	a:hover {
	color: #00FF00;
	font-style:italic;
	text-decoration:underline;
	}
		a:visited {
		color: #B84228;
		text-decoration:none;
		}

28. 保存并预览网页，完成“吃在长春”网页的编辑。

任务总结与拓展

学生通过完成“吃在长春”美食页面的制作，熟悉了 Div+CSS 布局网页的操作方法与技巧。总结完成任务过程中出现的问题及解决方法，并与同学、教师交流网站结构规划的技巧与注意事项。学生根据长春美食页面的制作基本步骤和方法自主收集素材，利用 Div+CSS 布局设计一个图文并茂的网页。

项目梳理

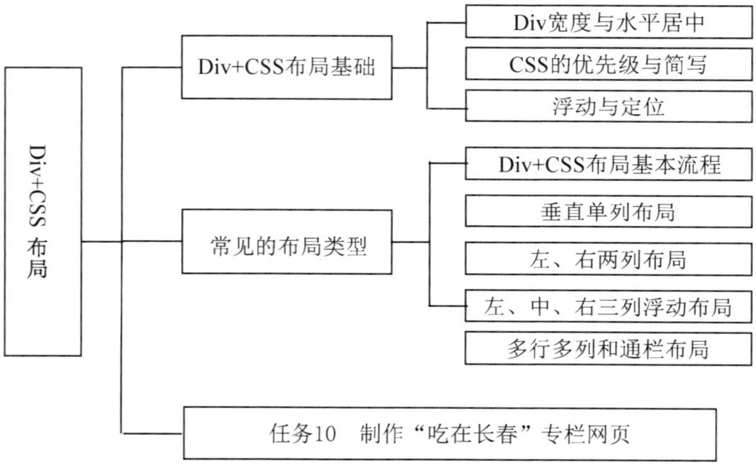

图 6-33　本章项目梳理图

项目测试

一、填空题

1. 将 Div 的“margin-left”和“margin-right”的值设置为________，则左、右两侧外边距相等，从而实现水平居中的效果。

2. 在两个或多个 CSS 规则应用于同元素上时，不同级别的优先顺序从高到低是________。

3. border 用于设置 Div 边框的样式，简写时可以按________、________、________的顺序进行书写。

4. clear用于规定元素的哪一侧不允许其他浮动元素。常用的值有________、________、________和________。

二、选择题

1. list-style中list-style-type属性用于定义(　　)、list-style-position属性用于定义(　　)、list-style-image属性用于定义(　　)。

A. 项目符号类型　　B. 项目符号位置

C. 使用图像做项目符号　　D. 不使用项目符号

2. float有四个值，其中默认值是(　　)。

A. none　　B. left　　C. right　　D. inherit

3. 利用position可以实现对块元素的精确定位控制，其中用于绝对定位的是(　　)，用于相对定位的是(　　)。

A. static　　B. relativ　　C. absolute　　D. left

三、简答题

1. 如何理解CSS样式的优先级？

2. 简述Div+CSS布局在网页制作中的优势与弊端之处。

项目实训

一、基本操作

1. 利用简写的方式为一个Div块元素定义外边距。

2. 练习不同类型的Div+CSS布局方法。

二、能力拓展：完成下面的任务

利用Div+CSS设计制作图文并茂的网页。

要求：

1. 自拟主题并收集相关的文字和图像素材。

2. 绘出网页布局结构图。

3. 利用CSS确定Div等块元素的大小和位置。

项目评估

项目评估测评表

(在□中打“√”，A. 优秀；B. 合格；C. 不合格)

序号	评估项目	评估标准	评估结果
1	专业能力	了解Div+CSS布局的基本知识	□A　□B　□C
2		熟悉常见的布局类型	□A　□B　□C
3		Div+CSS布局的基本操作和技巧	□A　□B　□C
4		能够运用Div+CSS布局设计网页	□A　□B　□C
5		独立完成本模块和能力拓展中的任务	□A　□B　□C

续表

序号	评估项目	评估标准	评估结果
6	社会能力	学习和完成任务过程中与同学、组员沟通和交流的能力	□A □B □C
7		明确自己在合作中能起到的作用	□A □B □C
8		能够与成员积极协商，相互配合完成任务	□A □B □C
9		善于发现和分析问题，提出解决的方法并实施	□A □B □C
10		能对解决问题的方法适时作出总结和修改	□A □B □C
11	方法能力	自我学习和时间管理的能力	□A □B □C
12		工作方式及意外的处理能力	□A □B □C
13		能通过多途径获得信息，具有归纳和整理信息的能力	□A □B □C
14		将已经学到的知识应用到新的工作任务中	□A □B □C
15		对所需信息的收集、整理、归纳和展示	□A □B □C
16		数据分析、简单计算和用适当的方法展示数据	□A □B □C
17	创新能力	能发现事物的不足，提出新的需求	□A □B □C
18		能创新性地提出改进的意见和具体方法	□A □B □C
19		能从多种方案中选择最佳方案，并在现有条件下实施	□A □B □C

项目 7　jQuery UI 与行为
——制作“长影世纪城”网页

通过前面的学习，我们已经掌握了创建站点的方法，制作了部分网页，接下来的任务是为网页添加特效。本项目我们就学习利用 Dreamweaver 内置的 JQuery UI 和行为组件为网页增加特效，提高网页的可视化效果，完成制作“长影世纪城”网页的目标。

本章资源

项目教学设计

本章项目教学设计表

知识目标	1. 了解 Dreamweaver 中的行为； 2. 掌握 Dreamweaver 内置行为的操作方法； 3. 了解 jQuery UI 网页组件
能力目标	1. 熟练应用 Dreamweaver 内置行为添加网页特效； 2. 掌握 jQuery UI 网页组件的基本操作
重点与难点	1. Dreamweaver 内置行为特效在网页中的应用； 2. jQuery UI 网页组件的基本操作
教学方法	“讲授＋任务”训练： 1. 教师讲解并演示操作； 2. 任务训练：学生完成教师指定的训练任务； 3. 拓展训练：学生独立应用内置行为添加网页特效； 4. 讨论总结：教师组织学生共同总结 Dreamweaver 内置行为、jQuery UI 网页组件在网页中的应用
建议学时	6 学时

任务描述

李明通过前面的学习已经能够制作图文并茂的网页，现在公司要让李明增加网页的交互性，能够利用 Dreamweaver CC 内置的行为特效和 jQuery UI 组件丰富网页，制作完成“长影世纪城”网页。

任务分解

1. 掌握 Dreamweaver 内置行为特效的基本操作方法与技巧，能够为网页增加行为特效。

2. 掌握 jQuery UI 网页组件的基本操作和技巧。

3. 制作完成“长影世纪城”网页。

知识讲解

7.1 jQuery UI 网页组件

jQuery UI 是建立在 jQuery JavaScript 库上的一组用户界面交互、特效、小部件及主题。jQuery UI 组件模式都是基本相同的，下面我们对 Dreamweaver CC 中常用的组件进行介绍。

7.1.1 Accordion

Accordion 又称折叠面板，顾名思义就是可以在网页中创建折叠面板，具体操作如下。

(1)打开素材文件 D07－01.html，定位光标在要插入折叠面板的位置，然后执行以下操作之一：

- 在菜单栏中单击“插入→jQuery UI→Accordion”命令。
- 在“插入”面板“jQuery UI”选项卡中，单击“Accordion”按钮 Accordion 。

(2)在网页中插入折叠面板组件，网页如图 7-1 所示。

(3)执行快捷键：Ctrl＋S 保存文件，弹出“复制相关文件”对话框，如图 7-2 所示。单击“确定”保存相关文件。

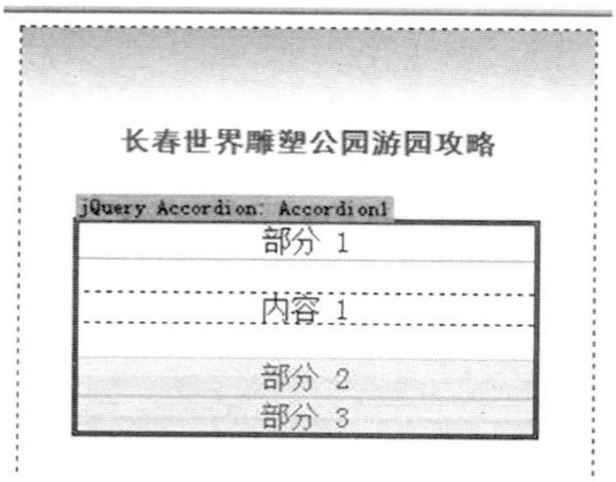

图 7-1　插入 Accordion1 的网页

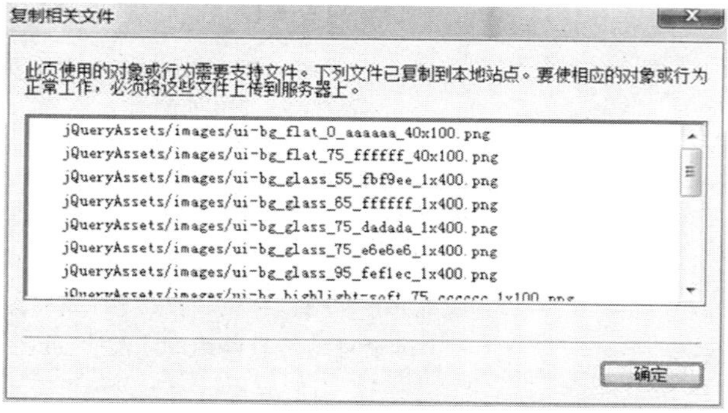

图 7-2　“复制相关文件”对话框

(4)在网页中单击折叠面板上面的“jQuery Accordion : Accordion1”，选择插入的折叠面板，“属性”面板如图 7-3 所示。

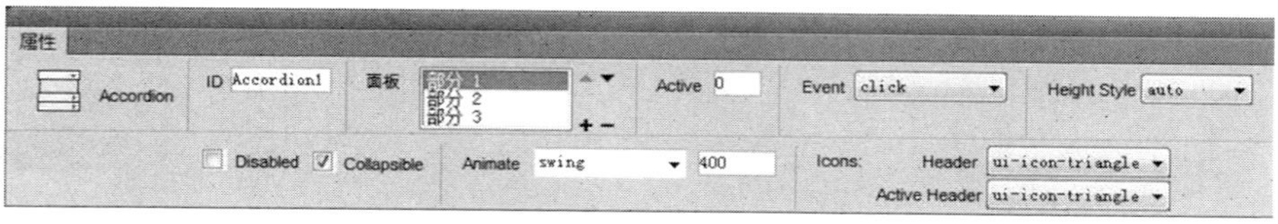

图 7-3　Accordion“属性”面板

- ID：用于设置折叠面板的唯一标记名称。
- 面板：显示各个面板标题名称的列表，利用“＋”“－”可以增加或删除面板项，“▲”“▼”用于改变面板项的顺序。
- Active：用于设置默认状态显示的面板项，有 0 和 1 两个值，0：显示第一个面板项；1：显示第二个面板项。

- Event：设置面板项的响应事件，有 mouseover（鼠标经过）和 Click（鼠标单击）两个选项。
- Height Style：用于设置面板内容框的高度。有 fill（固定高度）、auto（自动调整）和 content（根据内容确定高度）。
- Animated：设置面板折叠和打开的动画效果。
- Collapsible：勾选则所有面板项均可折叠。
- Hide 和 Active Header：用于设置面板项折叠和打开的图标样式。

(5)在“属性”面板上勾选“Collapsible”，Height Style 选择“content”（根据内容确定高度），其他选项默认。

(6)选择“部分 1”修改为“游园攻略”，将“内容 1”改为：旅游地图、旅游线路、十大景点，完成后网页如图 7-4 所示。

(7)单击折叠面板上面的“jQuery Accordion ：Accordion1”选择折叠面板，在“属性”面板的“面板”选项中选择“部分 2”的编辑，将“部分 2”改为“门票”，“内容 2”改为“公园 30 元/人……”，完成后如图 7-5 所示。

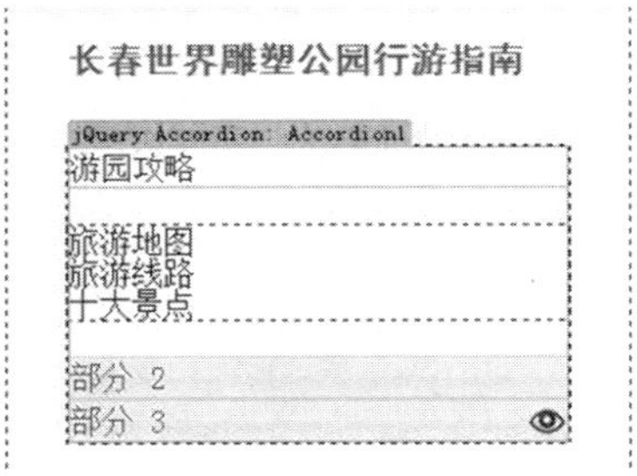

图 7-4　游园攻略面板项

图 7-5　门票面板项

(8)用相同的方法将“部分 3”修改为“开放时间”，“内容 3”改为“冬季 08:00—16:30、夏季 08:00—17:30”，完成后如图 7-6 所示。

(9)在“属性”面板的“面板”后面单击“＋”增加“部分 4”，将“部分 4”修改为“乘车线路”，“内容 4”修改为“66 路、112 路、130 路、240 路、252 路、270 路直达”，完成后网页如图 7-7 所示。

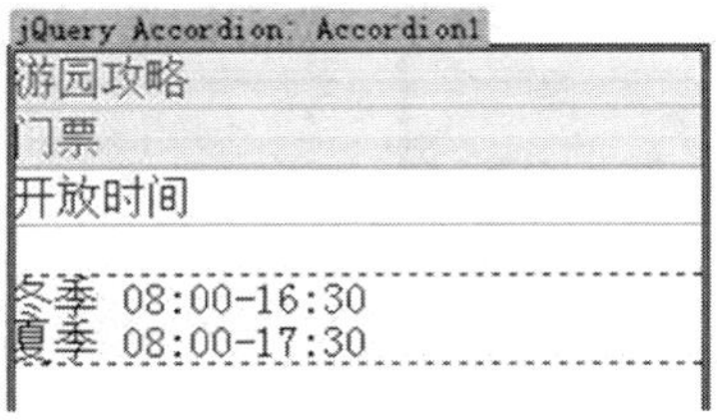

图 7-6　开放时间面板项

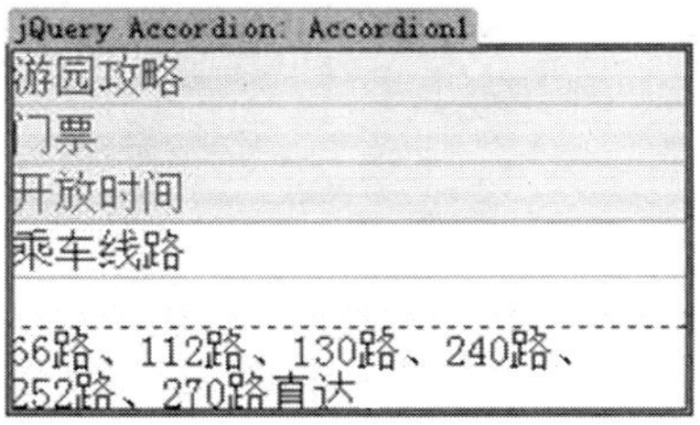

图 7-7　乘车线路面板项

(10)保存并预览网页，效果如图 7-8 所示，单击面板项测试折叠面板。

[提示]创建折叠面板同时会生成相应的 CSS 样式，我们可以通过修改 CSS 样式来改变面板的字体、颜色、背景等外观样式。

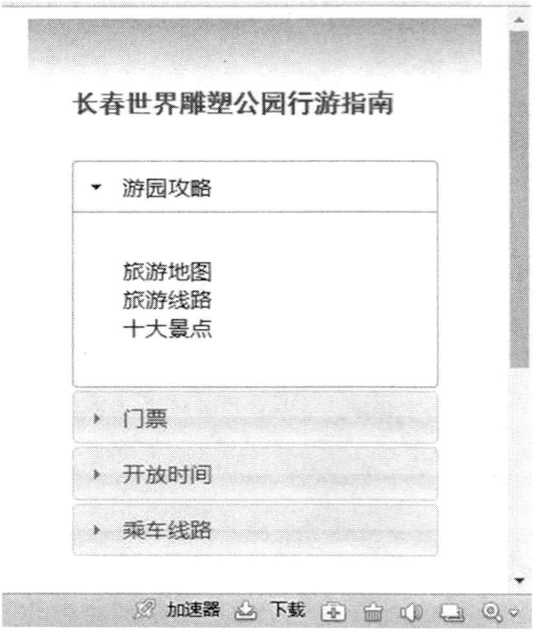

图 7-8　折叠面板预览效果

7.1.2　Tabs

Tabs 又称选项卡式面板，创建卡式面板的操作如下。

(1)定位光标在要插入选项卡式折叠面板的位置，然后执行以下操作之一：

- 在菜单栏中单击“插入→jQuery UI→Tabs”命令。
- 在“插入”面板“jQuery UI”选项卡中，单击“Tabs”按钮 Tabs 。

(2)在网页中插入了 Tabs 组件，网页如图 7-9 所示。

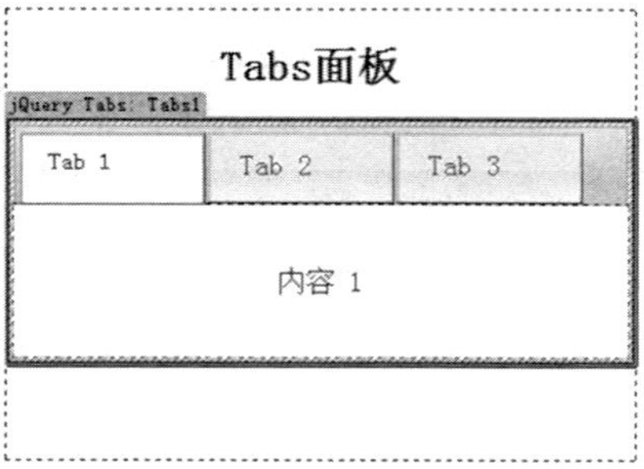

图 7-9　插入 Tabs 的网页

(3)执行快捷键：Ctrl+S 保存文件，弹出“复制相关文件”对话框，如图 7-10 所示。单击“确定”保存相关文件。

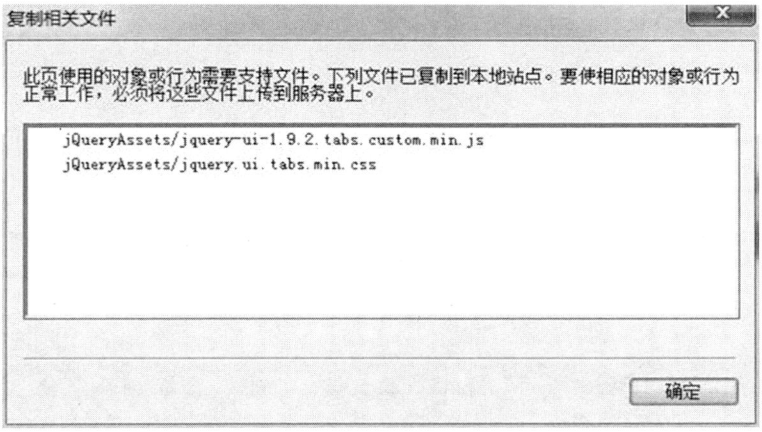

图 7-10　Tabs“复制相关文件”对话框

(4)在网页中单击 Tabs 上面的文字，Tabs“属性”面板如图 7-11 所示。

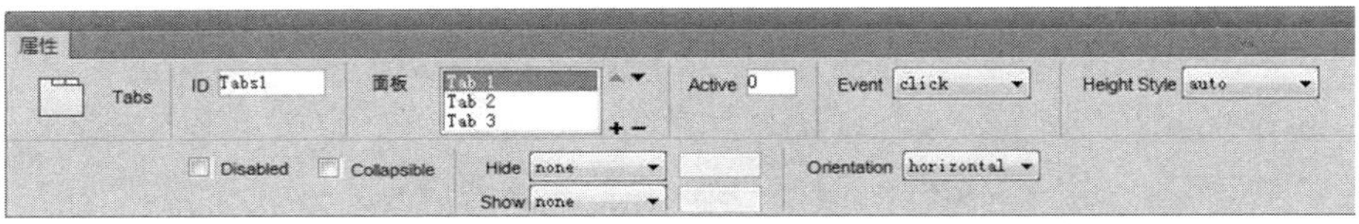

图 7-11　Tabs“属性”面板

- Hide 与 Show：用于设置面板折叠和打开的动画效果。
- Orientation：用于设置面板的位置，有 horizontal(顶部水平方向显示)、vertical(左侧垂直方向显示)。

(5)其他的操作基本与 Accordion 的方法一样。

7.1.3　Datepicker

Datepicker 又称日期选择器，可以为网页添加一个选择日期的插件，具体操作如下。

(1)定位光标在要插入“日期选择器”的位置，然后执行以下操作之一：

- 在菜单栏中单击“插入→jQuery UI→Datepicker”命令。
- 在“插入”面板“jQuery UI”选项卡中，单击“Datepicker”按钮
。

(2)在网页中插入 Datepicker 组件，网页如图 7-12 所示。

(3)执行快捷键：Ctrl+S 保存文件，弹出“复制相关文件”对话框，如图 7-13 所示。单击“确定”保存相关文件。

图 7-12　插入 Datepicher 的网页

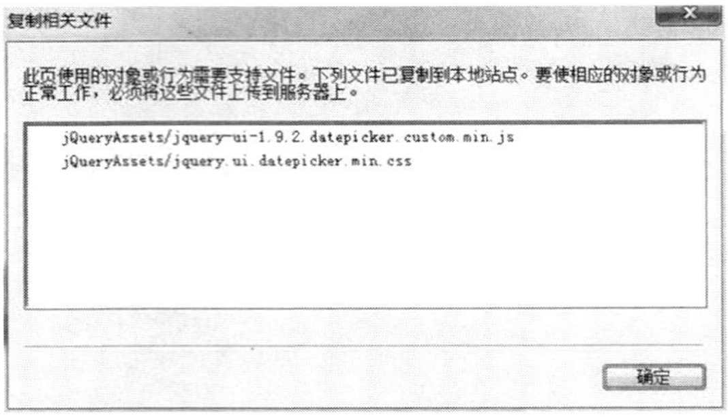

图 7-13　Datepicher“复制相关文件”对话框

(4)在网页中单击“Datepicher”上面的文字，“属性”面板如图 7-14 所示。

图 7-14　Datepicher“属性”面板

- Date Fomat：在下拉列表中选择日期的显示格式。
- 区域设置：在下拉列表中选择区域，默认为英文(English)。
- 按钮图像：勾选则在日期选项旁边显示按钮图像。
- Change Morth 与 Change Year：勾选则显示月和年的下拉列表。
- 内联：勾选则日期插件嵌入在网页之中，否则是在一个覆盖层中显示。
- Show Button Panerai：勾选则在日期选框下方显示 Today(今天)和 Done(关闭)按钮。
- Min Date 与 Max Date：用于设置可选日期的时间范围。
- Number Of Months：用于设置日期插件显示的月的个数，如 3 则显示 3 个月。

(5)在“属性”面板的“区域设置”中选择“中文简体”，勾选“按钮图像”，其他默认，保存并预览网页，效果如图 7-15 所示。

图 7-15　嵌套在网页中的选择日期插件

7.1.4　Slider

Slider 又称滑块，可以为网页添加一个可以拖动的滑块，具体操作如下。

(1)定位光标在要插入滑块的位置，然后执行以下操作之一：

- 在菜单栏中单击“插入→jQuery UI→Slider”命令。
- 在“插入”面板“jQuery UI”选项卡中，单击“Slider”按钮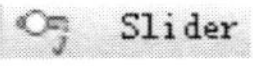

。

(2)在网页中插入 Slider 组件，网页如图 7-16 所示。

(3)执行快捷键：Ctrl+S 保存文件，弹出“复制相关文件”对话框，如图 7-17 所示。单击“确定”保存相关文件。

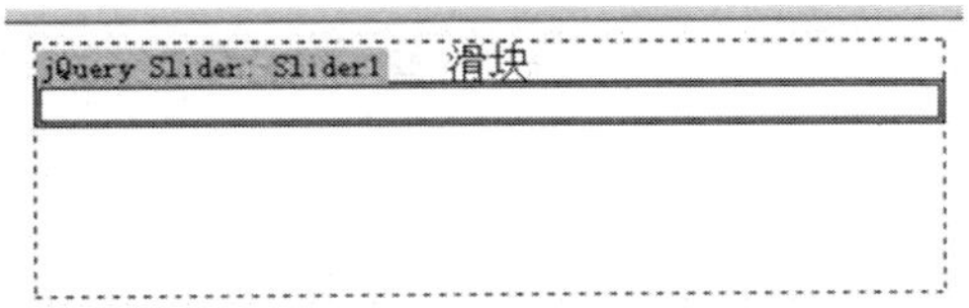

图 7-16　插入 Slider 的网页

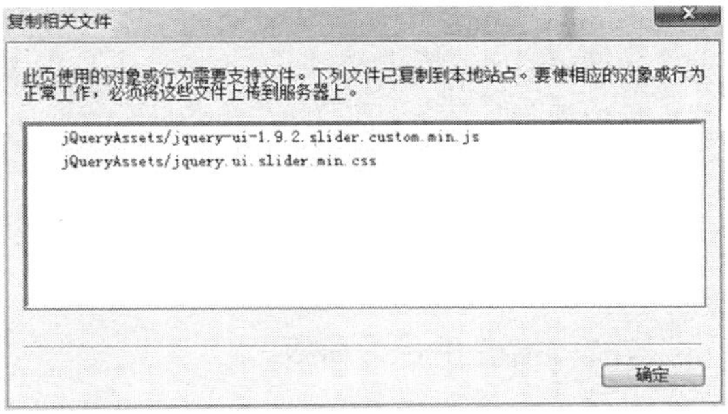

图 7-17　Slider“复制相关文件”对话框

(4)在网页中单击 Slider 上面的文字，“属性”面板如图 7-18 所示。

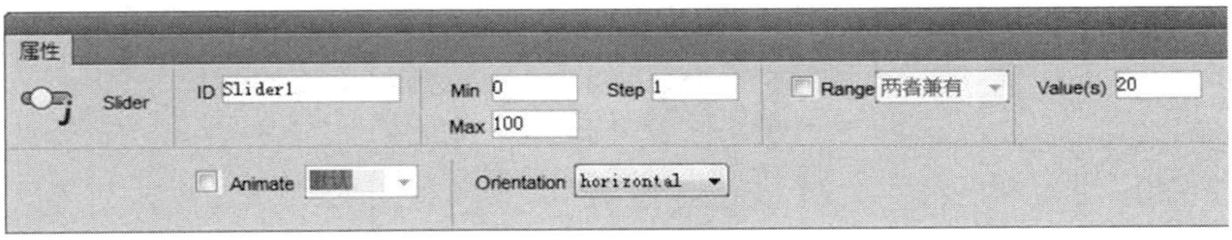

图 7-18　Slider“属性”面板

- Min 与 Max：用于设置滑块的最小值和最大值。
- Step：用于设置滑块步长值。
- Range：：用于设置两端是否显示滑块。
- Value(s)：用于设置滑块的初始值。

(5)在属性面板设置 Value(s)值为 20，其他默认，保存并预览网页效果如图 7-19 所示。

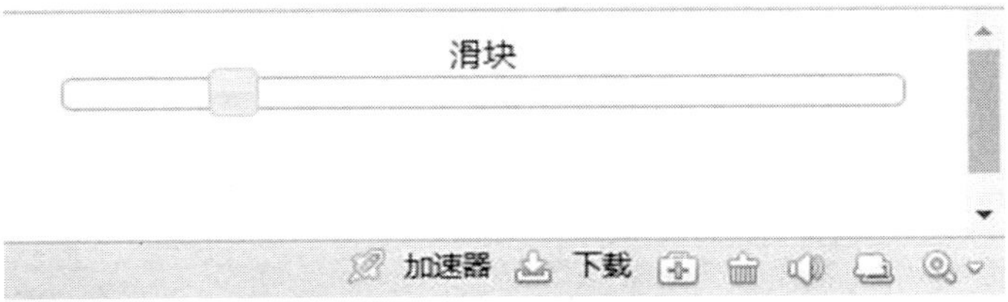

图 7-19　滑块预览效果

7.2 认识行为

7.2.1 认识行为

行为是由对象、事件和动作构成的。例如，当用户把鼠标移到对象上，这个对象会发生预定义的变化。下面我们来了解一下这些基本概念。

(1)对象：是产生行为的主体。网页中的很多元素都可以成为对象，如网页中的一个图像、一段文字等元素，也可以是整个网页文档。

(2)事件：是由用户或浏览器触发的事件。事件经常是针对页面元素的，如鼠标经过、鼠标单击、按下键盘上的键、网页加载等。

(3)动作：通常是一段 JavaScript 代码，用于完成某些特殊的任务。如打开一个窗口时自动播放声音、弹出信息窗口等。

(4)行为：事件和动作组合起来就构成了行为。事件是产生行为的条件，动作是行为的具体结果。

7.2.2 使用行为面板

在 Dreamweaver 中要添加行为，主要通过“行为”面板来实现。在菜单栏中单击“窗口→行为”命令(快捷键：Shift+F4)，可以打开“行为”面板，如图 7-20 所示。

图 7-20 行为面板

(1)行为面板各按钮功能如下：

“”：单击显示已设置的事件。

“”：单击显示所有事件。

“”：单击打开下拉菜单，选择内置行为。

“”：用于删除选中的行为。

“”：将选中的行为在行为列表中向上移动。

“”：将选中的行为在行为列表中向下移动。

(2)常见事件。

添加行为后，要为行为选择触发事件。选择某个行为，在行为面板左侧的下拉菜单中列出了该行为可以使用的触发事件，如图 7-21 所示。表 7-1 是一些最常见的事件列表。

图 7-21　与行为对应的事件列表

表 7-1　常见事件说明

事　件	说　　明
onLoad	当页面内容被加载时触发事件
onUnload	当页面被关闭时触发事件
onFocus	当对象成为焦点时触发事件
onBlur	当对象失去焦点时触发事件
onClick	当在对象上单击鼠标左键时触发事件
onDblClick	当在对象上双击鼠标时触发事件
onMouseOver	当鼠标经过对象时触发事件
onMouseOut	当鼠标离开对象时触发事件
onMouseDown	当在对象上按下鼠标时触发事件
onMouseUp	当鼠标单击对象后又松开时触发事件
onKeyPress	当键盘上某个键被按下并且松开时触发事件
onStop	浏览器的“停止”按钮被按下时或者下载中断时触发事件

7.2.3　增加行为的基本步骤

在 Dreamweaver 中可以为整个页面、表格、文字、图像和链接等多数网页元素增加行为，增加行为的基本步骤如下。

(1)在文档窗口中选择要增加行为的对象，例如，一个图像或一个链接或一段文字。要将行为附加到整个页面，请在“文档”窗口左下方的“快速标签选择器”中单击选择＜body＞标签。

(2)在行为面板中单击加号“＋”按钮，从弹出菜单中选择一种行为。

(3)打开某种行为的设置对话框，根据需要设置对话框。

(4)在行为面板中选择行为，添加触发事件。

(5)保存网页，在浏览器中检测行为。

7.2.4 修改行为

要修改和编辑已有行为，执行以下操作之一：

(1)在行为面板中双击要修改的行为。

(2)选择要修改的行为，单击行为面板上右上角的弹出菜单按钮，选择“编辑行为”命令。

(3)行为面板中在行为名称上单击鼠标右键，在弹出的快捷菜单中选择“编辑行为”。

7.3 使用 Dreamweaver 内置的行为

在 Dreamweaver 中内置了很多种行为，这里介绍常用的行为。

7.3.1 交换图像

“交换图像”与鼠标经过图像的效果相似，是一个图像在某种事件的触发下与另一个图像交换的效果。增加“交换图像”行为的操作如下。

(1)打开素材文件“wusong.html”网页(图 7-22)，选择网页中左侧的图像。在图像属性面板上命名图像 ID 为“image1”名称，“属性”面板如图 7-23 所示。

图 7-22 打开素材文件

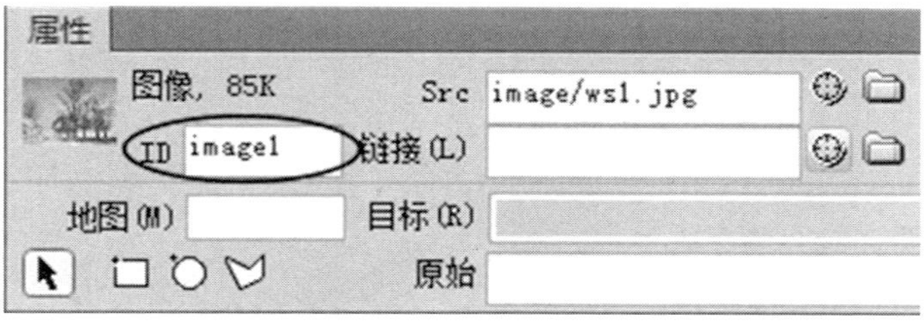

图 7-23 图像“属性”面板

(2)在行为面板上，单击“＋”按钮在下拉列表中“交换图像”，打开交换图像对话框，如图 7-24 所示。

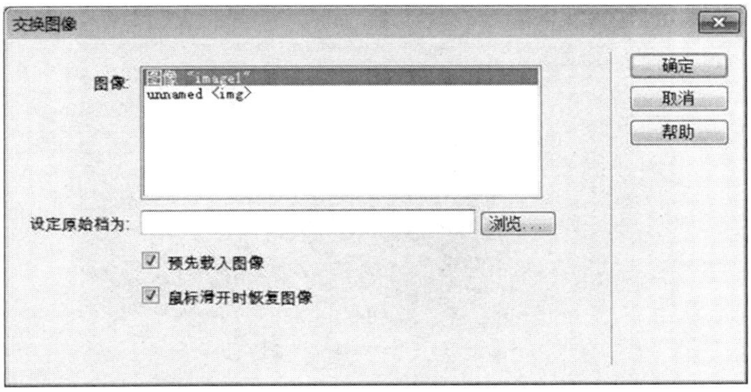

图 7-24　“交换图像”对话框

(3)在对话框中选择“图像 image1”，然后单击“设定原始档为”后面的“浏览”按钮，打开选择图像源对话框(图 7-25)，选择图像。

(4)在对话框中勾选“预先载入图像”和“鼠标滑开时候恢复图像”。单击“确定”退出对话框。

(5)增加了交换图像的行为面板如图 7-26 所示，系统默认事件为：“onMouseOver(鼠标经过)”执行交换图像行为，“onMouseOut(鼠标离开)”则恢复交换图像。如想修改可以单击进行更改。

图 7-25　选择交换图像

图 7-26　行为面板

(6)执行快捷键 Ctrl＋S 保存网页，并在浏览器测试交换图像行为。

7.3.2　弹出消息

“弹出消息”是显示一个带有指定消息的 JavaScript 提示，增加“弹出消息”行为的操作如下。

(1)打开素材(tanchu.html)文件(图 7-27)，选择网页下方的图像。

(2)在行为面板上，单击“＋”按钮，在下拉列表中选择“弹出消息”，打开“弹出消息”对话框，如图 7-28 所示。

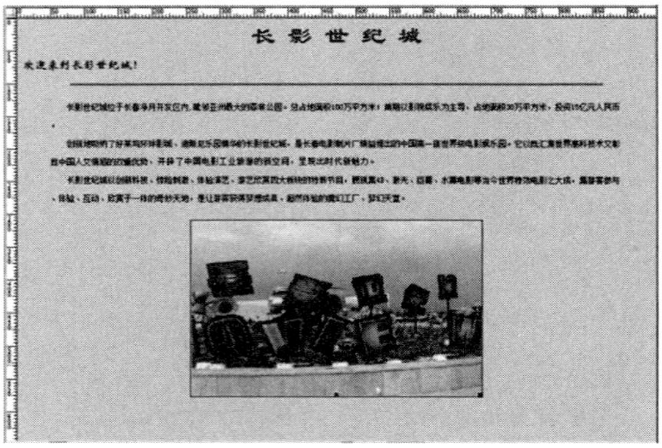

图 7-27　打开素材网页

图 7-28　“弹出消息”对话框

(3)输入要显示的信息“长影世纪城是中国第一座世界级电影娱乐园!”，单击“确定”退出对话框。

(4)在行为面板设置事件为：“onMouseDown”。

(5)保存并在浏览器中测试行为，如图 7-29 所示，当鼠标在图像上单击时弹出消息。

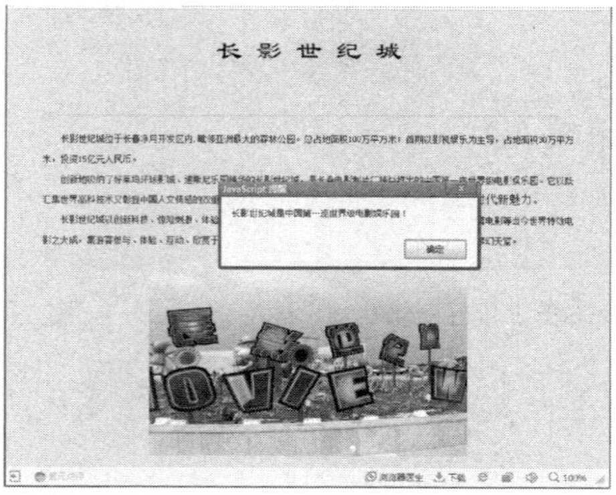

图 7-29　弹出消息

[提示]JavaScript 提醒的外观取决于访问者的浏览器。

实例 7-1　制作鼠标经过弹出消息

要求：

1. 制作如图 7-30 所示的弹出消息示例。

2. 对象为文字，事件为鼠标经过。

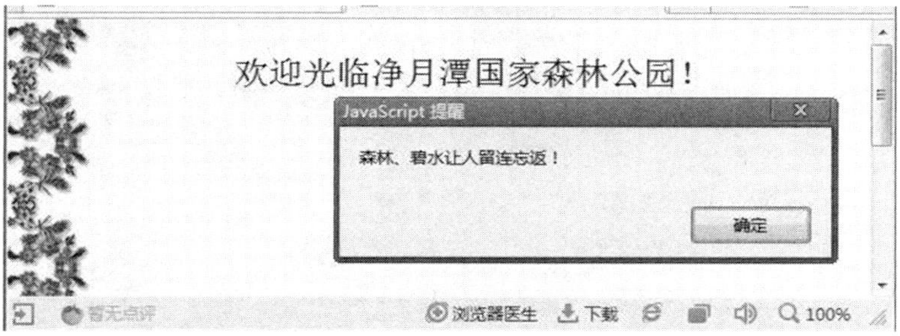

图 7-30　弹出消息示例

7.3.3　打开浏览器窗口

打开浏览器窗口是在新窗口中打开一个“URL”。设计者可以指定窗口的属性和名称，增加“打开浏览器窗口”行为的操作如下。

(1)打开素材文件(liulanqi.html)(图 7-31)，选择网页下方的图像。

(2)在行为面板上，单击“+”按钮，从下拉列表中选择“打开浏览器窗口”，打开“打开浏览器窗口”对话框，如图 7-32 所示。

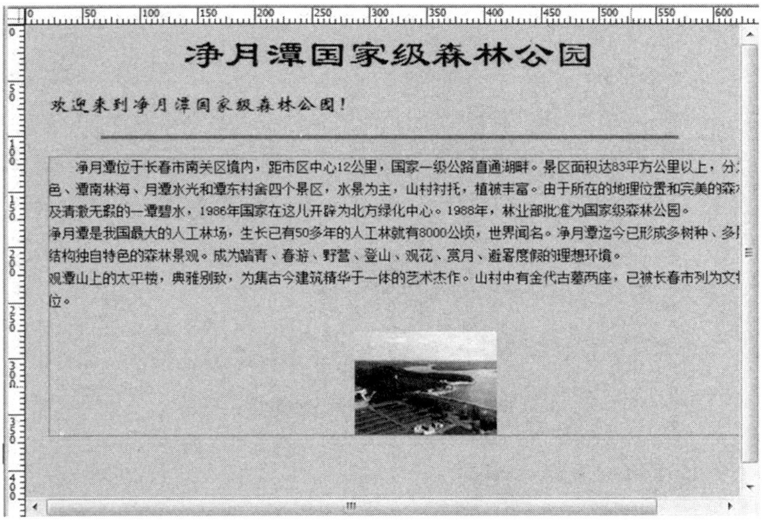

图 7-31　素材网页

• “要显示的 URL”：输入目标文件的 URL 地址，也可单击“浏览”按钮，选择要打开的文件。

• “窗口宽度和高度”：设置新浏览器窗口的大小。

• “属性”：设置新浏览器窗口中是否显示相应的属性。

• “窗口名称”：设置新浏览器窗口名称。此名称不能包含空格和特殊字符。

(3)在对话框中选择站点中的“liulanqi1.html”为打开的目标文件，窗口宽度 310、高度 110，设置完成，单击“确定”按钮退出对话框。

(4)在行为面板设置事件，如设为“onMouseOver”。

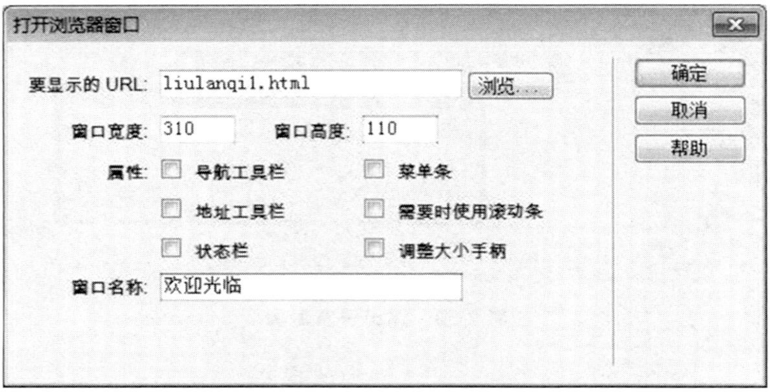

图 7-32 “打开浏览器窗口”对话框

(5)保存并在浏览器中测试行为，如图 7-33 所示，当鼠标经过图像时打开浏览器窗口。

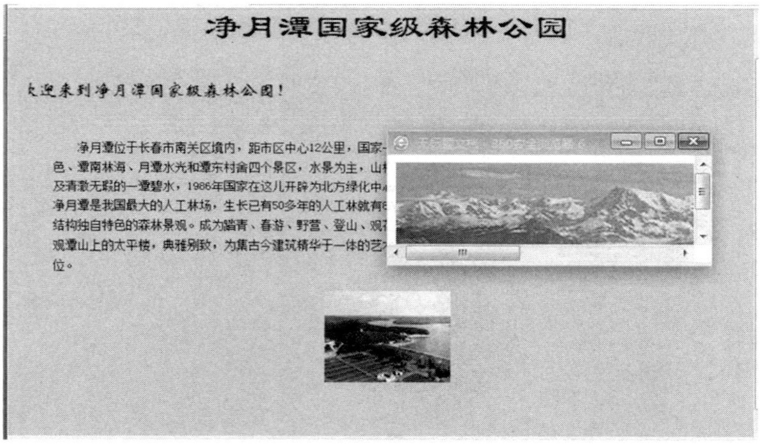

图 7-33 打开浏览器窗口

实例 7-2 制作打开浏览器窗口

要求：

1. 网页加载时打开新浏览器窗口。
2. 打开浏览器窗口的 URL 指向为一个网页文件。
3. 窗口宽度为“400”，高度为“300”。

7.3.4 转到 URL

“转到 URL”是在当前窗口或指定窗口打开指定的网页。增加“转到 URL”行为的操作如下。

(1)打开素材文件(zhuan. html)(图 7-34)，选择网页下方的按钮，在“属性”面板中设置“值”为“进入”，其他默认，“属性”面板具体如图 7-35 所示。

图 7-34　打开素材网页按钮

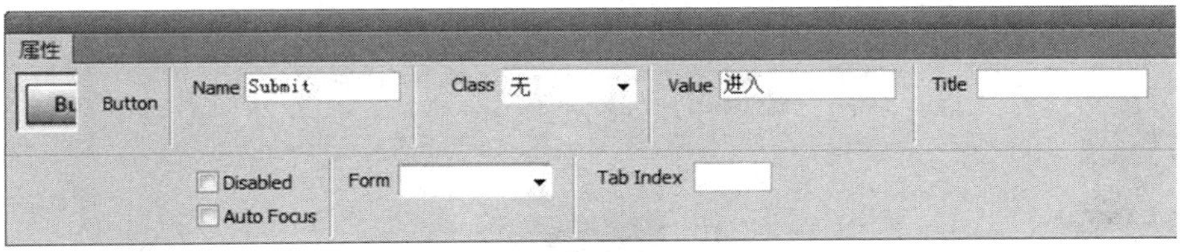

图 7-35　按钮“属性”面板

(2)选中按钮。在行为面板上，单击“+”在下拉列表中选择“转到 URL”。

(3)打开“转到 URL”对话框，如图 7-36 所示。

(4)在“URL”框中输入要打开文件的路径和名称或单击“浏览”按钮选择要打开的目标文件。

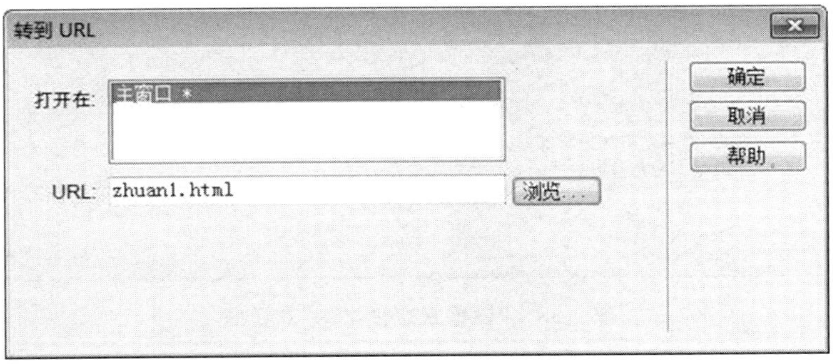

图 7-36　“转到 URL”对话框

(5)在对话框中单击“确定”退出对话框。

(6)在行为面板设置事件为：“onMouseDown”。

(7)保存网页并在浏览器中测试行为。

实例 7-3　制作转到 URL

要求：

1. 将图 7-33 中的按钮改为“弹出”按钮。

2. 事件为鼠标单击，添加转到 URL 行为。

7.3.5 设置状态栏文本

设置状态栏文本，可以设置浏览器状态栏中显示的信息。增加“状态栏文本”行为的操作如下。

(1)打开素材文件(zhuangtaiwb. html)，如图 7-37 所示，在窗口左下方的“快速标签选择器”中单击选择<body>标签。

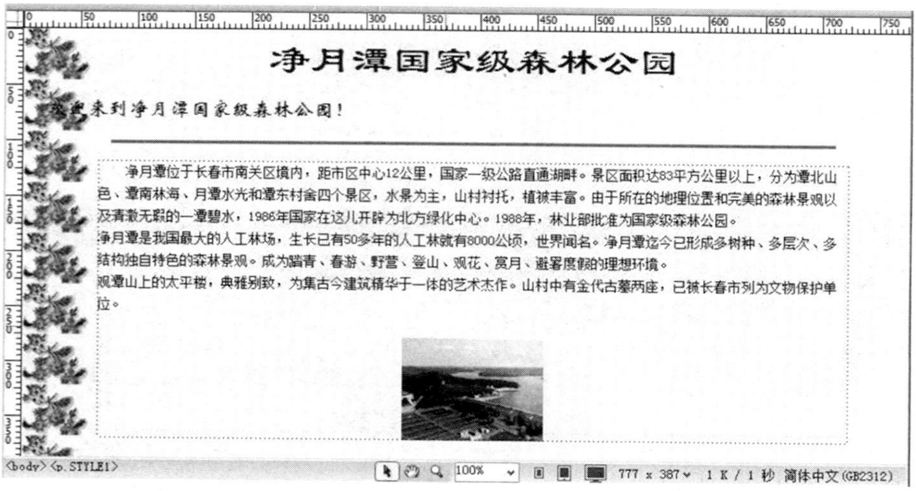

图 7-37 素材网页文件

(2)在行为面板上，单击“+”在下拉菜单中选择“设置文本→设置状态栏文本”。

(3)打开“设置状态栏文本”对话框，如图 7-38 所示。

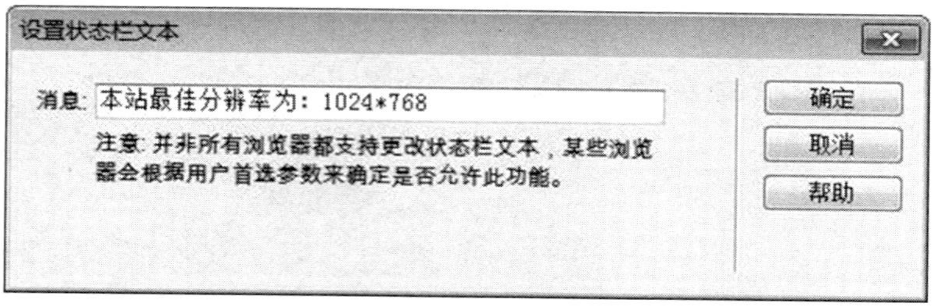

图 7-38 “设置状态栏文本”对话框

(4)输入要显示的信息“本站最佳分辨率为 1024×768”，单击“确定”退出对话框。

(5)在行为面板设置事件为“onLoad”。

(6)保存并在浏览器中测试行为，如浏览器网页上方出现提示，单击提示内容选择“允许阻止的内容”(图 7-39)，则在浏览器的状态栏上出现了设置的文本，如图 7-40 所示。

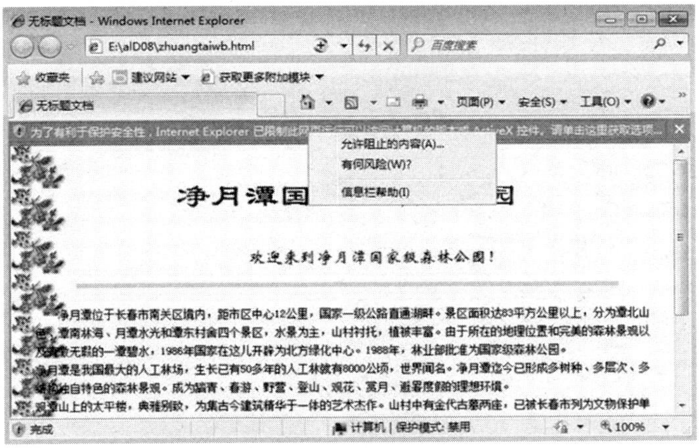

图 7-39　浏览器提示

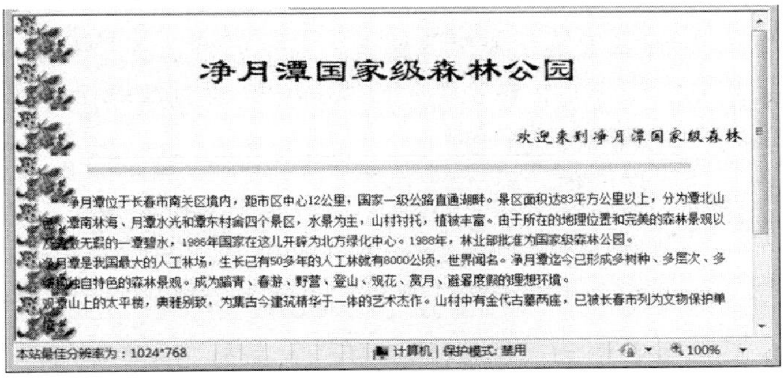

图 7-40　浏览器状态栏文本为特效

7.3.6　改变对象属性

改变对象属性可以动态改变对象的属性。如当单击鼠标改变表格背景或图像的大小等。以改变 Div 背景为例，增加“改变对象属性”行为的操作如下。

(1)打开素材文件(shuxing. html)，如图 7-41 所示。

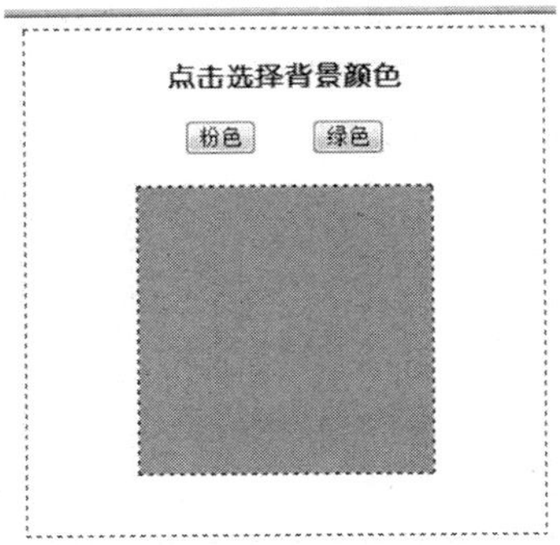

图 7-41　素材网页

(2)选中“粉色”按钮。在行为面板上，单击“+”在下拉列表中选择“改变属性”，打开“改变属性”对话框，如图 7-42 所示。

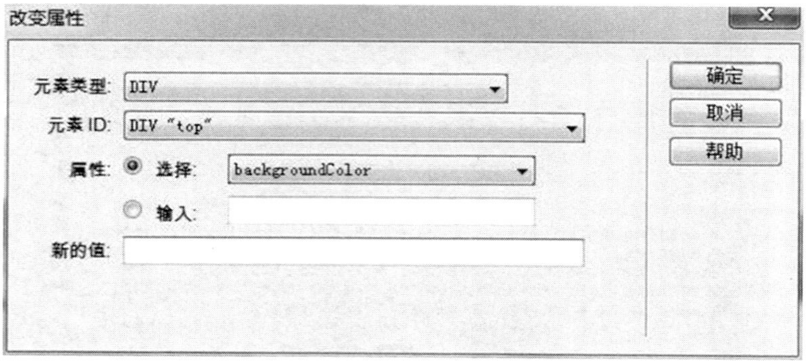

图 7-42 “改变属性”对话框

“元素类型”：选择要改变的类型。在下拉列表中选择“DIV”。

“元素 ID”：在下拉列表中选择要更改属性的对象名称，选择 DIV"top"。

“属性”：在下拉列表中选择要改变的属性名称。选择“backgroundColor”。

“输入”：用于输入准确的属性名称。

“新的值”：设置新属性的值。输入“pink”。

(3)设置完成后对话框如图 7-43 所示，单击“确定”退出对话框。

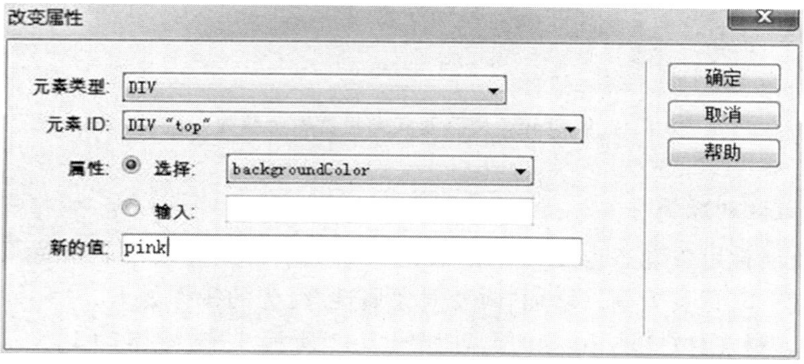

图 7-43 设置“改变属性”对话框

(4)在行为面板设置事件为“onMouseDown”。

(5)选中“绿色”按钮，利用相同的操作，设置“新的值”为“green”，事件为“onMouseDown”。

(6)保存并在浏览器中测试行为。

7.3.7 显示-隐藏元素

“显示-隐藏元素”是显示、隐藏或恢复一个或多个元素的默认可见性。增加“显示-隐藏元素”行为的操作如下。

(1)打开素材文件(yincangcen. html)，如图 7-44 所示。

图 7-44　显示-隐藏元素网页文件

(2)选中“长春雕塑公园”文字，在行为面板上，单击“+”在下拉列表中选择“显示-隐藏元素”。打开“显示-隐藏元素”对话框，如图 7-45 所示。

图 7-45　“显示-隐藏元素”对话框

(3)在“元素”选列表中选择要显示/隐藏的元素，如选择 div "app"。

(4)单击“显示”按钮(图 7-46)，然后单击“确定”，退出“显示-隐藏元素”对话框。

图 7-46　在“显示-隐藏元素”对话框中设置“显示”

(5)在行为面板设置事件为:“onMouseOver”。

(6)重新选择“长春雕塑公园”文字，重复上述操作，在“显示-隐藏元素”对话框，选择 div "app"，单击“隐藏”按钮，“确定”退出对话框，将行为事件设为“onMouseOut”。行为面板显示如图 7-47 所示。

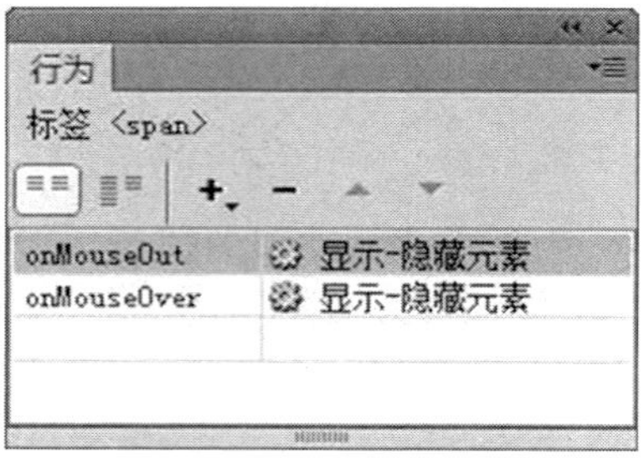

图 7-47 显示-隐藏元素行为面板

(7)保存并在浏览器中测试行为。

7.3.8 调用 JavaScript 程序

“调用 JavaScript”行为是在事件发生时执行自定义的函数或 JavaScript 代码。在网页中应用 JavaScript 一般有两种方式，一是在网页中直接嵌入 JavaScript 代码，二是通过行为调用已有的 JavaScript 小程序。

1. 在网页嵌入 JavaScript 代码

在网页中经常嵌入的 JavaScript 代码有：设为首页和收藏本站等 JavaScript 代码。以收藏代码为例，在网页中直接嵌入 JavasScript 代码的具体操作如下。

- 打开长春介绍网页(ccjs. html)文件，如图 7-48 所示。

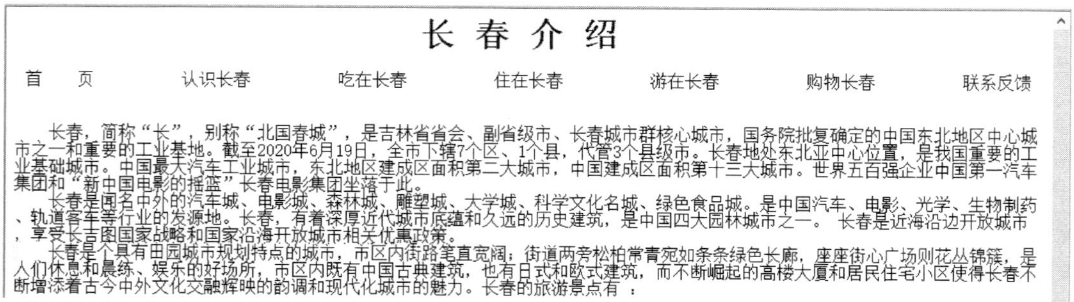

图 7-48 选择导航栏文本

- 在左侧代码区域内，将光标定位在“联系反馈”后面，回车换行，将光标定位在新一行。完成后代码如图 7-49 所示。
- 在新一行输入以下代码：

```
     
<a href="javascript:;" onclick="javascript:window. external. AddFavorite('http://www. ccyy. com','长春悠游网')" title="将本站收藏到你的收藏夹">收藏本站</a>
```

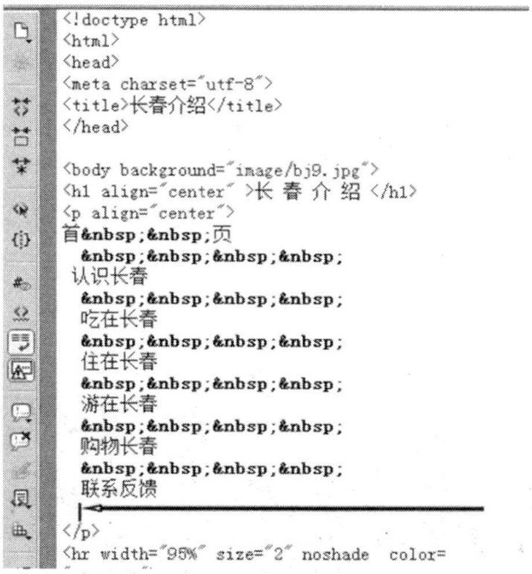

```
<!doctype html>
<html>
<head>
<meta charset="utf-8">
<title>长春介绍</title>
</head>

<body background="image/bj9.jpg">
<h1 align="center" >长 春 介 绍 </h1>
<p align="center">
首  页
     
 认识长春
     
 吃在长春
     
 住在长春
     
 游在长春
     
 购物长春
     
 联系反馈

</p>
<hr width="95%" size="2" noshade  color=
```

图 7-49　在代码中定位光标

[**提示**]代码中的网址和文字信息可以换成其他网站。

- 添加后代码如图 7-50 所示。

```
>
<p align="center">
首 &nbsp页
    
认识长春
    
住在长春
    
游在长春
    
购物长春
    
联系反馈
    
<a href="javascript:;" onclick=
"javascript:window.external.AddFavo
rite('http://www.ccyy.com','长春悠
游网')" title="将本站收藏到你的收藏夹">
收藏本站</a>

</p>
<hr width="95%" size="2" noshade
```

图 7-50　输入收藏代码

- 保存网页并在浏览器(建议使用 IE 浏览器)中测试，当单击“收藏本站”后会弹出提示对话框，单击“添加”则将网站添加到收藏夹中，如图 7-51 所示。

2. 通过行为调用 JavaScript 代码

简单的代码可以直接嵌入网页中，但多数的 JavaScript 代码都是比较长或复杂的，嵌入起来也比较麻烦，Dreamweaver CC 内置行为中提供了“调用 JavaScript”操作，可以轻松实现调用 JavaScript 代码的目的。利用行为调用 JavaScript 的具体操作为：

- 打开素材文件(diaoyong.html)，如图 7-52 所示。

图 7-51 在浏览器中测试收藏代码

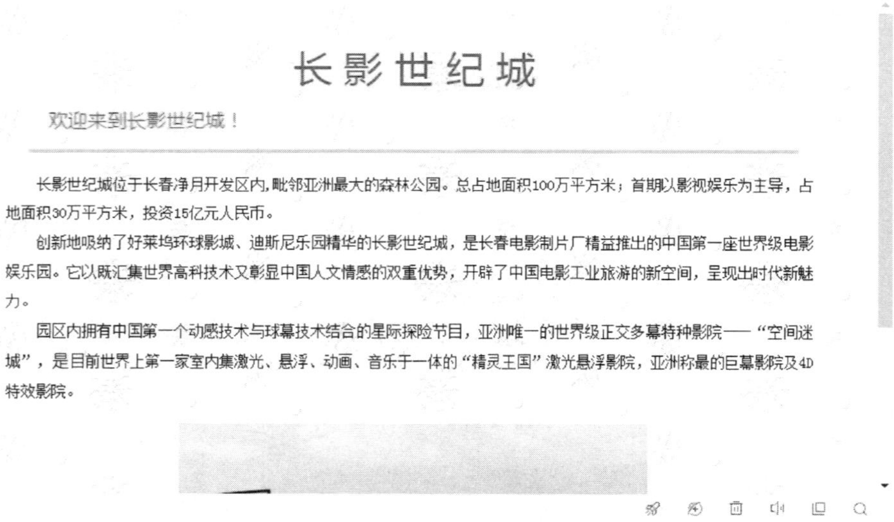

图 7-52 打开素材网页

• 在左侧代码区域内，在<head>和</head>之间插入以下代码：

```
<script LANGUAGE="JavaScript">
    <! --
function leave() {
window.open ("tanchu.html","newwindow","height=100,width=400,toolbar=
no,menubar=no,scrollbars=no,resizable=no,location=no,status=no")
//写成一行
```

```
}
//-->
</script>
```

[**提示**]代码中“tanchu. html”是关闭时弹出的网页文件，可换成其他网页文件。

• 完成后代码如图 7-53 所示。

```
<script LANGUAGE="JavaScript">
  <!--

function leave() {
window.open ("tanchu.html", "newwindow", "height=100, width=400, toolbar=no, menubar=no, scrollbars=no, resizable=no, location=no, status=no")

   }
  </script>
```

图 7-53　在网页中插入代码

• 在文档窗口下方的快速标签选择器中单击选择“body”标签。

• 在行为面板上，单击“+”在下拉列表中选择“调用 JavaScript”。打开“调用 JavaScript”对话框，在文本框中输入“leave()”，如图 7-54 所示。

图 7-54　“调用 JavaScript”对话框

• 单击“确定”按钮，退出对话框。

• 在行为面板设置事件为“onUnLoad”。

• 保存并在浏览器(建议使用 IE 浏览器)中测试行为。

任务 11　制作“长影世纪城”网页

任务目标

利用 Dreamweaver 的行为知识及相关操作，为“长春悠游网”中的“长影世纪城(dianying. html)”增加弹出消息和状态栏文本特效，其中状态栏文本是利用在网页中插入 JavaScript 代码来增加炫酷效果的。增加网页特效后的页面效果如图 7-55 所示。

任务实施

1. 增加弹出消息行为特效

(1)打开 Dreamweaver，确定当前站点为“长春悠游网”并打开站点根目录中“ccyou”文件夹中的“dianying. html”素材文件，文件中除了行为特效以外其他内容已制作完毕，如图 7-56 所示。

(2)在文档窗口下方的“快速标签选择器”中单击选择“<body>”标签。

(3)在“行为”面板上，单击“+”按钮，在下拉列表中选择“弹出消息”，打开“弹出消息”对话框，如图 7-57 所示。

图 7-55　长影世纪城主题页面

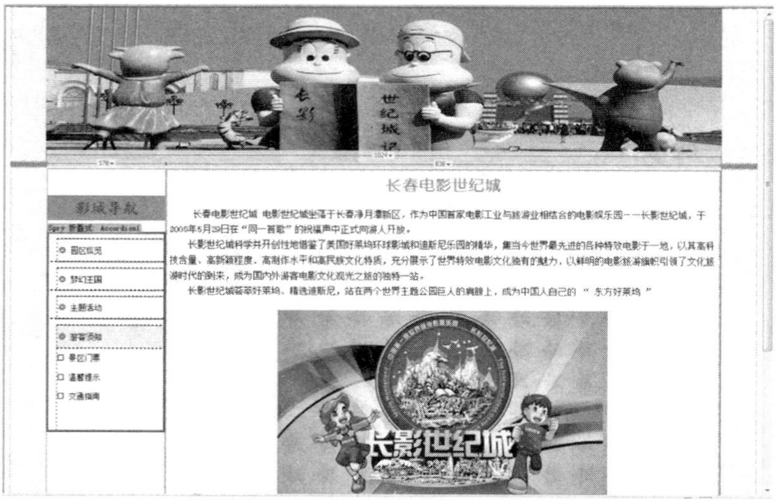

图 7-56　打开素材网页文件

图 7-57　“弹出消息”对话框

(4)在对话框中分两行输入“体验梦幻！感受未来！世界级长影世纪城欢迎您！”，单击“确定”退出对话框。

(5)在行为面板设置事件为：“onLoad”，行为面板如图 7-58 所示。

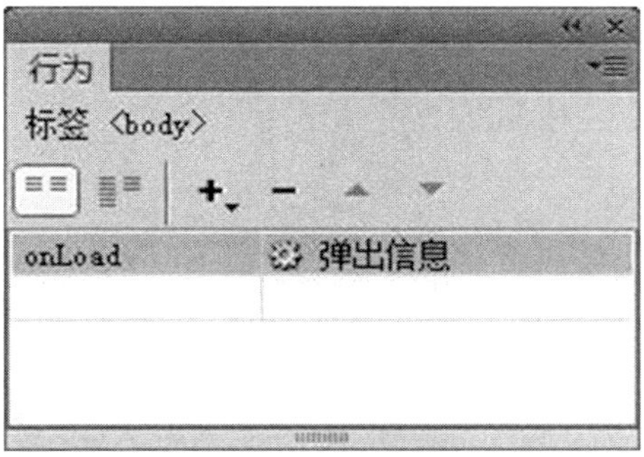

图 7-58　行为面板

2. 添加状态栏文本特效

(1)切换到网页代码编辑区域。

(2)在<head>与</head>之间插入以下代码：

```
<script language="JavaScript">
<! --
function statusMessageObject(p,d) {
this. msg = MESSAGE
this. out = " "
this. pos = POSITION
this. delay = DELAY
this. i = 0
this. reset = clearMessage
}
function clearMessage() {
this. pos = POSITION
}
var POSITION = 1000
var DELAY = 20
var MESSAGE = "＊＊＊……欢迎光临长春悠游网……＊＊＊"
var scroll = new statusMessageObject()
function scroller() {
for (scroll. i = 0;scroll. i < scroll. pos;scroll. i++) {
scroll. out += " "
}
if (scroll. pos>= 0)
```

```
scroll.out += scroll.msg
else scroll.out = scroll.msg.substring(-scroll.pos,scroll.msg.length)
window.status = scroll.out
scroll.out = " "
scroll.pos--
if (scroll.pos < -(scroll.msg.length)) {
scroll.reset()
}
setTimeout ('scroller()',scroll.delay)
}
function snapIn(jumpSpaces,position) {
var msg = scroll.msg
var out = ""
for (var i=0;i<position;i++)
{out += msg.charAt(i)}
for (i=1;i<jumpSpaces;i++)
{out += " "}
out += msg.charAt(position)
window.status = out
if (jumpSpaces <= 1) {
position++
if (msg.charAt(position) == '')
{position++ }
jumpSpaces = 100-position
} else if (jumpSpaces>3)
{jumpSpaces *= .75}
else
{jumpSpaces--}
if (position != msg.length) {
var cmd = "snapIn(" + jumpSpaces + "," + position + ")";
scrollID = window.setTimeout(cmd,scroll.delay);
} else {
window.status=""
jumpSpaces=0
position=0
cmd = "snapIn(" + jumpSpaces + "," + position + ")";
scrollID = window.setTimeout(cmd,scroll.delay);
return false
}
```

```
return true
}
snapIn(100,0);
// -->
</script>
```

(3)保存网页并在浏览器中测试网页。

任务总结与拓展

通过完成“dianying.html”网页特效的制作，熟练掌握了Dreamweaver中内置行为的操作方法与技巧，总结完成任务过程中出现的问题及解决方法，并与同学、教师交流Dreamweaver中的行为及JavaScript在网页中的应用与注意事项。

项目梳理

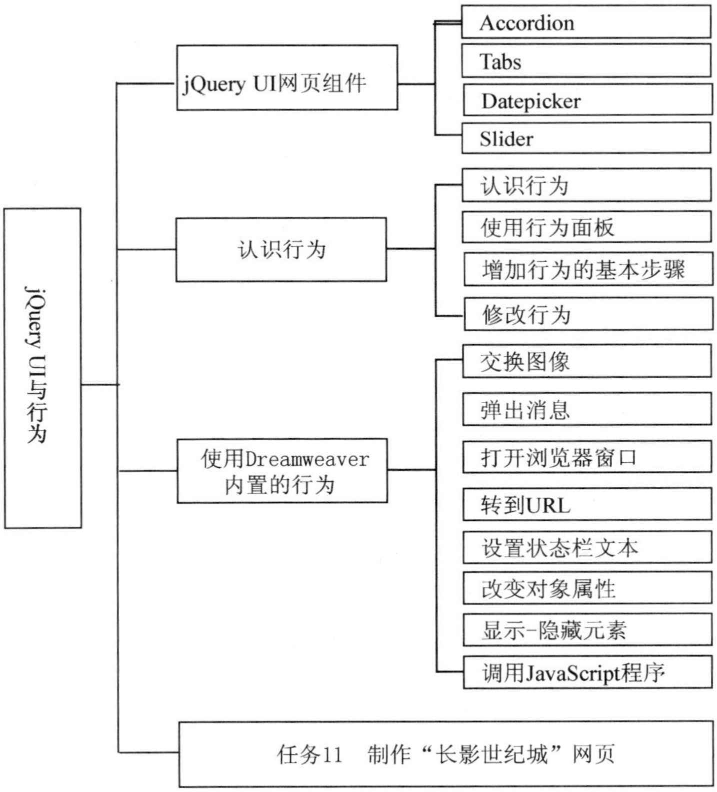

图7-59　本章项目梳理图

项目测试

一、填空题

1. 页面内容被加载的触发事件是________。

2. 在 jQuery UI 的网页组件中 Accordion 可以创建________，Tabs 可以创建________，Datepicker 可以为网页添加________。

3. 页面内容被加载的触发事件是________。

4. 页面关闭的触发事件是________。

5. 当鼠标经过对象时的触发事件是________。

6. 当鼠标离开对象时的触发事件是________。

7. 当页面被关闭时的触发事件是________。

二、选择题

1. 单击行为面板中的(　　)图标可以删除所选择的行为事件。

A. 加号　　B. 减号　　C. 删除　　D. 箭头

2. 为整个页面添加行为，需要单击(　　)标签后附加行为。

A. ＜table＞　　B. ＜td＞　　C. ＜div＞　　D. ＜body＞

3. (　　)可以触发动作。

A. 动作　　B. 事件　　C. 行为　　D. 表单

4. 以下行为当在对象上双击时触发事件是(　　)。

A. onMouseOut　　B. onMouseDown　　C. onClick　　D. onDbClick

5. 在对象上单击时触发事件是(　　)。

A. onMouseOut　　B. onMouseDown　　C. onClick　　D. onDbClick

三、简答题

1. 什么是行为?

2. 什么是事件?

3. 什么是动作?

4. 行为、事件和动作之间有什么联系?

项目实训

一、基本操作

1. 熟练在网页中插入行为特效的操作流程。

2. 练习在网页中插入 Dreamweaver 内置行为的操作。

3. 在网上搜索可以插入网页中的 JavaScript 小程序并将 JavaScript 插入或调用到网页中。

二、能力拓展：完成下面的任务

为网页添加行为特效。

要求：

1. 为“长春悠游网”中的网页添加行为特效。

2. 至少包括一种 Dreamweaver 内置的行为。

3. 至少将一个 JavaScript 小程序应用到网页中。

项目评估

项目评估测评表

（在□中打“√”，A. 优秀；B. 合格；C. 不合格）

序号	评估项目	评估标准	评估结果
1	专业能力	了解jQuery UI网页组件的基本知识	□A □B □C
2		掌握jQuery UI网页组件的基本操作方法	□A □B □C
3		掌握行为的相关知识和操作流程	□A □B □C
4		在网页中应用DW内置行为	□A □B □C
5		能够利用行为为网页添加特效	□A □B □C
6		独立完成本模块和能力拓展中的任务	□A □B □C
7	社会能力	学习和完成任务过程中与同学、组员沟通和交流能力	□A □B □C
8		明确自己在合作中能起到的作用	□A □B □C
9		能够与成员积极协商，相互配合完成任务	□A □B □C
10		善于发现和分析问题，提出解决的方法并实施	□A □B □C
11		能对解决问题的方法适时作出总结和修改	□A □B □C
12	方法能力	自我学习和时间管理的能力	□A □B □C
13		工作方式及意外的处理能力	□A □B □C
14		能通过多途径获得信息，具有归纳和整理信息的能力	□A □B □C
15		将已经学到的知识应用到新的工作任务中	□A □B □C
16		对所需信息的收集、整理、归纳和展示	□A □B □C
17		数据分析、简单计算和用适当的方法展示数据	□A □B □C
18	创新能力	能发现事物的不足，提出新的需求	□A □B □C
19		能创新性地提出改进的意见和具体方法	□A □B □C
20		能从多种方案中选择最佳方案，并在现有条件下实施	□A □B □C

项目 8　测试和发布“长春悠游网”

通过前面的学习，我们已经基本完成了“长春悠游网”本地网站及网页的设计与制作，接下来的任务是完成网站其他网页的制作。本项目我们将学习利用“模板”与“库”来快速制作网页提高效率，还要学习利用 Dreamweaver 站点管理工具对网站进行测试，测试无误后将本地网站发布到互联网上，完成发布“长春悠游网”的目标。

本章资源

项目教学设计

本章项目教学设计表

知识目标	1. 了解 Dreamweaver 模板和库的作用及相关知识； 2. 了解站点测试的基本知识； 3. 熟悉站点发布的基本流程
能力目标	1. 掌握模板和库项目的操作方法与技巧； 2. 能够应用模板和库项目制作网页； 3. 掌握站点测试的内容与基本操作； 4. 掌握定义远程站点的方法； 5. 能够利用 Dreamweaver 发布站点
重点与难点	1. 利用模板和库项目制作网页； 2. 测试与发布站点
教学方法	“讲授＋任务”训练： 1. 教师讲解并演示操作； 2. 任务训练：学生完成教师指定的训练任务； 3. 拓展训练：学生网上申请网络空间，发布网站到互联网上； 4. 讨论总结：教师组织学生共同总结如何利用模板制作网页，利用 Dreamweaver 测试和发布网站的技巧
建议学时	6 学时

任务描述

李明现在已经能独立制作图文并茂的各类网页，为了提高效率，公司让李明制作“长春悠游网”的网页模板，从而尽快完成网站制作。然后对网站进行测试，测试无误后发布到 Internet 上供他人浏览。

任务分解

1. 掌握 Dreamweaver 中模板和库的基本操作，能够利用模板和库项目制作网页。

2. 利用模板制作“长春水文化生态园”网页。
3. 掌握利用 Dreamweaver 测试、和发布站点的基本流程和操作。

知识讲解

8.1 模板

模板是由用户建立的，具有特定格式的网页，扩展名是 .dwt。模板网页包括可编辑和不可编辑两种区域。通常将相同的部分设置为不可编辑区，将不同的部分设置为可编辑区。

8.1.1 创建模板

创建模板时可以创建空白模板，也可将已设计好版式的网页存为模板格式。

1. 创建空白模板

创建空白模板的操作如下。

(1)在菜单栏中单击“文件→新建”命令，打开新建文档对话框，如图 8-1 所示。

(2)在对话框的“页面类型”中选择“HTML 模板”，在“布局”中选择“<无>”，最右侧是网页预览。

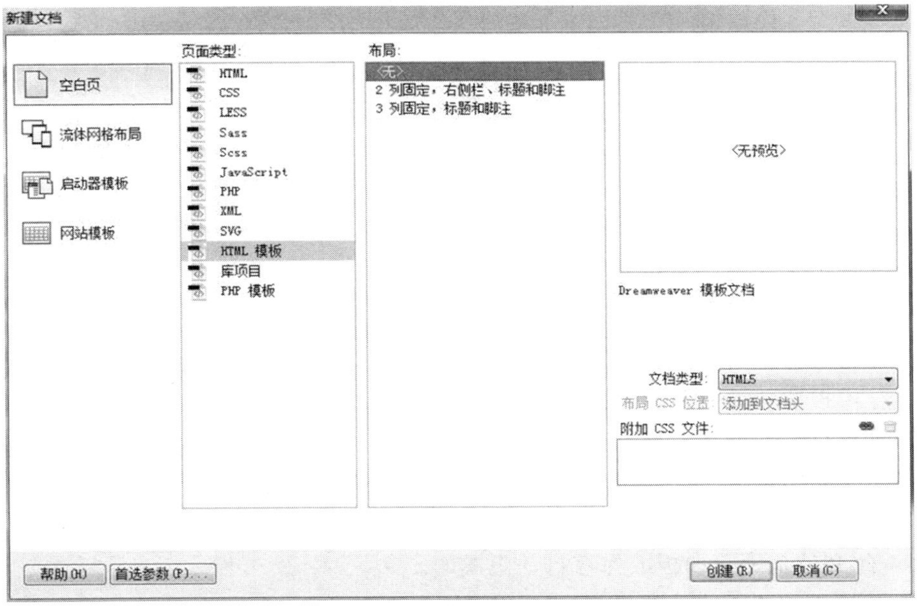

图 8-1 “新建文档”对话框

(3)单击“确定”，则创建了一个空白模板。

(4)编辑模板网页，模板页和普通网页的编辑方法是一样的。

(5)保存模板文档，模板文件的扩展名是“.dwt”。

2. 将已有网页文件保存为模板

(1)打开已编辑好的要保存为模板的网页文件，如图 8-2 所示。

(2)在菜单栏中单击 “文件→另存为模板”命令。

(3)打开“另存为模板”对话框，如图 8-3 所示。

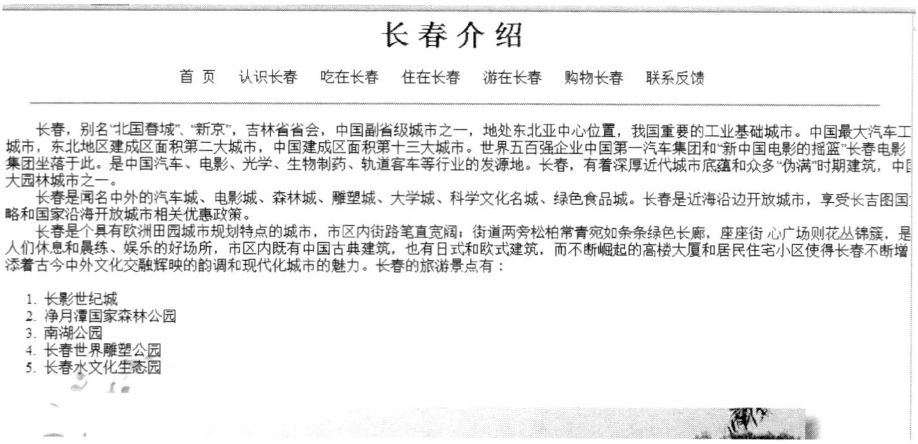

图 8-2　打开网页

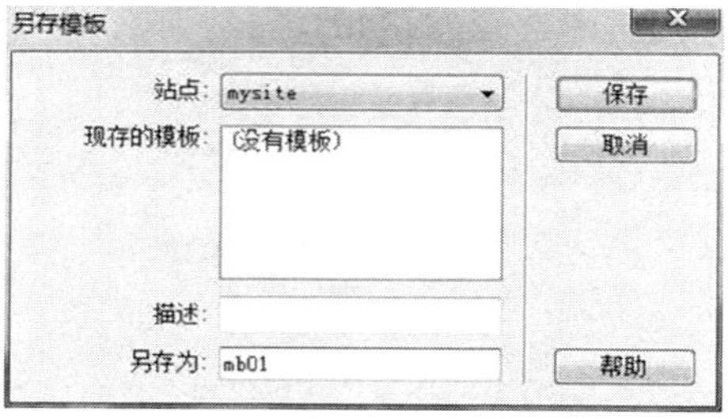

图 8-3　“另存模板”对话框

(4)各项设置如下：

“站点”：下拉列表中选择模板存放的站点。

“另存为”：文本框中输入模板的名称。

“现存模板”：显示当前系统中已有的模板文件。

(5)单击“保存”按钮，弹出“更新链接”对话框(图 8-4)。单击“是”保存模板并更新链接。

(6)模板自动保存在站点根目录下的“Templates”文件夹，此文件是随着模板的保存自动生成的。

[提示]“Templates”文件夹不能改名，不能移动。模板与原来的网页保存位置不一样，从而网页中应用的图像、CSS 样式和链接等相关文件都要随之更新。

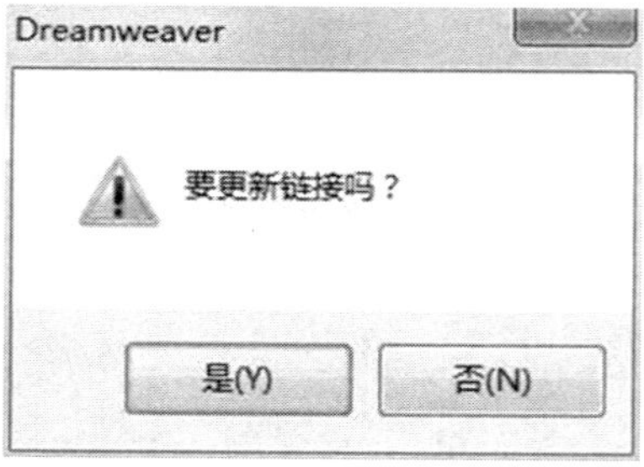

图 8-4　“更新链接”对话框

8.1.2　资源面板

“资源”面板是将站点内资源分类显示的面板。

(1)在菜单栏中单击“窗口→资源”命令，打开“资源”面板。

(2)单击“资源”面板左边的“模板”按钮，切换到“模板”选项，如图 8-5 所示。

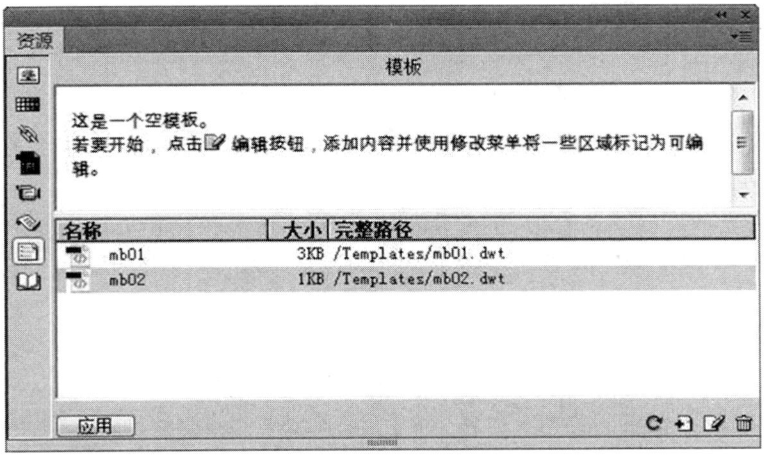

图 8-5　“资源”面板模板选项

(3)面板分为上下两个窗格，下部窗格是当前站点中模板列表，上部窗格是选择模板的预览。

(4)单击面板底部的“新建”按钮，在面板中创建了一个未命名的模板，如图 8-6 所示。

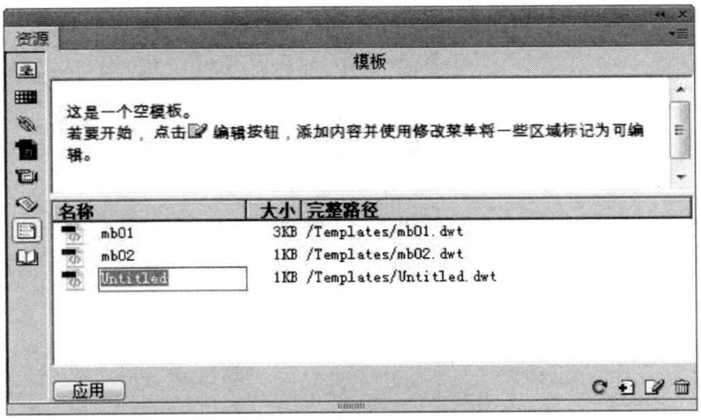

图 8-6　在“资源”面板创建空白模板

(5)输入新的模板名字，则新建了一个空白模板。

8.1.3　删除模板

对于没用的模板可以删除，删除模板的操作如下。

(1)打开“资源”面板，选择“模板” 选项。

(2)选择要删除的模板。

(3)单击“删除”按钮，即可删除所选模板。

8.1.4 设计模板网页

1. 设计模板网页

模板是特殊的网页，但它也是网页，所以，设计与制作的方法和网页是一样的。普通网页中有的元素，像文本、图像、表格、Flash、DIV 等，模板也一样可以有。

2. 设置可编辑区域

由模板建立的网页，只能在可编辑区域内进行输入内容和更改的操作。我们可以将图 8-2 网页中“水平线”和“导航条”以外的部分设置为“可编辑区域”为例，设置“可编辑区域”的操作如下。

(1)打开已设计的模板文件 wb01.dwt。

(2)选择“长春介绍”。

(3)在菜单栏中单击 “插入→模板→可编辑区域”命令(快捷键：Ctrl＋Alt＋V)。

(4)打开新建可编辑区域对话框，如图 8-7 所示。

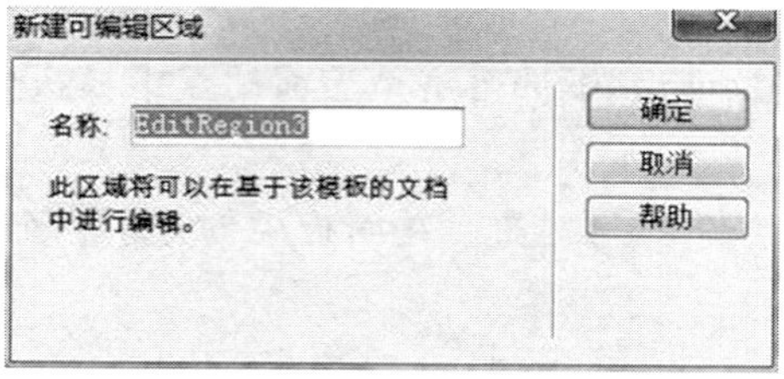

图 8-7 “新建可编辑区域”对话框

(5)在“名称”文本框中输入可编辑区域名称。

(6)单击“确定”，退出“可编辑区域”对话框，则建立的“可编辑区域”为绿色框线包围的区域，如图 8-8 所示。

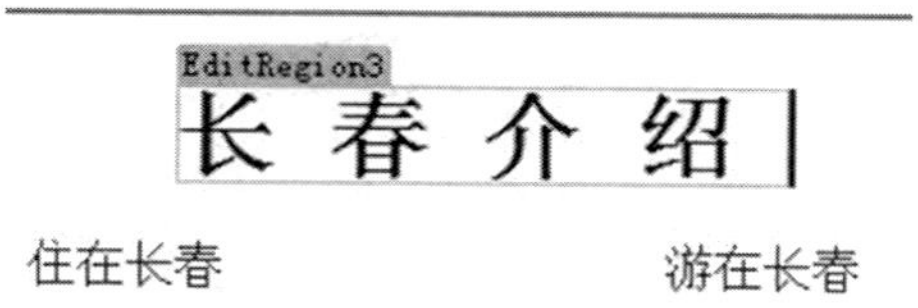

图 8-8 建立“可编辑区域”示例(a)

(7)用相同的操作将水平线以下的文本区域设置为可编辑区域。

(8)完成的模板页如图 8-9 所示。

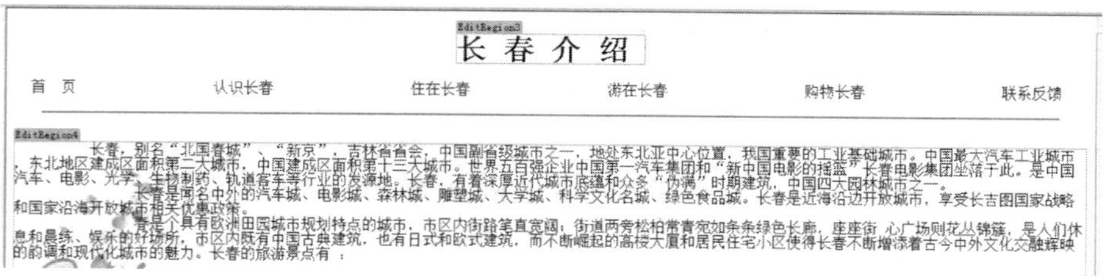

图 8-9 建立“可编辑区域”示例(b)

[提示]模板中任何区域都可以设置为可编辑区域，如一段文字或一个单元格等。基于没有“可编辑区域”的模板建立的网页就不能编辑，因此，模板至少要有一个“可编辑区域”。

实例 8-1　建立并设计网页模板

1. 在前面制作的网页中选择一个另存为模板页。

2. 模板设置为可编辑区域。

(三)删除“可编辑区域”

删除“可编辑区域”的操作如下。

(1)打开模板文件，单击选择模板中的“可编辑区域”左上角的名称，选中可编辑区域，如图 8-10 所示。

图 8-10　选择可编辑区域

(2)在菜单栏中单击“修改→模板→删除模板标记”命令，即可删除“可编辑区域”。

8.1.5　基于模板创建网页

模板设计好以后，可以由模板创建网页，也可以将网页套用到模板。

1. 由模板创建网页

由模板创建网页的操作为：

(1)在菜单栏中单击“文件→新建”命令。

(2)打开新建文档对话框，依次选择“网站模板”“myweb”“mb01”，如图 8-11 所示。

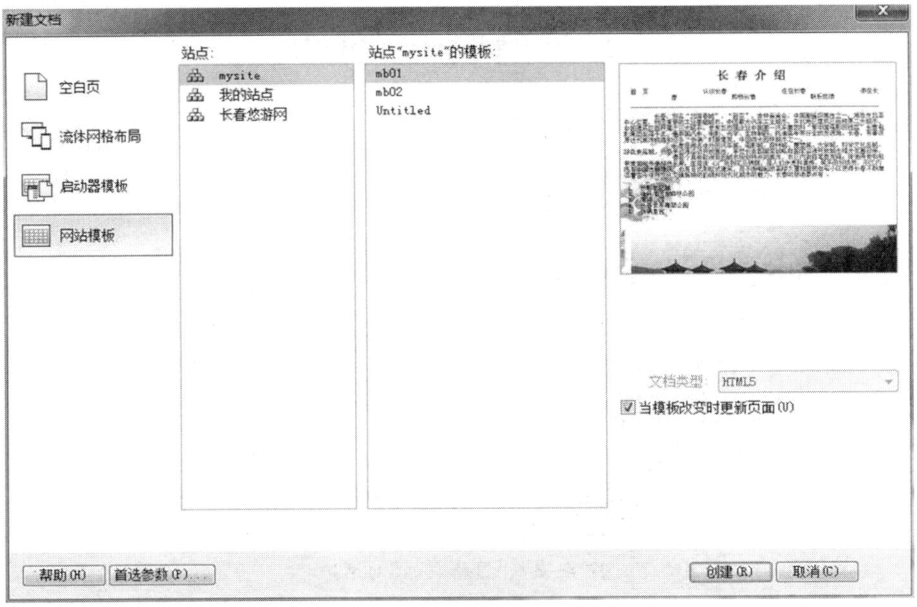

图 8-11　从模板“新建文档”对话框

(3)单击“创建”则由模板创建了一个新网页。

(4)由模板创建的网页，只可对模板中“可编辑区域”进行编辑。

2. 将已有网页应用模板

除了可以由模板创建网页，我们也可以将网页应用已有的模板，应用模板的操作如下。

(1)打开要应用模板的网页文件。

(2)执行以下操作之一：

- 在菜单栏中单击“修改→模板→应用模板到页”命令。
- 在“资源”面板中，选择模板，单击左下角的“应用”按钮 应用 。

(3)网页应用了所选模板。

8.1.6 更新模板

无论是由模板创建的网页，还是应用了模板的网页，都与模板之间建立了一种链接关系。当修改模板后，系统会自动更新这些网页，也可将网页从模板中分离出来，不再受模板的限制。

1. 更新模板

在 Dreamweaver 中，当模板被重新编辑或修改，保存模板后，会自动打开“更新模板文件”对话框(图 8-12)，单击“更新”按钮，更新文档。

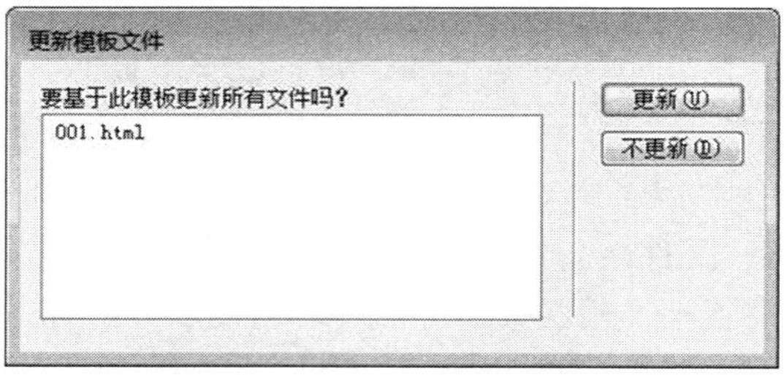

图 8-12 “更新模板文件”对话框

如由于某种原因，系统没有进行自动更新，可以进行手动更新，手动更新的操作如下。

(1)执行以下操作之一，打开“更新页面”对话框(图 8-13)。

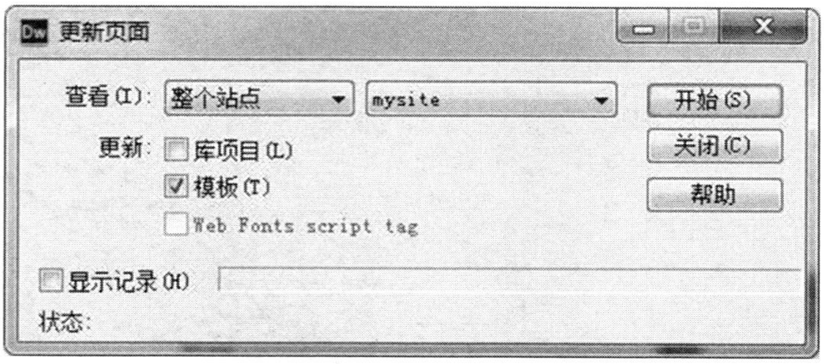

图 8-13 “更新页面”对话框

• 在“资源”面板中，右击要更新的模板文件，在弹出的快捷菜单中选择“更新站点”。

• 在菜单栏中单击“修改→模板→更新站点”命令。

(2)在“查看”下拉列表中选择更新的范围。有两个选项：一是“整个站点”，选择站点名称，更新所选站点中的所有文件；二是“文件使用”，选择模板文件，更新当前站点中使用该模板的所有网页。

(3)勾选“更新”选项中的“模板”选项。

(4)单击“开始”按钮，开始更新站点或网页。更新完毕后，系统会给出一个更新报告。

(5)更新结束，关闭“更新页面”对话框即可。

2. 将网页从模板中分离

由模板中创建的网页与模板有链接关系，模板改变会影响网页。如不希望网页与模板有联系，可以将网页从模板中分离，分离后的网页不再受模板的影响。网页从模板中分离的操作如下。

(1)打开要分离的网页。

(2)在菜单栏中单击“修改→模板→从模板中分离”命令，网页从模板中分离。

[**提示**]从模板中分离的网页，不再受模板更新的影响。

实例 8-2　用模板创建网页

要求：

1. 基于“实例 8-1”中建立的模板，创建新网页。

2. 新建一个网页，应用“实例 8-1”中的模板。

3. 修改模板，并更新网页。

8.2　库

库就是将网页中使用频率较高的网页元素组合成的一种特殊的网页文档，库项目的扩展名为 .lbi，可以在多个页面重复使用。和模板一样，当一个库项目被修改后，Dreamweaver 会自动更新所有使用了该库项目的网页。与模板不同的是库更小巧，而且库可以在同一网页中使用多次。

8.2.1　创建库项目

库项目可以从文档中选择部分元素来创建库项目，这些元素包括文本、表格、表单、Java applet、插件、ActiveX 元素、导航条和图像。也可新建空白库项目然后再进行编辑。

1. 创建空白库项目

创建空白库项目的操作如下。

(1)在菜单栏中单击“窗口→资源”命令，打开“资源”面板，单击左下角的库按钮，切换到“库”选项，如图 8-14 所示。

(2)单击面板底部的“新建”按钮，面板中出现一个未命名的库，如图 8-15 所示。

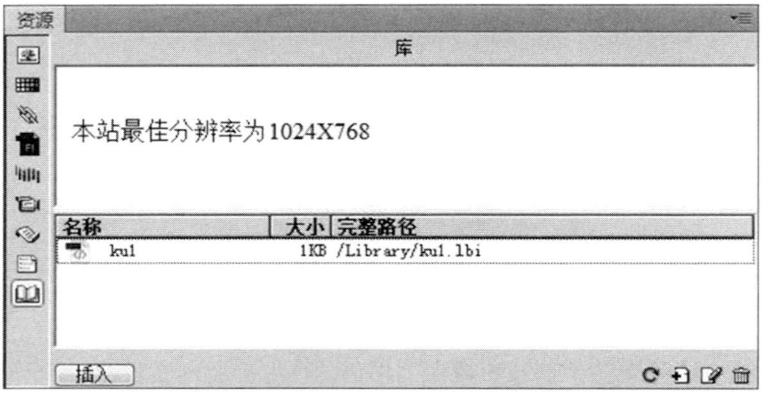

图 8-14 “资源”面板中库选项

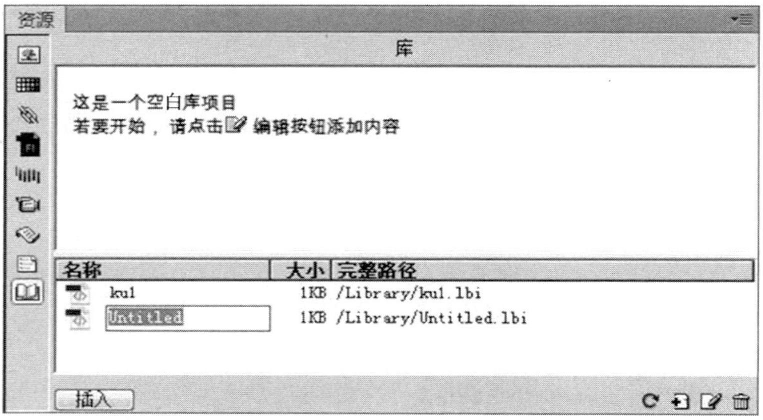

图 8-15 资源面板中新建“库”项目

(3)输入新的库项目名字，则新建一个空白库项目。

2. 为库添加内容

为库添加内容的操作如下。

(1)在“资源”面板“库”选项中，双击要编辑的库，将库打开。

(2)除了不能设置页面属性外，编辑库与编辑普通网页的操作是一样的。

3. 基于选定内容创建库项目

在 Dreamweaver 中，除了可以新建空白库项目，还可以把已编辑好的网页内容添加为库。如把图 8-16 网页中版权信息内容编辑为一个库项目为例，基于选定内容创建库项目的操作如下。

(1)选中作为库项目的内容。

(2)执行以下操作之一：

- 在菜单栏中单击“修改→库→增加对象到库”命令。
- 拖动选中的内容到“资源”面板指向“库”选项中的 按钮上。
- 在“资源”面板库类别中单击“新建” 按钮。

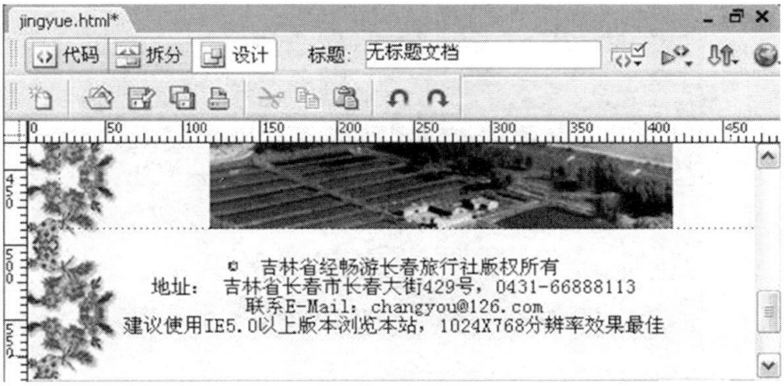

图 8-16 在网页选定作为库项目的内容

(3)“资源”面板“库”选项中，出现一个未命名的库，如图 8-17 所示。

(4)为库项目重新命名，如命名为“banquan”。

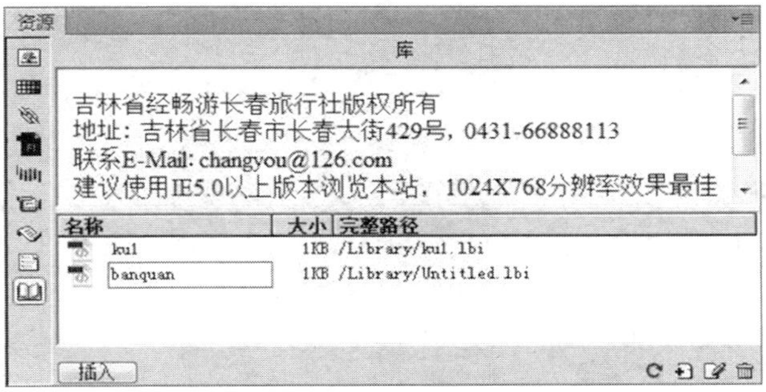

图 8-17 新建“库”项目

[**提示**]建立库项目后，Dreamweaver 会自动在网站的根目录下创建一个名为“Library”的文件夹，来保存所有的库文件。同模板文件夹一样，库文件夹不能改名，不能移动位置。

8.2.2 删除库项目

对于没用的库项目可以删除，删除库项目的操作如下。

(1)打开“资源”面板，选择“库”选项。

(2)选择要删除的库项目。

(3)单击“删除”按钮，即可删除所选库项目。

8.2.3 应用库项目

1. 应用库项目

应用库项目操作如下。

(1)打开要应用库项目的网页，定位光标在要插入库项目的位置，如图 8-18 所示。

(2)打开“资源”面板切换到“库”选项。

(3)在列表中选择要插入的库项目，如选择“banquan”库项目，单击面板左下角的

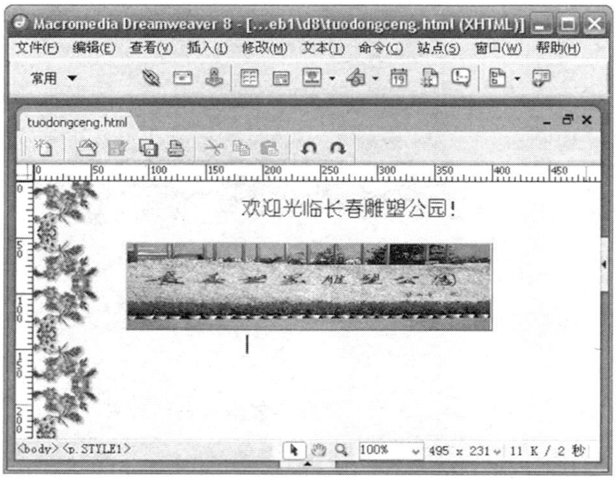

图 8-18　定位网页中插入库项目的位置

“插入” 插入 按钮。

(4)库项目插入网页中，库项目内容的背景会显示为黄色，不能编辑，如图 8-19 所示。

图 8-19　在网页中插入库项目

2. 从库项目分离

插入网页中的库项目受库的控制，在网页中是不能编辑的，只有与库分离，才能不受库的控制，分离操作如下。

(1)选择网页中的库项目，打开库项目“属性”，如图 8-20 所示。

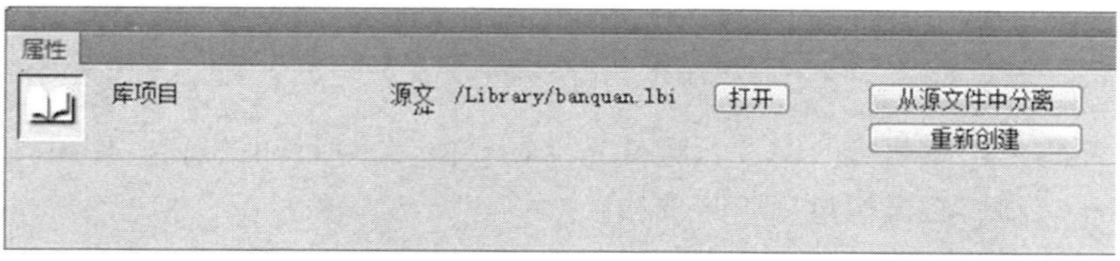

图 8-20　库项目“属性”

(2)单击“从源文件中分离”按钮，打开提示对话框，如图 8-21 所示。

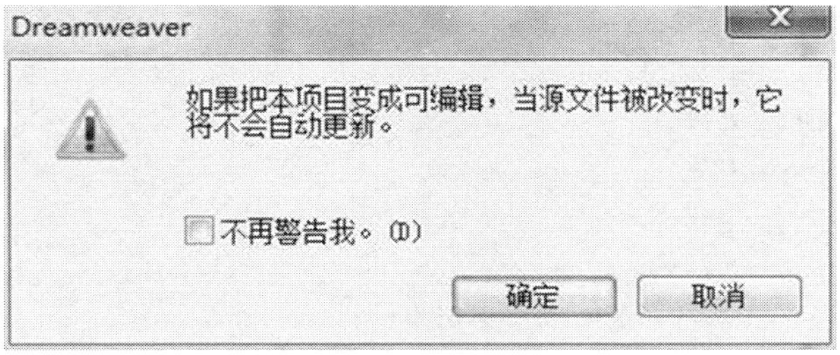

图 8-21　分离库项目提示对话框

(3)单击“确定”按钮，网页中的库项目与库项目文件脱离，就可以进行修改和编辑了。

8.2.4　更新库项目

当库项目被修改保存后，系统会自动打开“更新库项目”对话框，如图 8-22 所示，单击“更新”按钮，更新网页中的库项目。

图 8-22　“更新库项目”对话框

如没有自动“更新库项目”对话框，可进行手动更新，操作如下。

(1)执行以下操作之一，打开“更新页面”对话框(图 8-23)。

• 在“资源”面板中，在库项目名称上单击鼠标右键，在弹出的快捷菜单中选择“更新站点”。

• 在菜单栏中单击“修改→库→更新页面”命令。

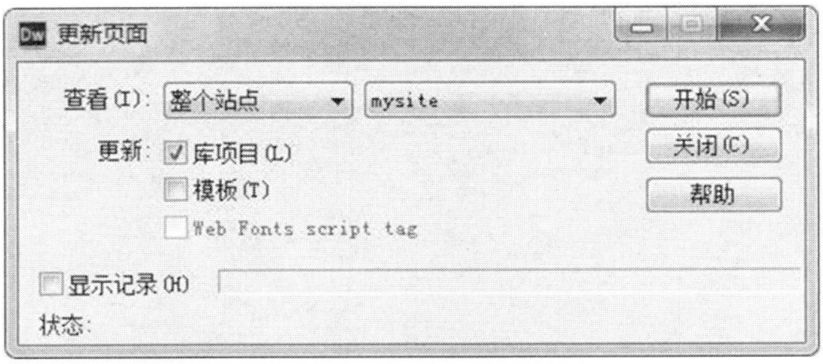

图 8-23　“更新页面”对话框

(2)在“更新”选项中，选择“库项目”，与更新模板一样更新网页中的库项目。

实例 8-3　使用库项目

要求：

1. 建立一个库项目文件。
2. 将库项目文件应用到网站的多个文件。
3. 修改库，并更新网页。

任务 12　利用模板制作“长春水文化生态园”网页

任务目标

利用 Dreamweaver 中的模板、库知识及相关操作，提高制作网页的工作效率。本任务首先创建模板页，然后利用模板完成“长春水文化生态园”(shuiwh.)制作。完成后网页效果如图 8-24 所示。

图 8-24　长春水文化生态园网页

任务实施

1. 创建模板

(1)打开素材文件 diaoshuo. html。

(2)在菜单栏中单击“文件→另存为模板”命令，打开“另存模板”对话框，如图 8-25 所示。

(3)在对话框中设置“另存为”名字为“page1”，单击“保存”，打开更新链接对话框如图 8-26 所示，单击“是”更新保存模板。

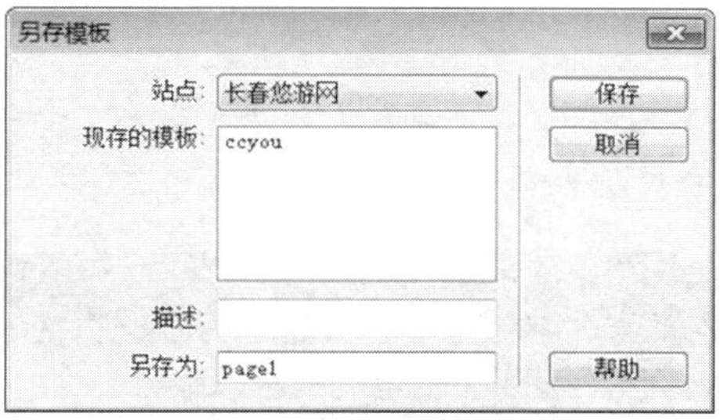

图 8-25 “另存模板”对话框

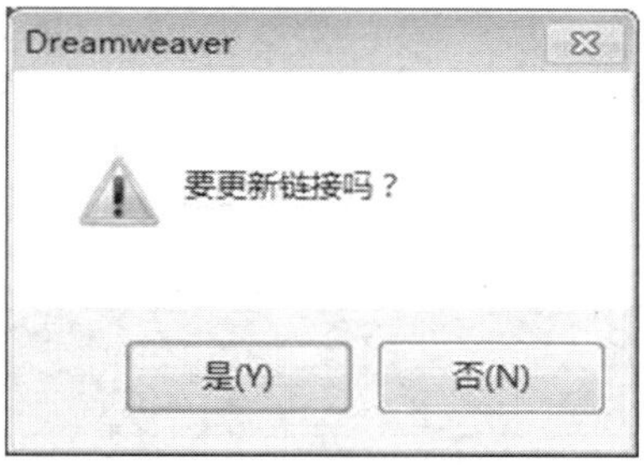

图 8-26 更新链接对话框

(4)保存后站点根目录中自动生成保存模板的文件夹“Templetes”，文件面板如图 8-27 所示。

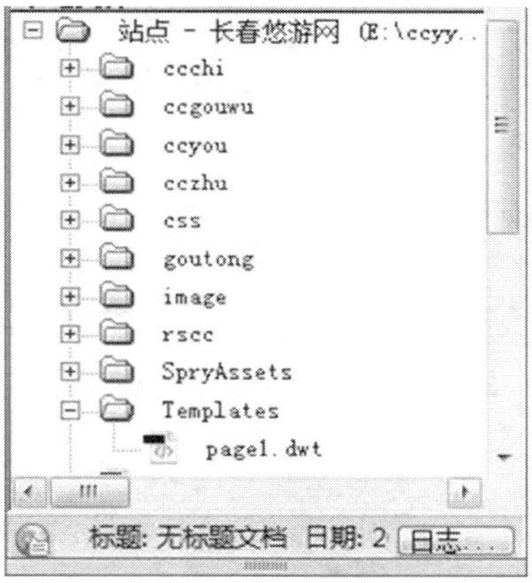

图 8-27 文件面板

(5)选择“当前位置＞＞长春悠游网＞＞雕塑公园介绍”中的“雕塑公园介绍”。

(6)在菜单栏中单击“插入→模板→创建可编辑区域”命令，打开“新建可编辑区域”对话框(图 8-28)，单击“确定”创建可编辑区域，完成后如图 8-29 所示。

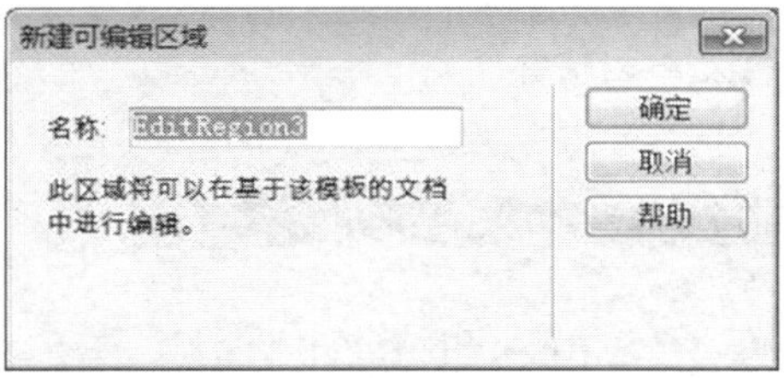

图 8-28 “新建可编辑区域”对话框

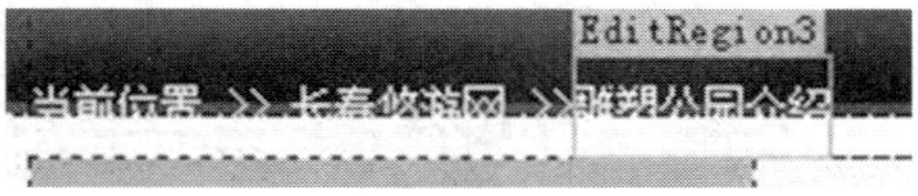

图 8-29 EditRegion3 可编辑区域

(7)单击选择左侧的雕塑公园图像，在文档窗口左下角的“快速标签选择器”中选择对应“＜div＃main-l＞”(图 8-30)，选择左侧图像区域。

图 8-30　选择“＜div＃main-l＞”

(8)在菜单栏中单击“插入→模板→创建可编辑区域”命令，打开“新建可编辑区域”对话框(图 8-31)，单击“确定”创建了“可编辑区域”，完成后如图 8-32 所示。

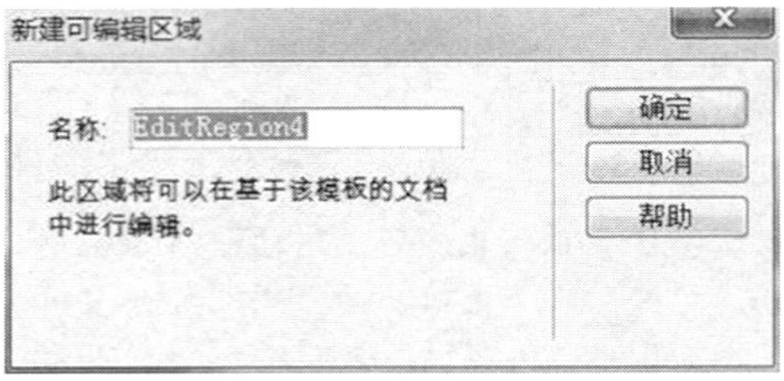

图 8-31　“新建可编辑区域”对话框

图 8-32　EditRegion4 可编辑区域

(9)定位光标在右侧文字内容中，在快速标签选择区选择对应的“＜div＃main-r＞”(图 8-33)，选择了右侧主体内容区域。

图 8-33　选择“＜div＃main-r＞”

(10)在菜单栏中单击“插入→模板→创建可编辑区域”命令，打开“新建可编辑区域”对话框(图 8-34)，单击“确定”创建可编辑区域，完成后如图 8-35 所示。

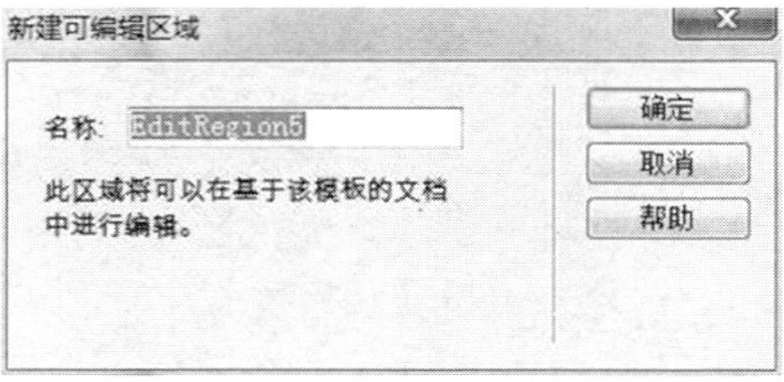

图 8-34　“新建可编辑区域”对话框

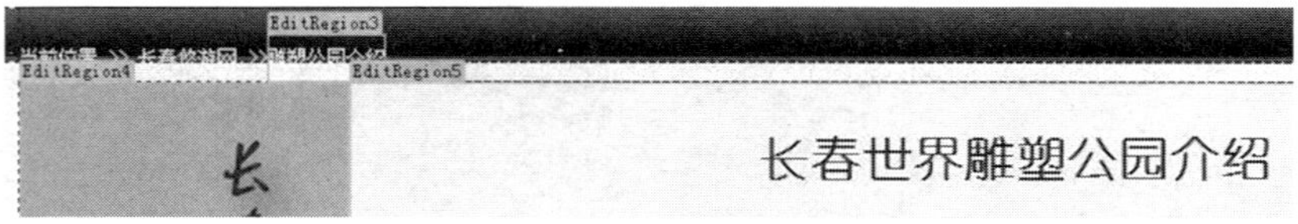

图 8-35　EditRegion5 可编辑区域

(11)选择页脚的文字内容"地 址：吉林省……"，重复上述操作，设置可编辑区域，完成后如图 8-36 所示。

图 8-36 EditRegion6 可编辑区域

(12)执行快捷键 Ctrl+S，保存模板，然后关闭模板文档。

2. 利用模板制作网页

(1)在菜单栏中单击"文件→新建"命令打开"新建文档"对话框，如图 8-37 所示。

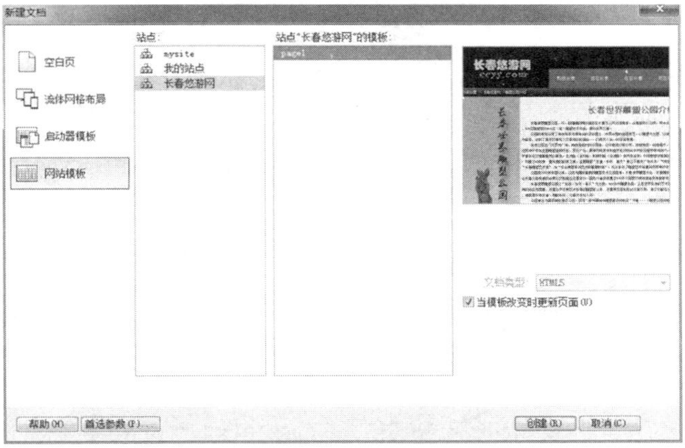

图 8-37 "新建文档"对话框

(2)在对话框中依次选择"网站模板"→"长春悠游网"→"page1"，具体如图 8-37 所示，单击"创建"则由模板创建了一个新网页，如图 8-38 所示。

图 8-38 由模板创建的网页

(3)在菜单栏中单击“文件→保存”命令，打开“另存为”对话框，如图 8-39 所示。

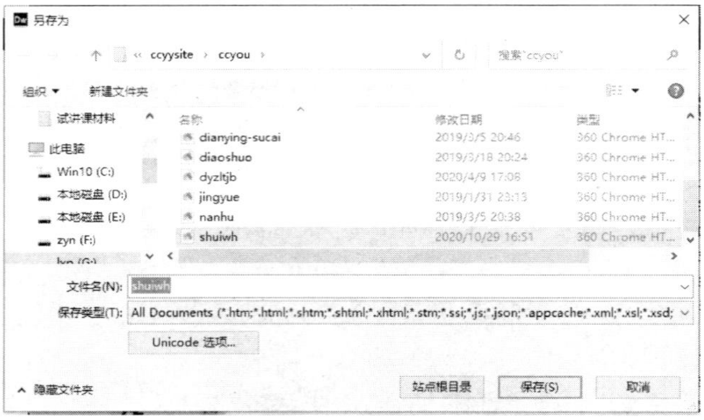

图 8-39 “另存为”对话框

(4)选择保存位置为站点文件中的“ccyou”文件夹、文件名为“shuiwh. html”，单击“保存”，由于已经创建了 shuiwh. html，所以，弹出提示覆盖的对话框(图 8-40)，单击“是”完成保存网页。

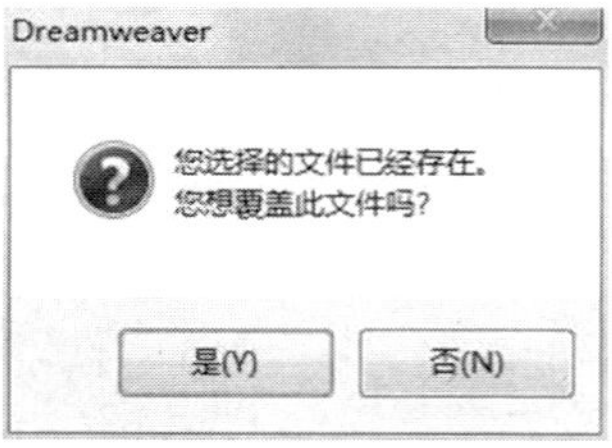

图 8-40 提示对话框

(5)选择第一个可编辑区域(EditRegion3)中“长春世界雕塑公园”，修改为“长春水文化生态园”。

(6)将第二个可编辑区域(EditRegion4)中的图像，删除然后插入长春水文化生态园图像。

(7)将第三个可编辑区域(EditRegion5)中的文本和图像换为长春水文化生态园的文本和图像。

(8)将第四个可编辑区域(EditRegion6)中的文本替换为长春水文化生态园的相关信息。

(9)保存网页并在浏览器中测试网页。

任务总结与拓展：

学生通过完成“shuiwh. html”网页的制作，熟练了模板网页的操作方法与技巧，总结完成任务过程中出现的问题及解决方法，并与同学、教师交流如何利用模板提高网页制作的工作效率。

8.3 发布站点

8.3.1 网站测试

本地站点在发布到 Internet 服务器上之前，必须对本地站点进行测试，确保页面在目标浏览器中如设计的那样显示和工作。测试站点主要有两方面：一方面是浏览器兼容性测试，另一方面是超链接完好性测试。

1. 网站兼容性测试

我们完成网站的设计工作后，要将站点发布到互联网上，只有发布到 Internet 服务器上，才能形成真正的网站，供世界各地的用户浏览。但是在发布站点之前，要将站点在不同浏览器和平台上进行兼容性测试，以使网页能正常浏览和使用。我们可以手动对网站在不同浏览器和不同平台上测试网页，也可以使用专门的测试软件进行测试。对于出现的不足要及时修复，以保证每个网页都能正常显示。

2. 超链接测试

在发布站点之前检查链接的正确性和完好性，也是非常重要的。Dreamweaver 提供了快速地检查站点中的链接正确性的功能，检查超链接的操作如下。

(1)在菜单栏中单击“窗口→结果→链接检查器”命令，打开“结果”面板的链接检查器选项卡，如图 8-41 所示。

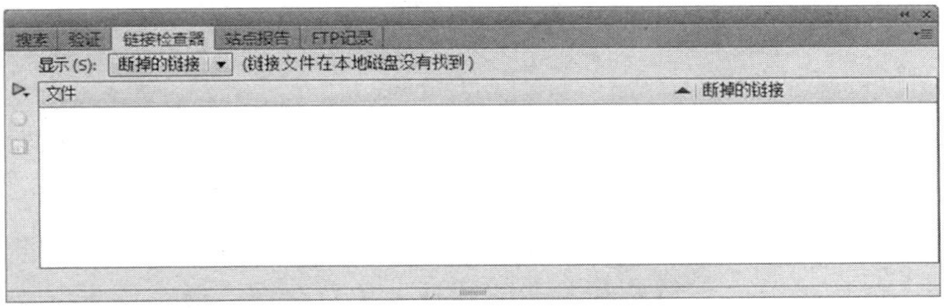

图 8-41　链接检查器

(2)确定检测项目。在“显示”下拉列表中有三个选项(图 8-42)：“断掉的链接”：是否存在断开的链接，是默认选项；“外部链接”：外部链接是否有效；“孤立的文件”：站点中是否存在孤立的文件。默认是“断掉的链接”。

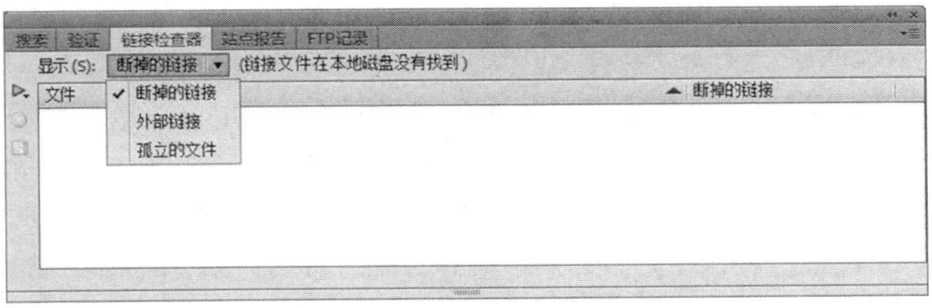

图 8-42　链接检查器“显示”选项

(3)确定检查范围。单击按钮，有三个选择：“检查当前文档中的链接”“检查整个当前本地站点的链接”和“检查站点中所选文件的链接”，如图 8-43 所示。

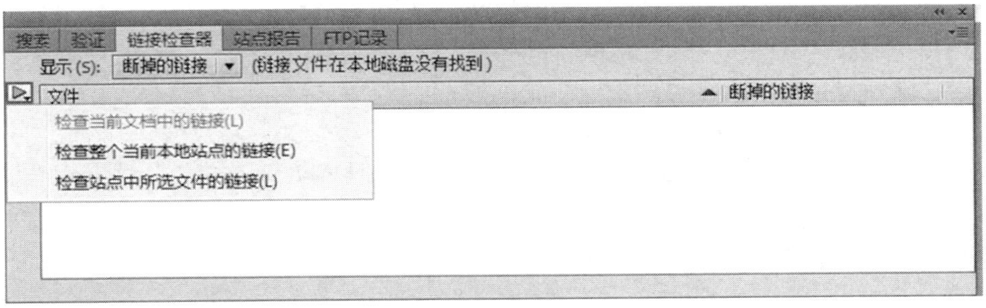

图 8-43　选择检查范围

(4)在“显示”选项中选择“断掉的链接”，检测范围选择“检查当前文档中的链接”，检测后会在面板的列表框中显示，如图 8-44 所示。

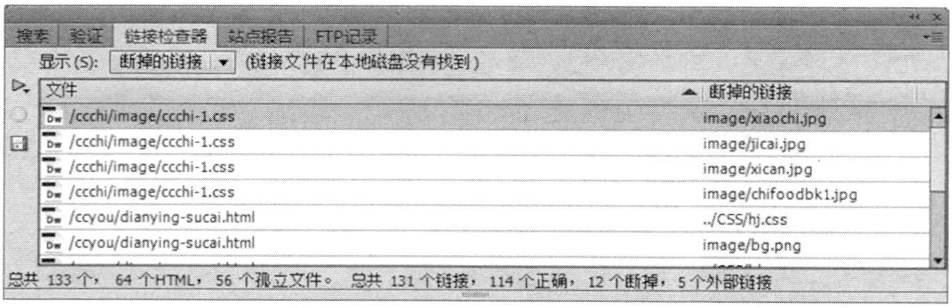

图 8-44　链接检查结果

(5)检查后要根据检查结果对超链接进行修复。

[**提示**]“孤立的文件”选项只有在检查站点链接时才有效。

8.3.2　申请空间和域名

站点要发布到 Internet 上，我们首先要申请网络空间和域名，然后再发布站点。

Internet 上的网络空间有付费和免费的两种。免费空间一般空间都很小，随时会出现各种网络广告，而且有随时“倒站”的危险。付费空间，空间都足够大，具有独立的网址和 IP 地址，不会有随时“倒站”的危险。

申请免费空间的操作流程一般如下。

(1)首先在网络找到提供免费空间的网站，并登录网站。

(2)进入免费空间申请的页面，首先阅读服务条款。服务条款必须要仔细阅读，如果同意，单击“同意”或“我同意”。进入填写注册信息页面。

(3)填写注册信息，为网站起域名。

(4)注册成功后，网站会给出空间的网址及在什么时间开通。

(5)如果支持 FTP 上传的网站，则会给出 FTP 主机名和密码，用于上传网站时使用。

以上流程仅为多数网站的操作流程，仅供参考。付费的网络空间申请与免费的差不多，只是要支付费用，另外域名也要申请并且是付费的。

[**提示**]一定要牢记用户名、密码及 FTP 主机名及密码，以备上传文件时使用。

8.3.3　发布网站

发布网页，就是将本地站点上传到 Internet 服务器上。目前网站设计者多数都采用 FTP 上传，FTP 有专门的软件，用户可以通过在网上下载安装后就可以使用。Dreamweaver 为方便用户发布网站，内嵌了 FTP 上传和下载功能，支持断点续传，可以批量的上传、下载文件和目录，并且具有闲置过久而中断的特点。因此，通过 Dreamweaver 就可以轻松完成网站的上传。

1. 设置远程服务器信息

发布站点之前，首先要设置远程服务器信息，在 Dreamweaver 中设置远程服务器信息的操作如下。

(1)在菜单栏中单击“站点→管理站点”命令，打开“管理站点”对话框，如图 8-45 所示。

图 8-45 “管理站点”对话框

(2)选择站点(选择“长春悠游网”)，单击“编辑”按钮，打开“站点设置对象 长春悠游网”对话框，在左侧单击服务器，切换到服务器选项卡，如图 8-46 所示。

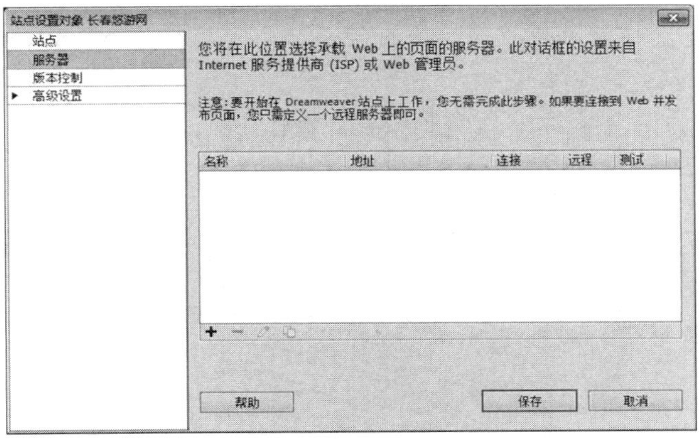

图 8-46 定义站点的远程信息

(3)单击“添加新服务器”按钮“+”，添加一个新服务器，添加服务器基本信息(图 8-47)。

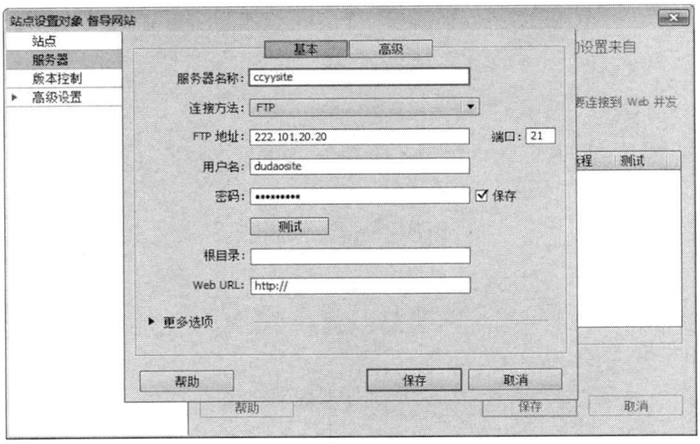

图 8-47 设置站点服务器基本信息

- 在“服务器名称”文本框中，输入新服务器的名称。
- 在“连接方法”下拉选框中，选择“FTP”。
- 在“FTP 地址”文本框中，输入 FTP 服务器的地址。
- 在“用户名”和“密码”文本框中，输入 FTP 服务器的用户名和密码。

(4)输入基本的服务信息，具体如图 8-47 所示。单击“测试”，测试 FTP 地址、用户名和密码，测试成功后会弹出提示消息框(图 8-48)，单击“确定”完成服务器设置及连接测试。

图 8-48　测试成功提示

2. 上传站点

对站点进行检测和设置完成远程信息后就可以上传站点了，在 Dreamweaver 中上传站点的操作为：

(1)在“文件”面板中单击“展开/折叠”按钮，打开站点窗口，如图 8-49 所示。

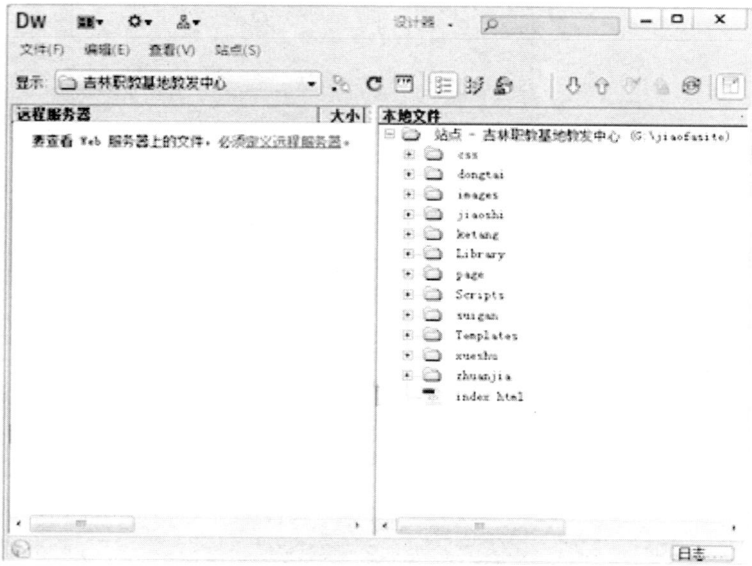

图 8-49　站点窗口

(2)在“站点窗口”单击链接按钮，与远程服务器建立连接，弹出链接和等待服务器对话框，如图 8-50 所示。

(3)与远程服务器成功建立连接后，窗口中：左侧显示远程信息，列出了远程的文件目录；右侧为本地信息，列出了本地文件目录，如图 8-51 所示。

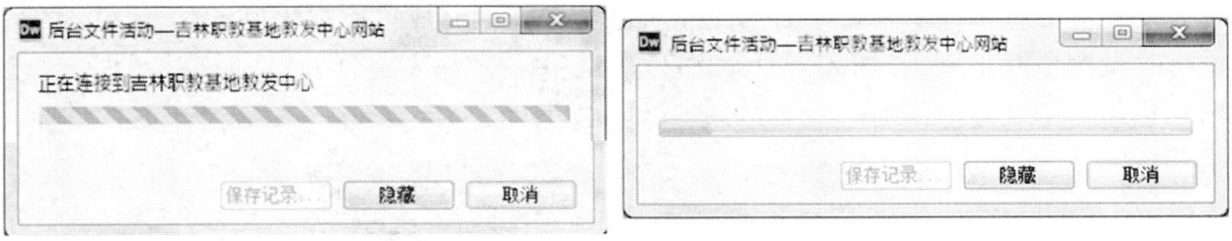

图 8-50　与远程服务器建立连接

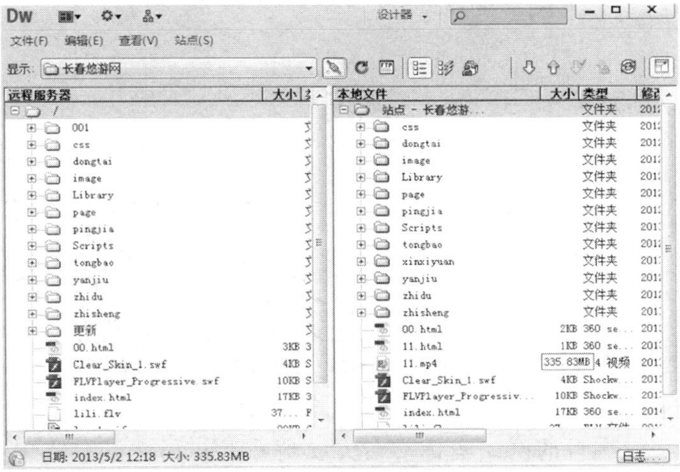

图 8-51　与远程服务器连接后的站点管理器窗口

(4)在本地目录中选择要上传的文件或文件夹，单击上传按钮，开始上传文件，上传文件的时间取决于计算机及网络的速度。

[**提示**]在远程信息列表选择要下载的文件或文件夹，单击，可以从远程下载文件或文件夹。

8.3.4　站点推广

网站建立后如果没有人来访问，尤其是企业网站，网站的功能就无法实现，因而，推广网站是网页设计后续工作中一项十分重要的环节。推广网站常用的途径一般有以下几种。

1. 在 Dreamweaver 中插入关键字和说明

加入了关键字和说明的网页可以快速被搜索引擎找到。设置关键字和说明的操作为：

- 打开要插入关键字和说明的网页。
- 在菜单栏中单击"插入→Head(H)→关键字"命令，打开"关键字"对话框，如图 8-52 所示。

图 8-52　"关键字"对话框

• 在对话框中输入关键字后，单击“确定”按钮，完成关键字的设置。

• 在菜单栏中单击“插入→Head(H)→说明(D)”命令，打开“说明”对话框，如图 8-53 所示。

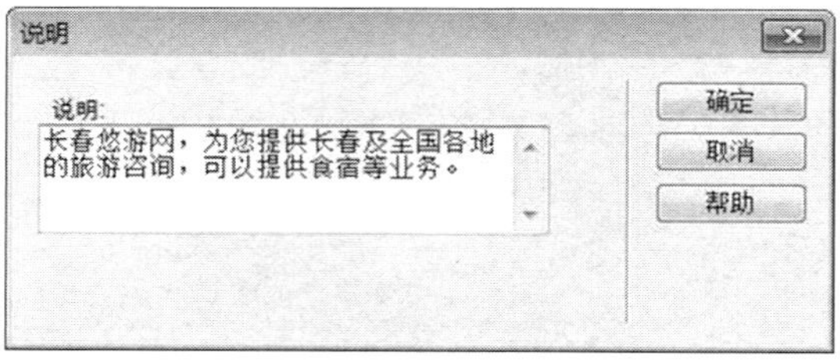

图 8-53 “说明”对话框

• 在“说明”的文本框中输入简短的描述性文本，单击“确定”完成说明的设置。

2. 将站点资料放置到 Web 搜索引擎

这种方法是目前推广网站方法中最为常见的一种，在向搜索引擎里放置资料时，应重点选择一些比较著名的搜索网站，如百度、Google 等，且要经常在搜索引擎中更改网站资料，使网站排名保持在前列，让更多用户可以搜索到网站。

3. 互建友情链接

通过制作精美、醒目的网站图标，在关联网站上互相建立友情链接。用户浏览时单击图标就可以跳转到网站。

4. 利用 E-mail 宣传网站

这是最简单的一种推广网站的方式，网站建好后，向亲朋好友发送 E-Mail，介绍网站的特点，告之网址，邀请他们上网访问。

5. 通过网络广告、BBS 宣传推广网站

8.3.5 更新和维护

网站发布到了 Internet 网络上以后，要有专人维护和管理，随时进行修改和更新，以使自己的网站紧跟市场潮流。对可能出现的问题进行评估，制定响应时间，以保证一旦出现问题能够及时解决。最好制定相关网站维护的规定，将网站维护制度化、规范化。

对于任何一个网站来说，如果要始终保持对客户足够的吸引力，定期更新是唯一的途径。几个月甚至一年都一成不变的网站是毫无吸引力可言的，结果只能是访问人数越来越少，同时也会对网站整体形象造成负面影响。

任务 13 发布网站到 Internet

任务目标

了解申请网络空间的基本流程，能够对完成的网站进行测试，测试后可以将网站发布到 Internet 上，制定相关的网站维护、管理和更新的规定或制度。

任务实施

1. 在本地测试网站，修复问题网页或其他文件，确定要发布的网站中网页、链接

和图像等信息文件的有效性和完整性。

2. 在 Internet 上申请支持 FTP 上传的网络空间，获取 FTP 服务器用户名和密码等必需的信息。

3. 利用 Dreamweaver 或专门的 FTP 软件连接远程服务器，并上传网站到服务器上。

4. 利用各种方式推广网站。

5. 制定网站维护、管理和更新的规范制度，以便及时维护和更新网站。

6. 更新网站，根据规定时间，及时更新。

任务总结与拓展

写出网站发布的具体工作过程，总结经验与技巧。

项目梳理

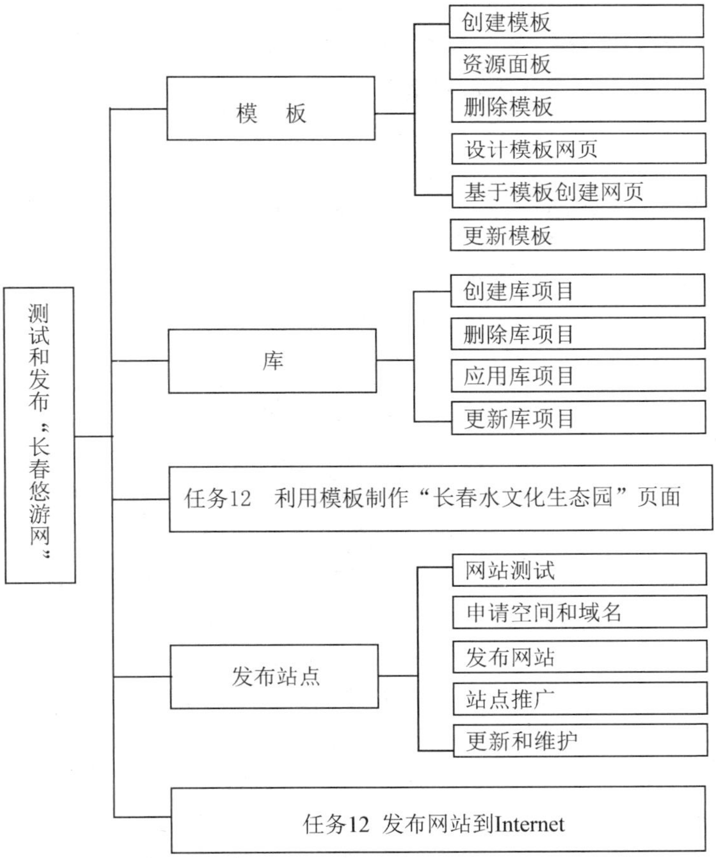

图 8-54 本章项目梳理图

项目测试

一、填空题

1. 模板文件的扩展名是________。

2. 库文件的扩展名是________。

3. 站点中用于存放模板文件的文件夹名称是________。

4. 站点中用于存放库项目文件的文件夹名称是________。

5. 创建模板中可编辑区域的快捷键是：________。

6. Internet 上的网络空间有________和________两种。

7. Dreamweaver 方便使用者发布网站，内嵌了________，支持________功能，可以________、________，并且具有________的特点。

二、选择题

1. 在 Dreamweaver 中，下面关于模板说法正确的是(　　)。

A. 使用模板更新文件的方法可以大大节省了用户的时间

B. 不能更新网站应用了模板的网页

C. 由模板创建的网页可以直接编辑

D. 可以更新不是本模板的网页

2. 如果许多页面使用同样的布局，则可以使用(　　)来创建网页。

A. 库项目　　B. 模板　　C. 层　　D. 模板

3. 下列关于库的说法正确的是(　　)。

A. 库也是一种网页，是一种特殊的网页

B. 库项目只能是文本，不能是其他网页元素如图像等

C. 库项目更新后，应用库项目的网页也会自动更新引用的库项目

D. 以上说法都对

4. 我们在建立站点的过程中，在本地机器上编辑的站点被称为(　　)。

A. 本地站点　　B. 远程站点　　C. Web 站点　　D. 测试站点

5. 我们在使用 Dreamweaver 的过程中，可以通过(　　)选项来定义远程站点。

A. 管理站点　　B. 站点检测　　C. 站点维护　　D. 以上都不是

6. 下面哪种方法可以用于网站推广？(　　)

A. FTP　　B. 发送 E-Mail　　C. 新闻组　　D. 以上都不是

7. 在设置远程信息时，必须输入正确的(　　)，才可以连到远程服务器。

A. FTP 主机地址　　B. 用户名　　C. 密码　　D. 以上都是

三、简答题

1. 什么是模板？什么是库？简单说明你理解的模板和库。

2. 简述使用模板和库的相同点和不同点。

3. 写出申请空间和域名的一般流程。

4. 网站推广的常用途径有哪些？

项目实训

一、基本操作

1. 创建空白文档的基本操作。
2. 创建库项目的基本操作。
3. 基于模板创建网页的操作。
4. 对已制作的网站进行超链接测试。
5. 练习网站远程服务器基本设置操作。

二、能力拓展：完成下面的任务

要求：

1. 以下内容可以二选一完成。

(1)用已有网页创建模板，并应用模板制作网页。

(2)创建空白模板并设计与制作模板网页，然后应用模板制作网页。

2. 创建库项目，应用到站点的网页中。
3. 申请一个网络空间和域名。
4. 利用 Dreamweaver 的上传功能将本地文件上传到远程服务器上。

项目评估

项目评估测评表

(在□中打“√”，A. 优秀；B. 合格；C. 不合格)

序号	评估项目	评估标准	评估结果
1	专业能力	在 Dreamweaver 中模板和库项目的基本知识	□A　□B　□C
2		在 Dreamweaver 中创建模板网页和项目的基本操作	□A　□B　□C
3		能够基于模板创建网页	□A　□B　□C
4		网站超链接测试的基本操作	□A　□B　□C
5		能够申请空间和域名，并发布网站到 Internet	□A　□B　□C
6		独立完成本模块和能力拓展中的任务	□A　□B　□C
7	社会能力	学习和完成任务过程中与同学、组员沟通和交流的能力	□A　□B　□C
8		明确自己在合作中能起到的作用	□A　□B　□C
9		能够与成员积极协商，相互配合完成任务	□A　□B　□C
10		善于发现和分析问题，提出解决的方法并实施	□A　□B　□C
11		能对解决问题的方法适时作出总结和修改	□A　□B　□C

续表

序号	评估项目	评估标准	评估结果
12	方法能力	自我学习和时间管理的能力	□A □B □C
13		工作方式及意外的处理能力	□A □B □C
14		能通过多途径获得信息，具有归纳和整理信息的能力	□A □B □C
15		将已经学到的知识应用到新的工作任务中	□A □B □C
16		对所需信息的收集、整理、归纳和展示	□A □B □C
17		数据分析、简单计算和用适当的方法展示数据	□A □B □C
18	创新能力	能发现事物的不足，提出新的需求	□A □B □C
19		能创新性地提出改进的意见和具体方法	□A □B □C
20		能从多种方案中选择最佳方案，并在现有条件下实施	□A □B □C

项目9　制作吉林职教基地教发中心网站

经过前面的学习，我们已经掌握了网页制作工具 HTML、CSS、Dreamweaver 和 Div 的使用方法和技巧，本项目就是要综合应用这些工具来完成网站的设计与制作。具体任务是制作"吉林职教基地教发中心"网站，完成后的网站首页和子页面如图 9-1 和图 9-2 所示。

本章资源

项目教学设计

本章项目教学设计表

知识目标	1. 了解网页、网站设计的流程； 2. 熟练掌握 Dreamweaver 制作网页的方法
能力目标	1. 根据主题收集网站素材、规划网站结构，创建本地站点； 2. 完成"吉林职教基地教发中心"网站的设计与制作； 3. 发布站点到互联网上
重点与难点	1. 规划站点的文件目录结构； 2. 用 Div+CSS 制作网页
教学方法	"讲授＋任务"训练： 1. 教师讲解并演示操作方法与技巧； 2. 学生完成"吉林职教基地教发中心"的制作
建议学时	8 学时

任务描述

本项目是为"吉林职教基地教发中心"制作网站。设计者首先要充分与网站所有单位进行沟通，确定网站的内容、主题和风格；其次，根据网站主题，与网站所有单位"吉林职教基地教发中心"共同收集整理素材；再次，使用 Flash 制作网页需要的动画，使用 Photoshop 处理网页制作需要的图像；最后，利用 Dreamweaver 来制作网页。

任务分解

1. 确定网站结构。
2. 收集整理文字和图像素材。
3. 设计与制作网站主页。
4. 制作网站子页面。
5. 发布网站到互联网。

图 9-1 “吉林职教基地教发中心”网站网站首页

图 9-2 “吉林职教基地教发中心”网站子页面

知识讲解

9.1 网站制作的准备工作

9.1.1 确定主题，收集整理素材

1. 确定网站主题

本网站是为吉林职教基地教发中心制作的网站，网站的主题与内容在设计人员与吉林职教基地教发中心的工作人员沟通后，确定了网站的主题是：突出吉林职教基地教发中心的工作宗旨并及时通报吉林职教基地教发中心的工作情况，推动职业教育发展，服务于广大一线教师。吉林职教基地教发中心网站是发布教育教学新闻动态、吉林职教基地教发信息和行业动态的门户网站，是吉林职教基地教发中心工作和展示的平台，是高等院校师生和社会了解吉林职教基地教发中心工作的最佳桥梁和窗口。

2. 收集网站素材

设计人员通过吉林职教基地教发中心工作人员，收集文字资料、图像资料和中心Logo。确定网站的标准字体和网站色彩搭配。

3. 处理图像及其他素材文件，以备网页设计之用

使用 Photoshop 和 Flash 制作网站需要的各类图像、动画和其他的多媒体文件。

9.1.2 规划网站栏目及层次

设计人员通过与吉林职教基地教发中心的工作人员讨论，确定网站的栏目及栏目层次。

(1)中心简介：介绍吉林职教基地教发中心。

(2)组织机构：发布吉林职教基地教发中心工作组织机构。

(3)政策参考：发布全国教育部门的相关政策法规。

(4)规章制度：内有吉林职教基地教发中心相关制度。

(5)监控简报：内有自中心成立以来近五年的监控督导通报。

(6)相关下载：提供教育教学常用的学习资料和工具软件。

(7)联系我们：发布吉林职教基地教发中心及各部门的联系方式。

(8)新闻动态：发布与教育教学相关的最新新闻信息。

(9)督导随感：提供教育教学资源、经验交流随感和通报。

(10)学术活动：公布中心近期组织的学术活动信息。

(11)精品课堂：网站为用户提供 1000 多分钟的在线视频课程学习。

(12)特聘专家：介绍吉林职教基地教发中心特聘专家和学者。

(13)教师风采：介绍吉林职教基地教发中心提供的在线课程的主讲教师。

网站具体的栏目层次结构如图 9-3 所示。

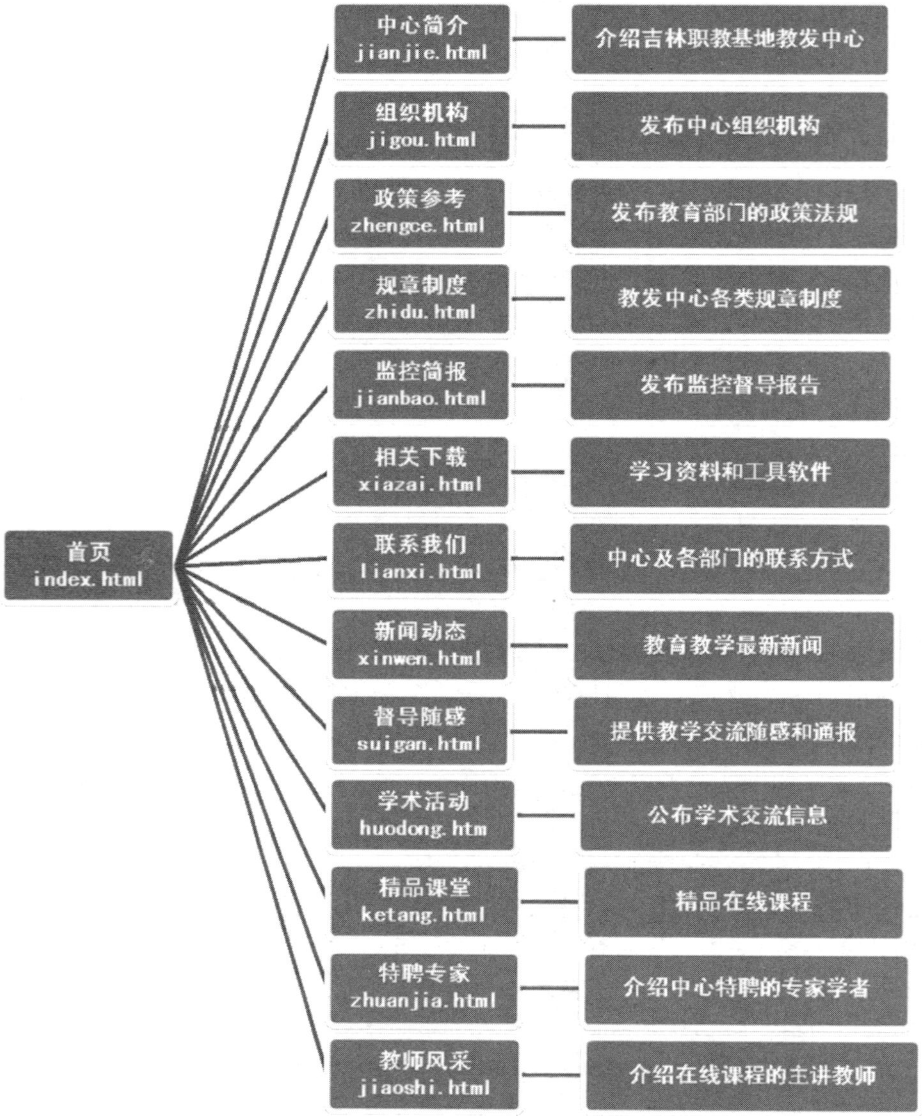

图 9-3　吉林职教基地教发中心网站框架结构图

9.1.3　规划网站文件目录结构

根据网站的框架结构确定网站的文件目录结构，为方便维护并提高网站浏览速度，在根目录下只存放首页(index.html)一个网页文件，其他页面文件和信息文件则分类建立子文件夹存放，具体结构如图 9-4 所示。

“css”：用于存放网站需要的 CSS 文件。

“images”：用于存放网站需要的图像和动画等多媒体文件。

“page”：用于存放网站一级导航栏目下的网页文件。

“dongtai”：用于存放“新闻动态”栏目下的网页文件。

“suigan”：用于存放“督导随感”栏目下的网页文件。
“xueshu”：用于存放“学术活动” 栏目下的网页文件。
“ketang”：用于存放“精品课堂”栏目下的网页文件。
“zhuanjia”：用于存放“特聘专家”栏目下的网页文件。
“jiaoshi”：用于存放“教师风采”栏目下的网页文件。

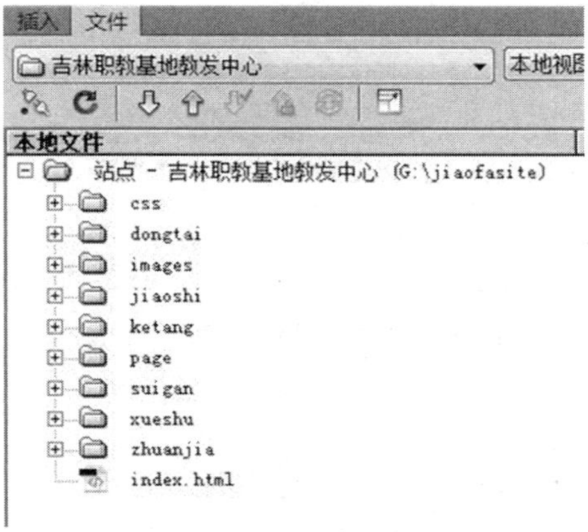

图 9-4　网站文件目录结构

9.1.4　创建吉林职教基地教发中心网站本地站点

(1)创建本地站点。

• 在电脑本地硬盘的 G 盘中新建“jiaofasite”站点根文件夹，然后在根文件夹中新建“css”“images”“page”“dongtai”“suigan”“xueshu” “ketang”“zhuanjia”和“jiaoshi”9 个文件夹，用于存放网站所需的各类文件，完成后站点根文件夹内容如图 9-5 所示。

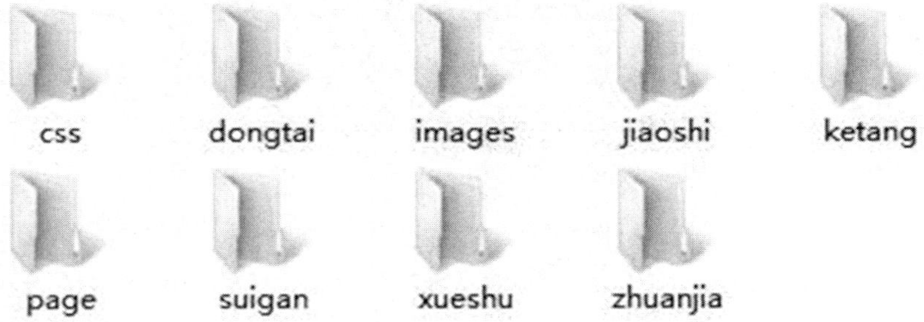

图 9-5　在 G 盘建立本地站点目录文件夹结构

• 启动 Dreamweaver，在菜单栏中单击“站点→新建站点”命令，打开“站点设置对象”对话框，设置站点名称为“吉林职教基地教发中心网站”，本地文件夹为 G 盘的“jiaofasite”，具体如图 9-6 所示。

• 设置后单击“保存”，完成本地站点的创建。

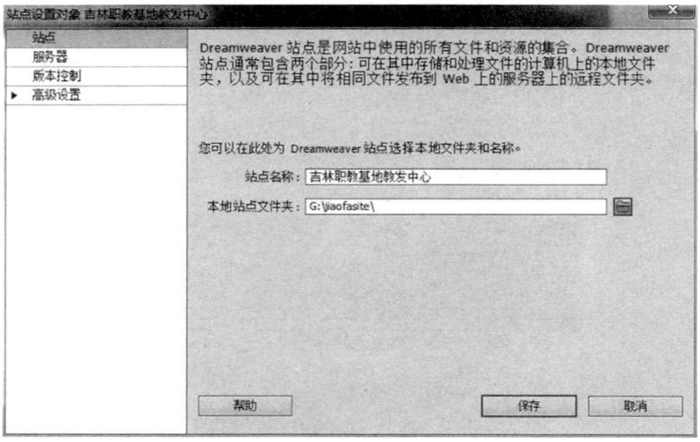

图 9-6　“站点设置对象”对话框

(2)创建站点中的网页文件。

• 在“文件”面板中站点名称上单击鼠标右键，在弹出的快捷菜单中选择“新建文件”命令，新建一个网页文件并重命名为“index. html”。

• 利用上述相同操作在“page”子文件夹中创建“jianjie. html、xitong. html、zhengce. html、zhidu. html、jianbao. html、xiazai. html、lianxi. html”7 个网页文件和各个栏目的文件夹以及每个栏目的网页文件，完成后文件面板如图 9-7 所示。

(3)将网站网页面要使用的图像、动画和声音等多媒体文件保存到站点根目录下的“images”文件夹中，后面涉及这类操作均按此方式处理，不再单独叙述。

(4)网站页面制作中使用的 CSS 文件均保存在 CSS 文件夹中，后面涉及的操作均按此处理，不再单独叙述。

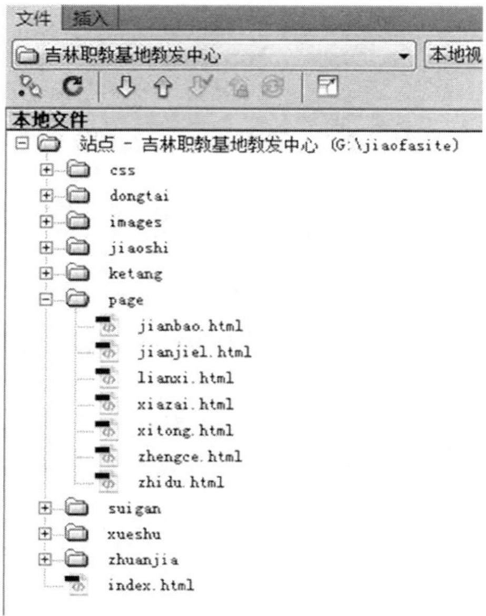

图 9-7　文件面板

9.2 制作吉林职教基地教发中心网站主页

9.2.1 吉林职教基地教发中心网站主页布局设计

吉林职教基地教发中心网站主页采用 Div+CSS 布局，具体布局如图 9-8 所示。

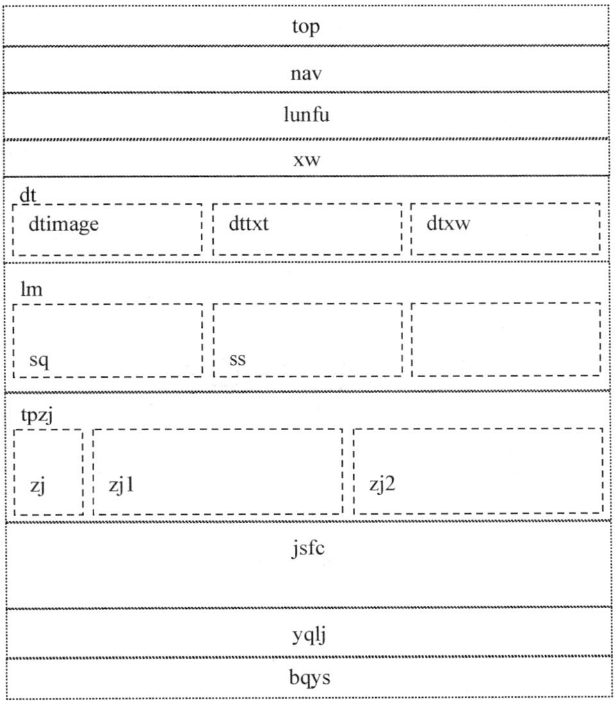

图 9-8 主页布局结构

9.2.2 吉林职教基地教发中心网站主页设计与制作

1. 主页顶部制作

(1)打开主页“index. html”文件，在 CSS 设计器中创建 style. css 文件，保存位置为站点根目录下的 CSS 文件夹中，创建新的 CSS 文件对话框如图 9-9 所示，完成后网页附加了 CSS 样式文件，如图 9-10 所示。

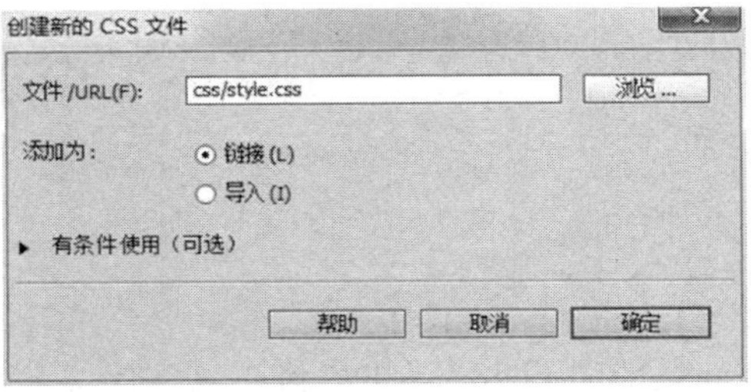

图 9-9 创建新 CSS 文件

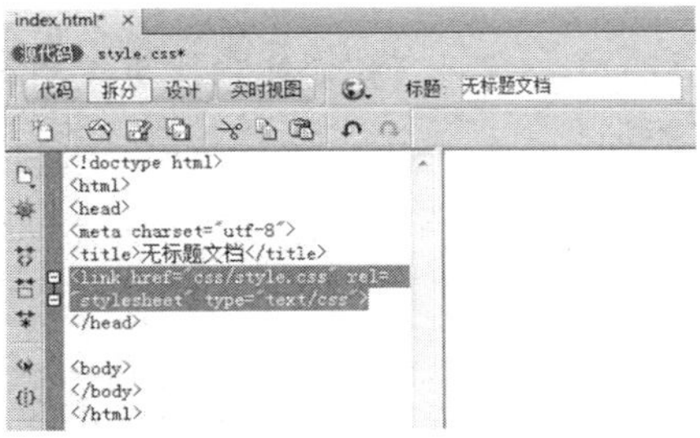

图 9-10 主页与附加的 CSS 文件

(2)在“开始标签之后<body>”插入 ID 为“top”的 Div 块元素，删除文字，插入素材图像(top. jpg)。

(3)切换到“style. css”文件编辑区，编辑“＃top”规则，具体 CSS 代码如下：

```
#top{
    width:1000px;/* 宽 1000 像素 */
    height:135px;/* 高 135 像素 */
    margin:0 auto;/* 水平居中对齐 */
    clear:both;
    }
```

(4)完成后首页顶部预览效果如图 9-11 所示。

图 9-11　首页顶部预览效果

2. 主页导航条制作

(1)在“top”后插入 ID 为“nav”的 Div 块元素，切换到“style. css”文件编辑区，定义“＃nav”样式，具体代码如下：

```
#nav{
    width:1000px;;/* 宽 1000 像素 */
    height:40px;;/* 高 40 像素 */
    background:url(../images/ban.jpg);;/* 背景图像 images/ban.jpg */
    margin:0 auto;;/* 水平居中对齐 */
    font-weight:bold;;/* 文本加粗 */
    font-size:16px;;/* 字体大小 16px */
    clear:both;
    }
```

(2)单击“源代码”切换到网页编辑区，删除“nav”中的文字，然后输入如下 html 代码，添加导航栏文字、设置超链接：

```
<div id="nav">
  <ul>
    <li><a href="#">    首页</a></li>
    <li><a href="page/jianjiel.html" target="_blank">中心简介</a></li>
    <li><a href="page/xitong.html" target="_blank">工作系统</a></li>
    <li><a href="page/zhengce.html" target="_blank">政策参考</a></li>
```

```
    <li><a href="page/zhidu.html" target="_blank">规章制度</a></li>
    <li><a href="page/jianban.html" target="_blank">监控简报</a></li>
    <li><a href="page/xiazai.html" target="_blank">相关下载</a></li>
    <li><a href="page/lianxi.html" target="_blank">联系我们</a></li>
  </ul>
</div>
```

(3)切换到“style.css”文件编辑区，定义列表和超链接样式，具体代码如下：

```
ul,li{
    margin:0px;
    padding:0px;
    list-style:none;
    }
#nav ul  li{
    width:115px;
    height:36px;
    float:left;
    text-align:center;
    }
#nav a{ line-height:37px;
    vertical-align:middle;
    }
#nav a:link,#nav a:visited{
    color:#fff;
    text-decoration:none;
    }
#nav a:hover,#nav a:active{
    color:#fff;
    text-decoration:underline;
    }
```

完成并保存网页，在浏览器中的预览效果如图 9-12 所示。

图 9-12　网页顶部及导航浏览效果

3. 轮幅广告栏制作

(1)在“nav”后插入 ID 为“lunfu”的 Div 块元素，删除“lunfu”中的文字，插入 Flash

动画(banban. swf)。

(2)切换到“style. css”文件编辑区，定义“#lunfu”样式，具体代码如下，完成后网页如图 9-13 所示。

```
#lunfu{
  width:1000px;
  height:300px;
  margin:0 auto;
  clear:both;
  }
```

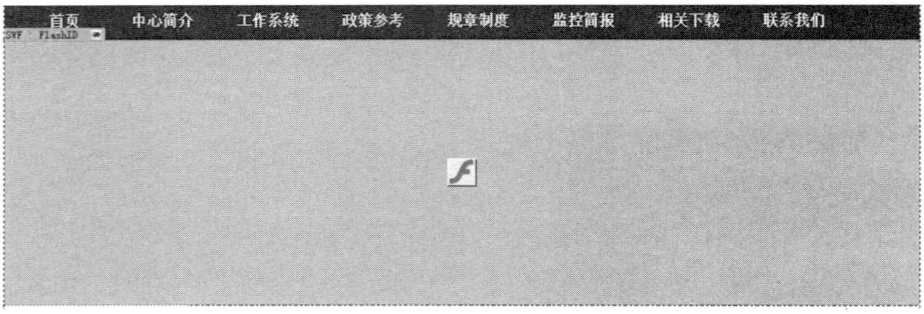

图 9-13　网页中插入 Flash 动画

(3)轮幅广告部分也可以使用 JavaScript 实现，具体代码见素材“11—1. txt”文件，使用 JavaScript 实现轮幅广告的效果在浏览器中预览如图 9-14 所示。

图 9-14　JavaScript 实现轮幅广告的效果

4. 新闻动态栏目制作

新闻动态栏目中，新闻动态标题栏，采用 Div 和表格相结合的布局方式。新闻动态内容使用 Div 块元素嵌套的布局方式。

(1)切换到网页编辑区，在“lunfu”后插入 ID 为"xw"的 Div 块元素，删除"xw"中文字，然后插入一个 1 行 2 列、宽 1000 像素的布局表格。

(2)切换到“style. css”编辑区中定义“＃xw”样式，具体 CSS 代码如下：

```
#xw{
  width:1000px;
  height:50px;
  border-bottom:2px solid #900;/* 下边框为 2 像素红色实线边框 */
  margin:0 auto;
  clear:both;
  }
```

(3)在第一个单元格中插入图片 xinwen. jpg 并设置水平“左对齐”。在第二个单元格输入文字“更多”，在属性面板上设置：水平“右对齐”、垂直“底部”、宽“80”、高“50”，具体如图 9-15 所示。

图 9-15　单元格设置

(4)保存并在浏览器中预览，新闻栏目标题如图 9-16 所示。

图 9-16　新闻动态标题栏浏览效果

(5)切换到网页编辑状态，在“xw”后插入 ID 为“dt”的 Div 块元素，删除“dt”中文字并在“dt”中从左向右排列嵌套“dtimage”“dttxt”“dtxw”三个 Div 块元素，删除文字。

(6)切换到 CSS 文件编辑区分别定义 “＃dt”“＃dtimage”“＃dttxt”“＃dtxw”样式，具体 CSS 代码如下：

```
#dt{
    width:988px;
    height:200px;
    padding:5px;/* 内边距为 5 像素 */
    border:1px solid #999;
    margin:0 auto;
    clear:both;
    }
#dtimage{
    width:310px;
    height:190px;
    padding:5px;
    float:left;     /* 向左浮动 */
```

```
    }
#dttxt{
    width:310px;
    height:180px;
    padding:10px;
    float:left;/* 向左浮动 */
    }
#dtxw{
    width:310px;
    height:180px;
    padding:10px;
    float:left;/* 向左浮动 */
    }
```

(7)在“#dtimage”中插入新闻图片 news1.jpg，html 代码如下：

```
<div id="dtimage">
<img src="images/news1.jpg" width="310" height="190" alt=""/>
</div>
```

(8)在“#dttxt”中输入新闻内容，hmtl 代码如下：

```
<div id="dttxt">
<h2>吉林省高等院校应用型教育微课教学比赛评审结果</h2>
<p>2018(第四届)吉林省高等院校应用型教育微课教学比赛……全省 32 所院校的 180 多名教师、专家和领导出席了会议。</p>
<p>党的十九大报告指出,创新和教育现代化是全面建成社会主义现代化国家新征程重要和关键的组成部分。本届赛事着眼于创新和服务地方院校教育教学发展...<a href=" dongtai/new1.html ">详细信息</p>
</div>
```

(9)在“#dtxw”中插入新闻标题内容并设置成为项目列表，html 代码如下：

```
<div id="dtxw">
<ul>
<li><a href=" dongtai/new1.html">国务院办公厅关于成立国务院教育督导委员会的通知</a></li>
……
……
<li><a href=" dongtai/new7.html">全国高等院校教育教学改革方案</a></li>
</ul>
</div>
```

(10)切换到 CSS 文件编辑区，定义新闻动态栏目内容和标题链接的样式，具体 CSS 代码如下。

```
h2,p,img{
      margin:0;
      padding:0;
      border:0;
      }
h2{
      font-size:13px;
      line-height:25px;
      text-align:center;
      }
p{
      font-size:12px;
      line-height:20px;
      text-indent:2em;
      }
li.new{
      list-style:none;
      font-size:12px;
      height:25px;
      line-height:25px;
      background:url(../images/gyjsxy_r37_c7.jpg) no-repeat left center;
      padding-left:15px;
      }
```

(11)应用“.new”到新闻标题列表，保存网页和 CSS 文件，在浏览器中新闻动态栏目的预览效果如图 9-17 所示。

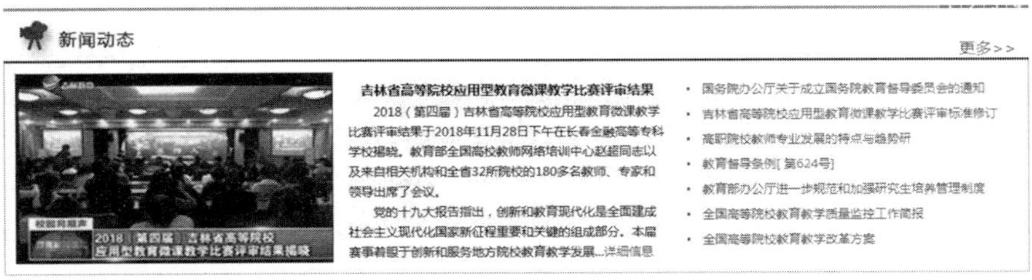

图 9-17　新闻动态栏目

5. 小栏目制作

网站小栏目与新闻动态栏目的布局方式一样，内容使用 Div 块元素嵌套的布局方式。

(1)切换到网页编辑状态，在“dt”后插入 ID 为“lm”的 Div 块元素做整个框架，然后在“#lm”中从左向右排列嵌套“#sg”(督导随感)、“#ss”(学术活动)、“#kt”(精品课堂)三个 Div 块元素。

(2)切换到 CSS 文件编辑区分别定义：“#lm”“#sg”“#ss”“#kt”样式，具体代码如下：

```
#lm{
    width:1000px;
    height:300px;
    margin:0 auto;
    clear:both;
    }
#sq{
    width:320px;
    height:300px;
    float:left;
    background:#FFF;
    background-image:url(../images/lanbj.jpg);
    }
#ss{width:320px;
    height:300px;
    float:left;
    margin:0px 0px 0px 20px;
    background:#FFF;
    background-image:url(../images/lanbj.jpg)
    }
#kt{width:320px;
    height:300px;
    float:left;
    margin:0px 0px 0px 20px;
    background:#FFF;
    background-image:url(../images/lanbj.jpg);
    }
```

(3)督导随感和学术活动内容使用项目列表，CSS 代码如下：

```
.all_ba li{
    clear:both;
    font-size:12px;
    padding-left:5px;
```

```
        line-height:27px;
        height:27px;
        margin-left:8px;
        vertical-align:middle;}
.all_ba li a{
        padding-left:10px;
        background:url(../images/gyjsxy_r37_c7.jpg) no-repeat left;
        word-break:keep-all;
        white-space:nowrap;
        overflow:hidden;
        text-overflow:
        ellipsis;
        float:left;}
.all_ba li span {
        float:right;
        padding-right:5px;}
```

(4)精品课堂栏目内容使用宽 318px 的 4 行 1 列表格布局。

(5)完成后小栏目在浏览器中的显示效果如图 9-18 所示。

图 9-18　网站首页小栏目

6. 特聘专家栏目

特聘专家栏目也采用 Div 和表格布局相结合的布局方式。

(1)切换到网页编辑状态，在“lm”后插入 ID 为“tpzj”的 Div 块元素做整个框架，然后在“#tpzj”中从左向右排列嵌套“zj”“zj1”“zj2”三个嵌套的 Div 块元素。

(2)切换到 CSS 文件编辑区，定义“#tpzj”“#zj”“#zj1”“#zj2”样式，具体 CSS 代码如下：

```
#tpzj{
        width:1000px;
        height:300px;
        margin:0 auto;
        background:#800406;
```

```
    clear:both;
    }
#zj{
    width:50px;
    height:172px;
    float:left;
    margin:64px 30px 64px 30px;
}
#zj1{
    width:420px;
    height:260px;
    float:left;
    margin:20px 20px 20px 0px;
    background:#FFF;
    }
```

(3)切换到首页“源代码”编辑区，在“zj”中插入图像(tpzj. jpg)。

(4)在“zj1”中，插入宽度420px、间距10px、边距和边框均为0的1行2列的表格。

(5)在第1个单元格中插入素材图像(lwg. jpg)，在第2个单元格中输入“刘文广，二级教授，……是课程整体理论的提出者和建设者。”文字介绍内容。

(6)重复“zj1”操作制作第二个专家的信息。

(7)保存网页和CSS文件，特聘专家栏目在浏览器中显示效果如图9-19所示。

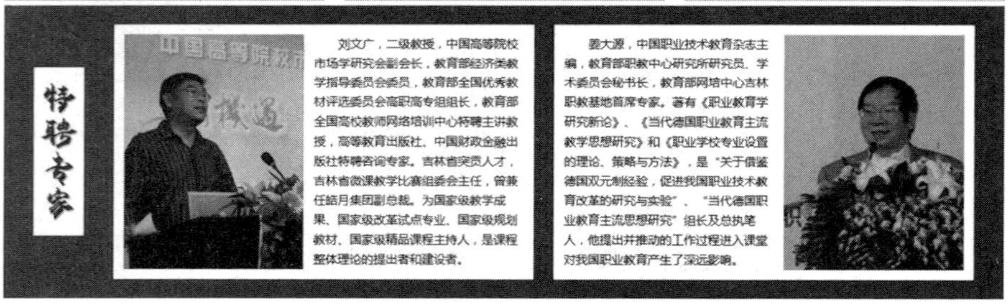

图 9-19 特聘专家栏目

7. 教师风采

(1)在“tpzj”后插入ID为“jsfc”的Div块元素。

(2)切换到CSS文件编辑区，定义“#jsfc”样式，具体CSS代码如下：

```
#jsfc{
    width:1000px;
    height:220px;
    background:url(../images/jsfc.jpg);
```

```
margin:0 auto;
}
```

(3)切换到“源代码”在“jsfc”中添加以下 html 代码：

```
<div id="jsfc">
    <div class="img-listb">
    <ul>
      <li><img src="images/wr.jpg" width="135" height="105" />
        <p>汪荣老师</p>
      </li>
      <li><img src="images/gwy.jpg" width="135" height="105" />
        <p>郭伟业老师</p>
      </li> <li><img src="images/byh.jpg" width="135" height="105" />
        <p>白云华老师</p>
      </li>
      <li><img src="images/ww.jpg" width="135" height="105" />
        <p>王锐老师</p>
      </li>
        <li><img src="images/zd.jpg" width="135" height="105" />
        <p>张迪老师</p>
      </ul>
</div>
```

(4)切换到 CSS 编辑区，定义“教师风采”栏目内文字和图片的样式，编写以下 CSS 代码：

```
.img-listb{
    position:relative;
    left:50px;width:900px;
    padding-top:50px;
    height:150px;
    }
.img-listb ul{
    width:999px;}
.img-listb li{
    float:left;
    display:inline;
    width:180px;
    padding-top:5px;
    height:130px;
```

```
    text-align:center;
    background:url(../images/jsbj.jpg) no-repeat 15px 0px;
    }
.img-listb li p{
    padding-top:10px;
    }
```

(5)保存并在浏览器中预览，教师风采效果如图 9-20 所示。

图 9-20 “教师风采”栏目

8. 页尾部分

(1)在“jsfc”后插入 ID 为“yqlj”的 Div 块元素，切换到 CSS 文件编辑区，定义“#yqlj”样式，具体 CSS 代码如下：

```
#yqlj{
    width:980px;
    height:96px;
    margin:0 auto;
    padding:10px;
    background:#012b51;
    clear:both;
    }
```

(2)切换到网页编辑区，在“yqlj”中插入 2 行 6 列的表格，宽度 680px、间距 6px、边距和边框均为 0。将最后两列分别合并为一个单元格，在属性面板上设置表格居中对齐。

(3)在各个单元格中插入友情链接的图像及二维码，并分别设置超链接。

(4)在“ yqlj”后插入 ID 为“bqsy”的 Div 块元素，切换到 CSS 文件编辑区，定义“#bqsy”样式，具体 CSS 代码如下：

```
#bqsy{
    width:1000px;
    height:30px;
    padding-top:10px;
    background:#800406;
    margin:0 auto;
```

```
    clear:both;
    }
```

(5)切换到“源代码”编辑区，在“bqsy”中输入“办公地址：吉林省长春硅谷大街 429 号 邮编：130012　版权所有：吉林职教基地教发中心 ”

(6)切换到 CSS 文件编辑，定义文字样式“. textbq”，具体 CSS 代码如下：

```
.textbq{
    font-family:"微软雅黑"
    font-size:14px;
    font-weight:bold;
    color:#FFF;
    text-align:center;
    }
```

(7)应用“. textbq”样式后页尾部分在浏览器中预览的效果如图 9-21 所示。

图 9-21　首页页尾部分

9.3　制作吉林职教基地教发中心网站子页面

9.3.1　吉林职教基地教发中心网站子页面布局结构

吉林职教基地教发中心网站子页面采用 Div+CSS 布局，具体布局如图 9-22 所示。

图 9-22　子页面布局结构

9.3.2 制作吉林职教基地教发中心网站子页面

由于网站中各个子页面布局特点基本一致，下面我们以制作新闻网页(new1. html)为例，制作“吉林职教基地教发中心”网站新闻页面：

(1)在网站根目录 dongtan 文件夹中新建文件名为 new1. html 的网页文件。

(2)在 CSS 设计器的“源”窗格中单击 按钮，在菜单中选择“附加现有的 CSS 文件”(如图 9-23)，打开对话框选择 CSS 文件夹中的“style. css”样式表文件附加到“new1. html”文件中。

图 9-23 附加现有的 CSS 文件

(3)由于网站子页的页头和页尾部分与首页一致，所以将网站的顶部、导航条和页尾分别制作成库项目，如图 9-24 所示。

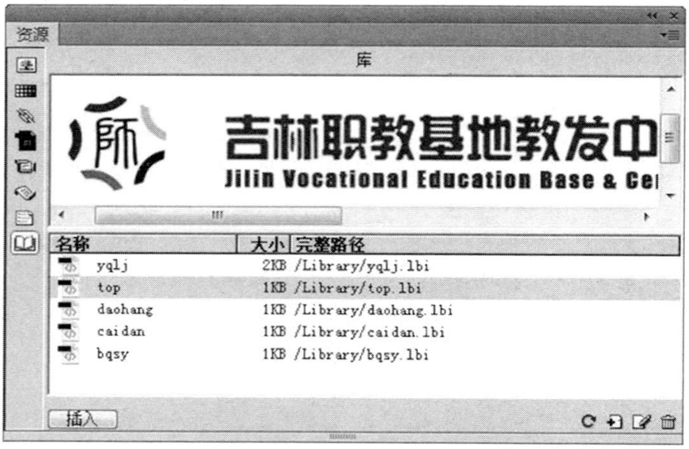

图 9-24 顶部、导航条和页尾部分制作成库项目

(4)打开“nes1. html”文件，选择库面板中“top”库项目，单击 插入 按钮，将网页的页头添加到网页中。

(5)同样方法将导航条的库项目“daohang”添加到网页中。

(6)在“nav”后插入 ID“new”的 Div 块元素，切换到 style. css 文件定义“#new”样式，具体 CSS 代码如下：

```
#new{
    width:960px;
    padding:0 20px 0 20px;
    margin:0 auto;
```

```
    clear:both;
}
```

(7)切换到 CSS 文件编辑区定义样式，其中“h3”定义“您的位置”，“h4”定义“作者”，“h5”定义“新闻标题”，“h6”定义“新闻发布单位”，“newtext”定义“新闻正文”，具体 CSS 代码如下：

```
h3{
    font-size:14px;
    line-height:25px;
    text-align:left;
}
h4{
    font-size:14px;
    line-height:15px;
    text-align:center;
    }
h5{
    font-size:26px;
    line-height:25px;
    text-align:center;
    }
h6{
    font-size:14px;
    line-height:15px;
    text-align:right;
    }
.newtext{
    font-size:13px;
    line-height:28px;
    text-indent:2em;
    }
```

(8)切换到“源代码”文件，在<div id="new"></div>之间的文字和图像内容，具体 html 代码如下：

```
<div id="new">
<h3>您的位置——新闻动态</h3>
<h5>第四届吉林省高等院校应用型教育微课教学比赛评审结果揭晓</h5>
<h4>原创:大赛组委会 </h4>
<p class="newtext">高校教师网培中心吉林职教基地…………评本科作品。 </p>
```

<h4><img src="../images/new11.jpg" width="677" height="344" /></h4>

<p class="newtext">张晓晖同志揭晓高职高专作品评审结果…………促进教学模式和学习方法的配套改革。</p>

<p class="newtext">教育部全国高校教师网络培训中心吉林职教基地…………官网"全国高校微课教学比赛平台"发布 </p> <p>

<h6>教育部全国高校教师网络培训中心吉林职教基地   吉林省应用型教育微课教学比赛组委会 </h6>

</div>

(9)重复插入库项目的操作完成页尾部分。新闻内容网页在浏览器中显示效果如图 9-25 所示。

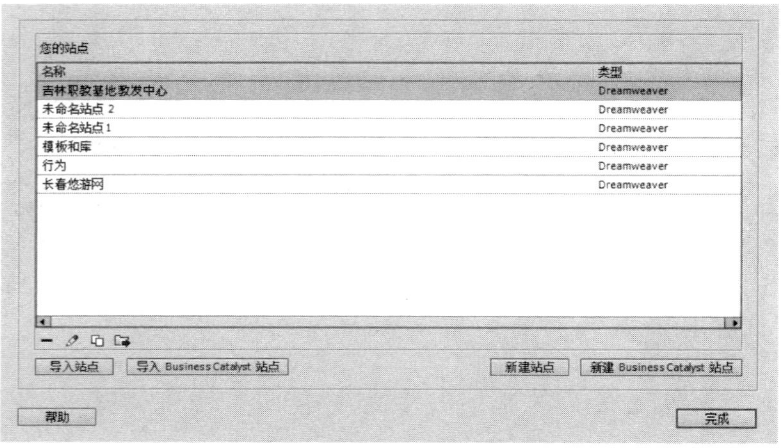

图 9-25 "管理站点"对话框

9.4 发布网站

9.4.1 设置远程服务器信息

(1)在菜单栏中单击"站点→管理站点"命令，打开"管理站点"对话框，如图 9-25 所示。

(2)选择"吉林职教基地教发中心"站点，单击"编辑"按钮，打开"站点设置对象吉林职教基地教发中心网站"对话框，在左侧单击服务器，切换到服务器选项卡，如图 9-26 所示。

(3)单击"添加新服务器"按钮"+"，添加一个新服务器，添加服务器基本信息如图 9-27 所示。

- 在"服务器名称"文本框中，输入新服务器的名称。
- 在"连接方法"下拉选框中选择"FTP"。
- 在"FTP 地址"文本框中，输入要将网站文件上传到其中的 FTP 服务器的地址。
- 在"用户名"和"密码"文本框中，输入连接到 FTP 服务器的用户名和密码。

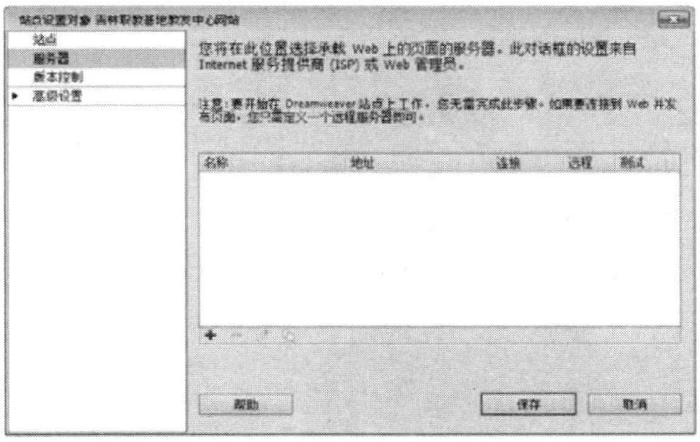

图 9-26　切换服务器选项卡

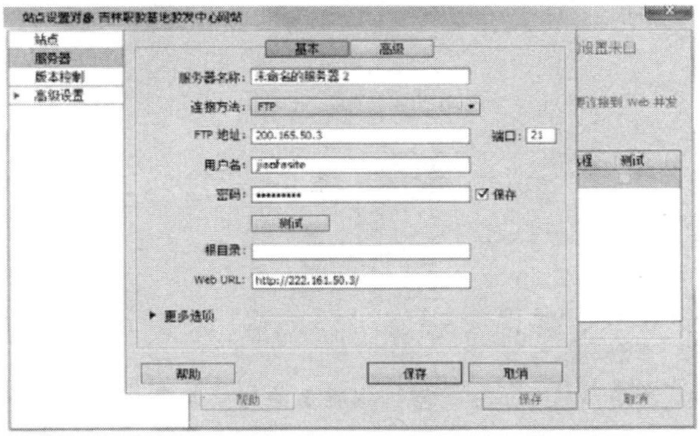

图 9-27　添加服务器基本信息

(4)输入基本的服务信息，具体如图 9-27 所示。单击“测试”，测试 FTP 地址、用户名和密码，测试成功后会弹出提示消息框(图 9-28)，单击“确定”完成服务器设置及连接测试。

图 9-28　测试成功提示

9.4.2　上传站点

(1)在“文件”面板中单击“展开/折叠”按钮，打开站点窗口，如图 9-29 所示。

(2)在“站点窗口”单击链接按钮，与远程服务器建立连接，弹出链接和等待服务器对话框，如图 9-30 所示。

(3)与远程服务器建立连接后，如图 9-31 所示。在窗口中：左侧显示远程信息，列出了远程的目录；右侧为本地信息，列出了本地目录。

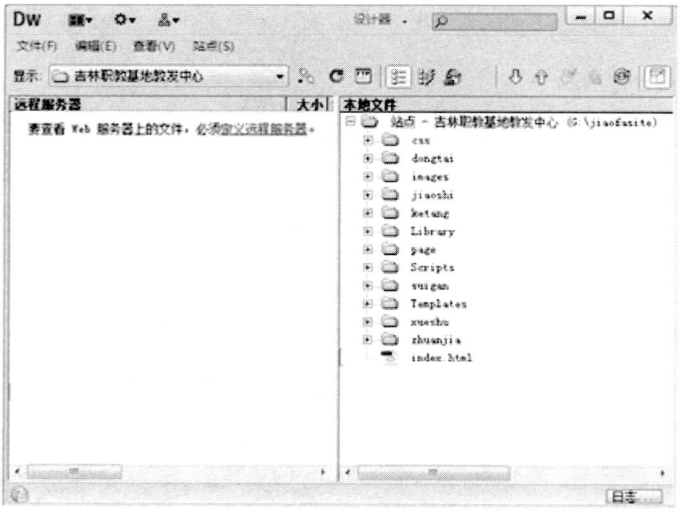

图 9-29　站点窗口

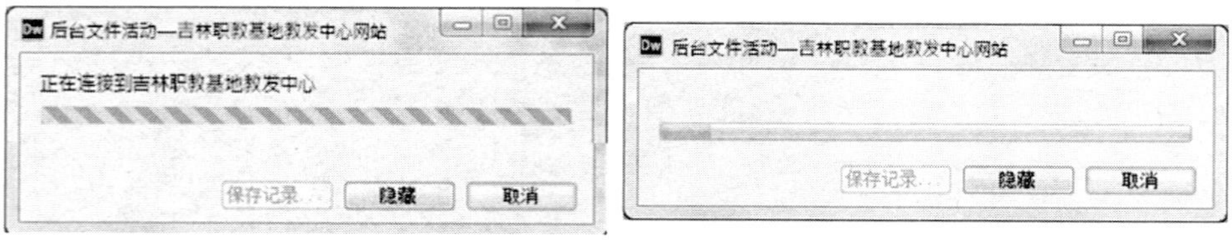

图 9-30　与远程服务器建立连接

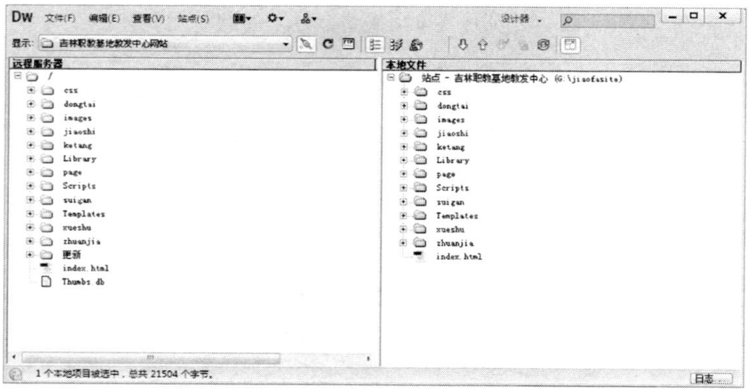

图 9-31　与远程服务器连接后的站点管理器窗口

(4)在本地目录中选择上传的文件和文件夹，单击上传按钮，开始上传文件，上传文件的时间取决计算机及网络的速度。

(5)在 Internet 中浏览网站，测试网站。

总结：学生通过完成“吉林职教基地教发中心网站”的制作过程，总结网站制作的工作流程、操作技巧和注意事项，与同学、教师交流网站制作的心得与体会，总结制作经验。

参考文献

1. 李显萍. 网页设计与制作[M]. 北京：高等教育出版社，2007.

2. 李显萍. Photoshop CS6 实用教程[M]. 北京：机械工业出版社，2014.

3. 李显萍. 网页设计与制作[M]. 2 版. 北京：高等教育出版社，2015.

4. 吴东伟，王英华，等. Dreamweaver CC 中文版网页设计与制作从新手到高手[M]. 北京：清华大学出版社，2016.

5. 未来科技. 中文版 Dreamweaver CC 网页制作从入门到精通[M]. 北京：中国水利水电出版社，2017.

6. 刘春茂. Dreamweaver CC+Flash CC+Photoshop CC 网页设计案例课堂[M]. 2 版. 北京：清华大学出版社，2018.